普通高等教育“十四五”规划教材

中国石油和石化工程教材出版基金资助项目

材料强度与断裂

李学达 曹 宁◎主编

中国石化出版社
·北京·

内 容 提 要

本书内容覆盖了材料强度学的基础理论、实验方法、数值模拟以及断裂力学的基本原理、断裂类型、断裂准则与断裂韧性评估等多个方面。其中第 1 章至第 4 章讲述了强度与断裂的相关基础理论，第 5 章至第 7 章讲述了金属材料在不同场景下强度与断裂的基础理论，第 8 章至第 10 章讲述了其他几种类型材料的断裂，第 11 章简要综述了材料强韧化的方法。本书旨在为读者提供一套系统、全面且深入浅出的知识体系，结合了基础理论、工程应用、最新进展、数值模拟等方面的内容，希望通过全面的论述帮助大家深入理解并掌握材料的强度与断裂这一关键领域的核心理论与技术。

本书可作为高等院校相关专业本科生和研究生的教材，也可供从事材料领域研究与应用的科研人员、工程技术人员参考。

图书在版编目(CIP)数据

材料强度与断裂 / 李学达，曹宁主编. -- 北京 :
中国石化出版社，2025. 6. -- ISBN 978-7-5114-7687-6

Ⅰ. TB301

中国国家版本馆 CIP 数据核字第 20246CB982 号

中国石化出版社出版发行

地址：北京市东城区安定门外大街 58 号
邮编：100011 电话：(010)57512500
发行部电话：(010)57512575
http://www.sinopec-press.com
E-mail：press@sinopec.com
北京鑫益晖印刷有限公司印刷
全国各地新华书店经销

*

787 毫米×1092 毫米 16 开本 13.5 印张 331 千字
2025 年 6 月第 1 版 2025 年 6 月第 1 次印刷
定价：48.00 元

前　言

随着科学技术的进步和社会的发展，工程结构向着更高、更强、更轻的方向发展，这对材料的性能提出了前所未有的挑战。材料在复杂使役条件下的强度表现、断裂机理及预防策略，成为保障工程安全、提升设计水平的关键。因此，深入研究材料强度与断裂理论，不仅是材料科学研究的热点，也是培养高素质、拔尖创新人才的重要内容。

《材料强度与断裂》是面向本科生和研究生的专业教材，旨在为读者提供一套系统、全面且深入浅出的知识体系，帮助大家深入理解并掌握这一关键领域的核心理论与技术。本书内容覆盖了材料强度学的基础理论、实验方法、数值模拟以及断裂力学的基本原理、断裂类型、断裂准则与断裂韧性评估等多个方面。

本书在编写过程中，注重理论与实践相结合，既强调了理论知识的系统性和严谨性，又突出了实验验证和工程应用的重要性。同时，我们还引入了最新的研究成果和技术进展，确保内容的前沿性和实用性。本书编写过程中，借鉴了许多专家和学者的研究成果，在此表示衷心的感谢！同时，感谢重质油全国重点实验室、山东省海洋油气装备焊接与表面技术工程研究中心对本书出版的技术支持！我们希望通过本教材，激发读者对材料科学领域的兴趣与热情，提升大家在材料强度与断裂方面的专业素养和实践能力。同时，我们也期待本书的出版能够促进学术交流与合作，推动材料强度与断裂研究领域的不断发展与进步。尽管在写作过程中力求完美，但由于作者水平有限，书中难免有不妥之处，敬请各位专家和读者批评指正。

最后，衷心感谢参与本书编写、审稿及出版工作的同人，是你们的辛勤付出与无私奉献，才使得这本教材顺利问世。除主编李学达、曹宁外，关景怡、齐天一、贾晨昕、吕巡赟、董志豪、张传志、佘张驿、王凤阳等也参加了本书的编写工作，并由韩彬担任主审，在此一并表示感谢。我们也诚挚地希望广大读者能够提出宝贵的意见和建议，以便我们在未来的修订中不断完善和提高。

让我们携手共进，在探索材料强度与断裂奥秘的征途中，不断攀登新的高峰！

目　　录

第 1 章　位错理论

1.1　位错的基本类型及特征

位错是一种线型的晶体缺陷，它的存在使位错线周围附近的原子偏离自己的平衡位置造成晶格畸变。位错有两种基本类型，其中滑移方向与位错线垂直的称为“刃型位错”，滑移方向与位错线平行的称为“螺型位错”。位错是普遍存在的，实际晶体在生长、变形等过程中都会产生位错，它对晶体的塑性变形、相变、扩散、强度等特性都有很大的影响。

1.1.1　刃型位错

刃型位错的结构如图 1.1-1 所示，设为简单立方晶体，在其晶面 *ABCD* 上半部存在多余的半排原子面 *EFGH*，这个半原子面中断于 *ABCD* 面上的 *EF* 处，它好像一把刀刃插入晶体中，使 *ABCD* 面上下两部分晶体之间产生了原子错排，故称“刃型位错”，多余半原子面与滑移面（*ABCD* 面）的交线 *EF* 就称为刃型位错线。

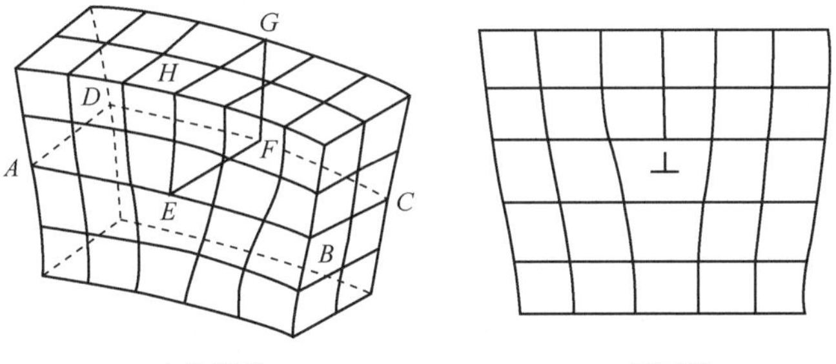

(a)立体模型　　(b)平面图

图 1.1-1　含有刃型位错的晶体结构

刃型位错结构的特点：

（1）刃型位错有一个额外的半原子面。一般把多出的半原子面在滑移面上方的称为正刃型位错，记为“⊥”，而把多出在下方的称为负刃型位错，记为“⊤”。这种正、负之分只具相对意义，而无本质的区别。

（2）刃型位错线可理解为晶体中已滑移区与未滑移区的边界线。它不一定是直线，也可以是折线或曲线，但它必与滑移方向相垂直，也垂直于滑移矢量，如图 1.1-2 所示。

（3）滑移面必定是同时包含位错线和滑移矢量的平面，在其他面上不能滑移。由于在刃型位错中，位错线与滑移矢量互相垂直，因此，由它们所构成的平面只有一个。

（4）晶体中存在刃型位错之后，位错周围的点阵发生弹性畸变，既有切应变，又有正应变。就正刃型位错而言，滑移面上方点阵受到压应力，下方点阵受到拉应力；负刃型位错与此相反。

（5）在位错线周围的过渡区（畸变区）每个原子都具有较大的平均能量。但该区只有几个原子间距宽，畸变区是狭长的管道，所以刃型位错是线缺陷。

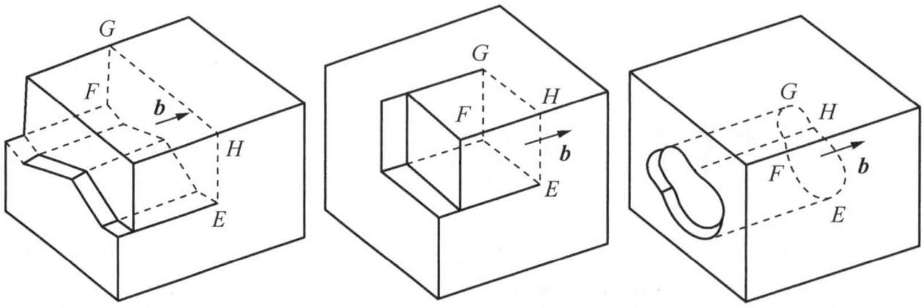

图 1.1-2　几种形状的刃型位错线

1.1.2　螺型位错

螺型位错是另一种基本类型的位错，其结构特点可用图 1.1-3 来进行说明。设立方晶体右侧受到切应力τ的作用，其右侧上下两部分晶体沿滑移面 $ABCD$ 发生了错动，如图 1.1-3(a)所示。这时已滑移区和未滑移区的边界线 bb'(位错线)不是垂直，而是平行于滑移方向。图 1.1-3(b)所示为其 bb'附近原子排列的顶视图。图中以圆点"●"表示滑移面 $ABCD$ 下方的原子，用圆圈"○"表示滑移面上方的原子。可以看出，在 aa'右边晶体的上下层原子相对错动了一个原子间距，而在 bb'和 aa'之间出现了一个约有几个原子间距宽的、上下层原子位置不相吻合的过渡区，这里原子的正常排列遭到破坏。如果以位错线 bb'为轴线，从 a 开始，按顺时针方向依次连接此过渡区的各原子，则其走向与一个右螺旋线的前进方向一样，见图 1.1-3(c)。这就是说，位错线附近的原子是按螺旋形排列的，所以把这种位错称为螺型位错。

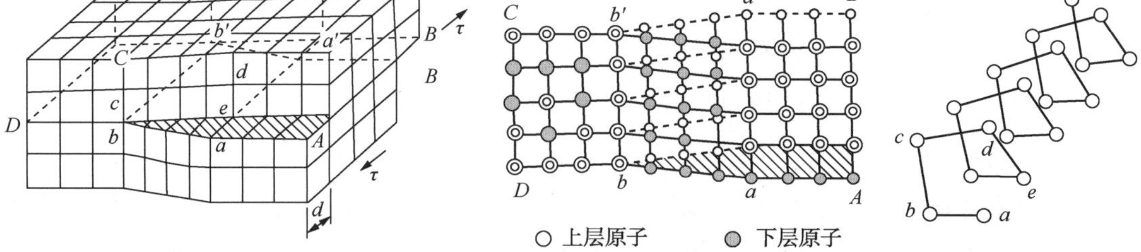

(a)立体模型　(b)bb'附近原子排列顶视图　(c)位错走向

图 1.1-3　螺型位错

螺型位错具有以下特征：

（1）螺型位错无额外半原子面，原子错排呈轴对称状态。

（2）根据位错线附近呈螺旋形排列的原子的旋转方向不同，螺型位错可分为右旋和左旋螺型位错。

（3）螺型位错线与滑移矢量平行，因此一定是直线，而且位错线的移动方向与晶体滑移方向互相垂直。

(4) 纯螺型位错的滑移面不是唯一的。凡是包含螺型位错线的平面都可以作为它的滑移面。但实际上，滑移通常在那些原子密排面上进行。

(5) 螺型位错线周围的点阵也发生了弹性畸变，但是，只有平行于位错线的切应变而无正应变，即不会引起体积膨胀和收缩，且在垂直于位错线的平面投影上看不到原子的位移，看不出有缺陷。

(6) 螺型位错周围的点阵畸变随离位错线距离的增加而急剧减少，故它也是包含几个原子宽度的线缺陷。

1.1.3　混合位错

除了上面介绍的两种基本型位错外，还有一种更为普遍的位错形式，其滑移矢量既不平行也不垂直于位错线，而与位错线相交成任意角度，这种位错称为混合位错。图 1.1-4 所示为形成混合位错时晶体局部滑移的情况。这里，混合位错线是一条曲线。在 *A* 处，位错线与滑移矢量平行，因此是螺型位错；而在 *C* 处，位错线与滑移矢量垂直，因此是刃型位错。*A* 与 *C* 之间，位错线既不垂直也不平行于滑移矢量，每一小段位错线都可分解为刃型和螺型两个分量。混合位错附近的原子组态如图 1.1-4(c) 所示。

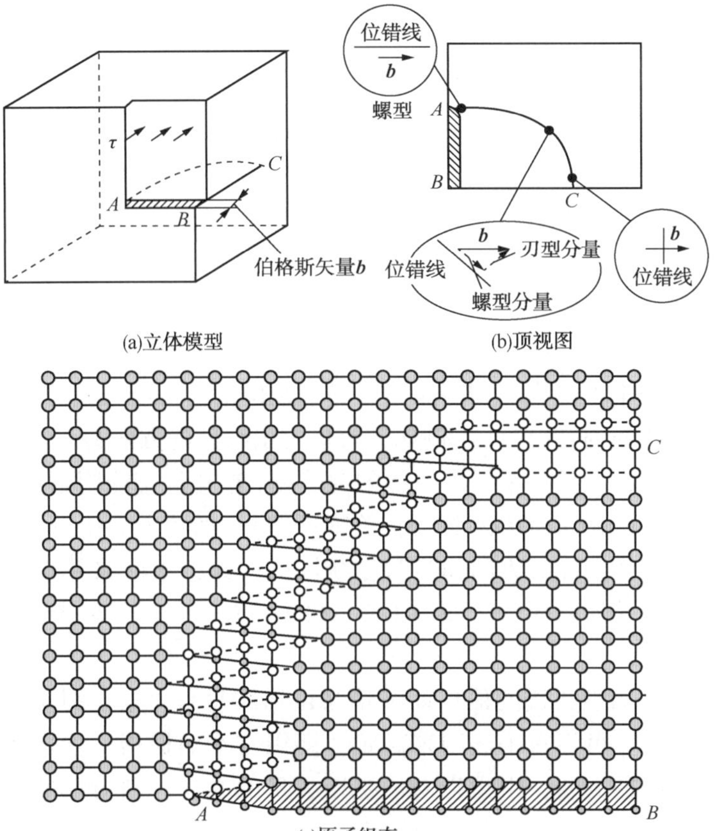

图 1.1-4　混合位错

注意，由于位错线是已滑移区与未滑移区的边界线。因此，位错具有一个重要的性质，即一根位错线不能终止于晶体内部，而只能露头于晶体表面(包括晶界)。若它终止于晶体内部，则必与其他位错线相连接，或在晶体内部形成封闭线。形成封闭线的位错称为位错环，如图 1.1-5 所示。图中的阴影区是滑移面上一个封闭的已滑移区。显然，位错环各处的位错结构类型也可按各处的位错线方向与滑移矢量的关系进行分析，如 *A*、*B* 两处是刃型位错，*C*、*D* 两处是螺型位错，其他各处均为混合位错。

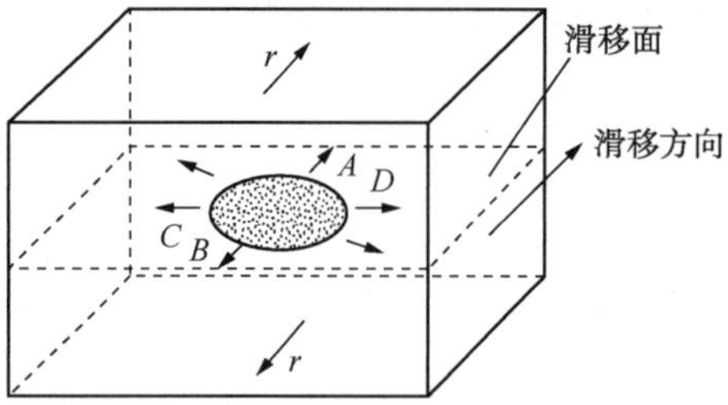

(a)晶体的局部滑移形成位错环

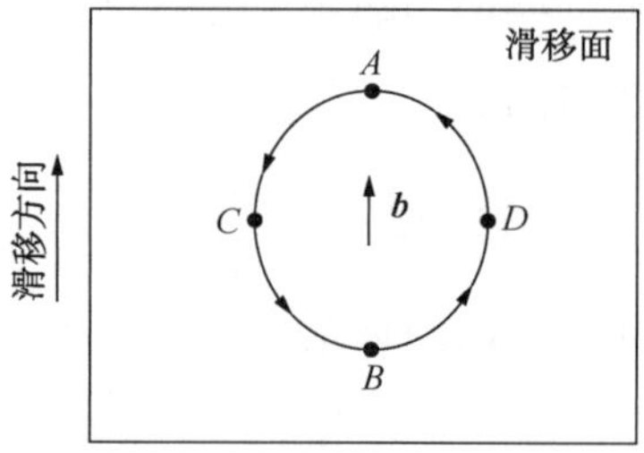

(b)位错环各部分的结构

图 1.1-5　晶体中的位错环

1.2　伯格斯矢量

伯格斯(Burgers)矢量是描述位错特征的重要参量，一般用 $\boldsymbol{b}$ 表示。当位错沿滑移面运动时，尽管位错线的形状和类型可能会不断改变，但它的伯格斯矢量恒定不变。刃型位错运动时原子移动方向始终垂直于位错线，即伯格斯矢量与其运动方向平行。此外，刃型位错中含有切应变和主应变(伸缩应变)。

1.2.1　伯格斯矢量的确定

伯格斯矢量可以通过伯格斯回路来确定。图 1.2-1(a)(b)所示为含有一个刃型位错的实际晶体和用作参考的不含位错的完整晶体。确定该位错伯格斯矢量的具体步骤如下：

(1) 首先选定位错线的正向(ξ)。例如，常规定出纸面的方向为位错线的正方向。

(2) 在实际晶体中，从任一原子出发，围绕位错(避开位错线附近的严重畸变区)以一定的步数作一右旋闭合回路 *MNOPQ*(称为伯格斯回路)，如图 1.2-1(a)所示。

(3) 在完整晶体中按同样的方向和步数作相同的回路，该回路并不封闭，由终点 *Q* 向起点 *M* 引一矢量 $\boldsymbol{b}$，使该回路闭合，如图 1.2-1(b)所示。该矢量 $\boldsymbol{b}$ 就是实际晶体中位错的伯格斯矢量。

由图 1.2-1 可见，刃型位错的伯格斯矢量与位错线垂直，这是刃型位错的一个重要特征。刃型位错的正、负，可借右手法则来确定，即用右手的拇指、食指和中指构成直角坐标，以食指指向位错线的方向，中指指向伯格斯矢量的方向，则拇指的指向代表多余半原子面的位向，且规定拇指向上者为正刃型位错，反之为负刃型位错。

螺型位错的伯格斯矢量也可按同样的方法加以确定，如图 1.2-2 所示。由图可见，螺型位错的伯格斯矢量与位错线平行，且规定 $\boldsymbol{b}$ 与 ξ 正向平行者为右螺旋位错，$\boldsymbol{b}$ 与 ξ 反向平行者为左螺旋位错。

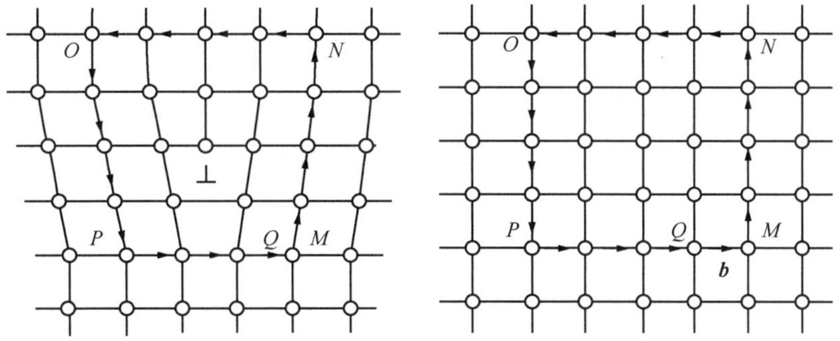

(a)实际晶体的伯格斯回路　(b)完整晶体的相应回路

图 1.2-1　刃型位错伯格斯矢量的确定

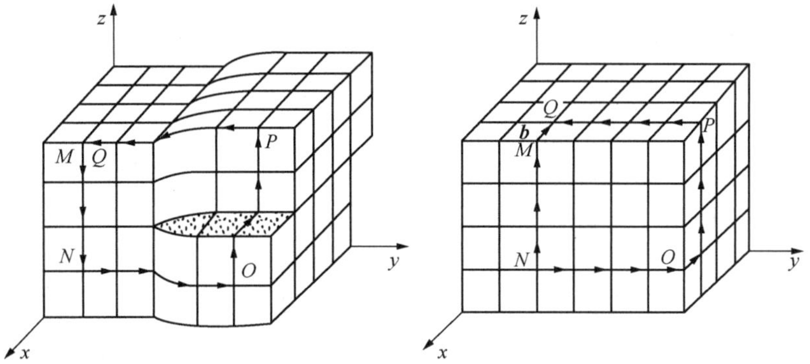

(a)实际晶体的伯格斯回路　(b)完整晶体的相应回路

图 1.2-2　螺型位错伯格斯矢量的确定

至于混合位错的伯格斯矢量既不垂直也不平行于位错线，而与位错线相交呈 φ 角$\left(0<\varphi<\dfrac{\pi}{2}\right)$；可将其分解成垂直和平行于位错线的刃型分量($\boldsymbol{b}_e=\boldsymbol{b}\sin\varphi$)和螺型分量($\boldsymbol{b}_s=\boldsymbol{b}\cos\varphi$)。

用矢量图解法可形象地概括三种类型位错的主要特征，如图 1.2-3 所示。

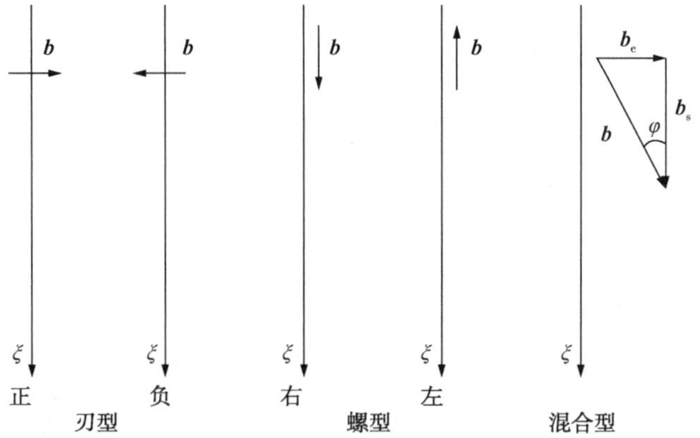

图 1.2-3　位错的矢量图解法示意

据此可定义：

刃型位错：$\boldsymbol{b}\cdot\xi=0$；

右螺旋位错：$\boldsymbol{b}\cdot\xi=\boldsymbol{b}$；

左螺旋位错：$\boldsymbol{b}\cdot\xi=-\boldsymbol{b}$；

混合 $\begin{cases}\text{螺型分量：}\boldsymbol{b}_s=(\boldsymbol{b}\cdot\xi)\xi,\ \boldsymbol{b}_s=\boldsymbol{b}\cos\varphi;\\ \text{刃型分量：}\boldsymbol{b}_e=[(\boldsymbol{b}\times\xi)\cdot\boldsymbol{e}](\xi\times\boldsymbol{e}),\ \boldsymbol{b}_e=\boldsymbol{b}\sin\varphi;\end{cases}$

其中 $\boldsymbol{e}$ 为垂直于滑移面的单位矢量：$\boldsymbol{e}=\dfrac{\boldsymbol{b}\times\xi}{|\boldsymbol{b}\times\xi|}$。

1.2.2 伯格斯矢量的特性

（1）位错周围的所有原子，都不同程度地偏离其平衡位置。通过伯格斯回路确定伯格斯矢量的方法表明，伯格斯矢量是一个反映位错周围点阵畸变总累积的物理量。该矢量的方向表示位错的性质与位错的取向，即位错运动导致晶体滑移的方向；而该矢量的模 $|\boldsymbol{b}|$ 表示畸变的程度，称为位错的强度。由此，我们也可把位错定义为伯格斯矢量不为零的晶体缺陷。

（2）在确定伯格斯矢量时，只规定了伯格斯回路必须在好区域内选取，而对其形状、大小和位置并没有作任何限制。这说明伯格斯矢量与回路起点及其具体途径无关。如果事先规定了位错线的正向，并按右螺旋法则确定回路方向，那么一根位错线的伯格斯矢量就是恒定不变的。换句话说，只要不和其他位错线相遇，不论回路怎样扩大、缩小或任意移动，由此回路确定的伯格斯矢量是唯一的，这就是伯格斯矢量的守恒性。

（3）一根不分叉的位错线，不论其形状如何变化（直线、曲折线或闭合的环状），也不管位错线上各处的位错类型是否相同，其各部位的伯格斯矢量都相同；而且当位错在晶体中运动或者改变方向时，其伯格斯矢量不变，即一根位错线具有唯一的伯格斯矢量。

（4）若一个伯格斯矢量为 $\boldsymbol{b}$ 的位错可以分解为伯格斯矢量分别为 $\boldsymbol{b}_1$，$\boldsymbol{b}_2$，…，$\boldsymbol{b}_n$ 的 n 个位错，则分解后各位错伯格斯矢量之和等于原位错伯格斯矢量，即 $\boldsymbol{b}=\sum_{i=1}^{n}\boldsymbol{b}_{ic}$，如图 1.2-4(a)所示，$\boldsymbol{b}_1$ 位错分解为 $\boldsymbol{b}_2$ 和 $\boldsymbol{b}_3$ 两个位错，则 $\boldsymbol{b}_1=\boldsymbol{b}_2+\boldsymbol{b}_3$。显然，若有数根位错线相交于一点（称为位错结点），则指向结点的各位错线的伯格斯矢量之和应等于离开结点的各位错线的伯格斯矢量之和 $\sum\boldsymbol{b}_i=\sum\boldsymbol{b}'_i$。作为特例，如果各位错线的方向都是朝向结点或都是离开结点的，则伯格斯矢量之和恒为零，即 $\sum\boldsymbol{b}_i=0$，如图 1.2-4(b)所示。

（5）位错在晶体中存在的形态可形成一个闭合的位错环，或连接于其他位错（交于位错结点），或终止在晶界，或露头于晶体表面，但不能中断于晶体内部。这种性质称为位错的连续性。

1.2.3 伯格斯矢量的表示方法

伯格斯矢量的大小和方向可以用它在晶轴上的分量，即用点阵矢量 $\boldsymbol{a}$、$\boldsymbol{b}$ 和 $\boldsymbol{c}$ 来表示。对于立方晶系晶体，由于 $\boldsymbol{a}=\boldsymbol{b}=\boldsymbol{c}$，故可用与伯格斯矢量 $\boldsymbol{b}$ 同向的晶向指数来表示。例如，伯格斯矢量等于从体心立方晶体的原点到体心的矢量，则 $\boldsymbol{b}=\boldsymbol{a}/2+\boldsymbol{b}/2+\boldsymbol{c}/2$，可写成 $\boldsymbol{b}=\dfrac{\boldsymbol{a}}{2}$

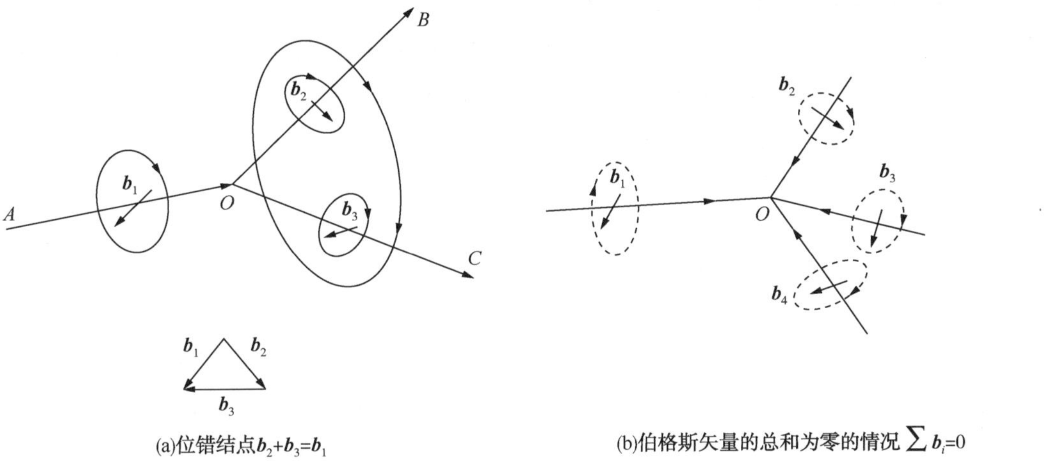

图 1.2-4 位错线相交与伯格斯矢量的关系

[111]。一般立方晶系中伯格斯矢量可表示为$\boldsymbol{b}=\frac{\boldsymbol{a}}{n}\langle uvw\rangle$，其中$n$为正整数。

如果一个伯格斯矢量$\boldsymbol{b}$是另外两个伯格斯矢量$\boldsymbol{b}_1=\frac{\boldsymbol{a}}{n}[u_1v_1w_1]$和$\boldsymbol{b}_2=\frac{\boldsymbol{a}}{n}[u_2v_2w_2]$之和，则按矢量加法法则有：

$$\boldsymbol{b}=\boldsymbol{b}_1+\boldsymbol{b}_2=\frac{\boldsymbol{a}}{n}[u_1v_1w_1]+\frac{\boldsymbol{a}}{n}[u_2v_2w_2]=\frac{\boldsymbol{a}}{n}[u_1+u_2v_1+v_2w_1+w_2]$$

通常还用$|\boldsymbol{b}|=\frac{\boldsymbol{a}}{n}\sqrt{u^2+v^2+w^2}$来表示位错的强度，称为伯格斯矢量的大小或模，即位错的强度。

同一晶体中，伯格斯矢量越大，表明该位错导致点阵畸变越严重，它所处的能量也越高。能量较高的位错通常倾向于分解为两个或多个能量较低的位错：$\boldsymbol{b}_1\rightarrow\boldsymbol{b}_2+\boldsymbol{b}_3$，并满足$|\boldsymbol{b}_1|^2>|\boldsymbol{b}_2|^2+|\boldsymbol{b}_3|^2$，以使系统的自由能下降。

1.3 位错的运动

位错的最重要性质之一是它可以在晶体中运动，而晶体宏观的塑性变形是通过位错运动来实现的。晶体的力学性能(如强度、塑性和断裂等)均与位错的运动有关。因此，了解位错运动的有关规律，对于改善和控制晶体力学性能是有益的。位错的运动方式有两种最基本形式，即滑移和攀移。

1.3.1 位错的滑移

位错的滑移是在外加切应力的作用下，通过位错中心附近的原子沿伯格斯矢量方向在滑移面上不断地做少量的位移(小于一个原子间距)而逐步实现的。

图 1.3-1 所示为刃型位错的滑移过程。在外切应力τ的作用下，位错中心附近的原子由

"●"位置移动小于一个原子间距的距离到达"○"位置，使位错在滑移面上向左移动一个原子间距。如果切应力继续作用，位错将继续向左逐步移动。当位错线沿滑移面滑移通过整个晶体时，就会在晶体表面沿伯格斯矢量方向产生宽度为一个伯格斯矢量 **b** 的台阶，即造成晶体的塑性变形，如图 1.3-1(b)所示。

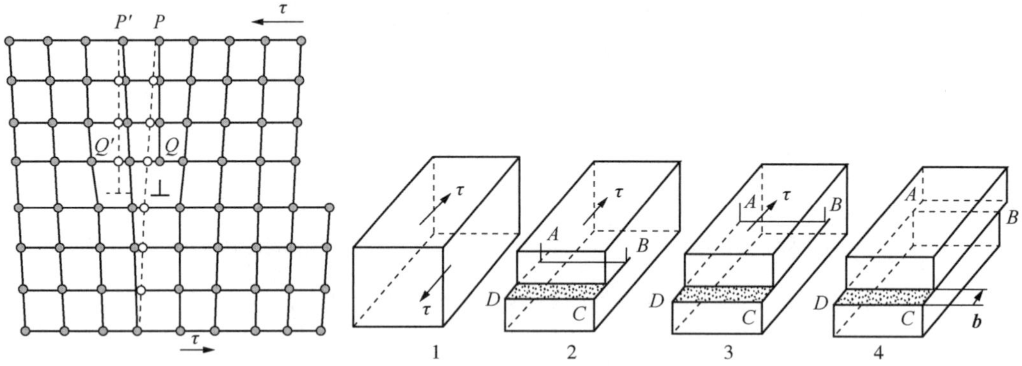

(a)正刃型位错滑移时周围原子的位移　　(b)滑移过程

图 1.3-1　刃型位错滑移

由图 1.3-1 可知，随着位错的移动，位错线所扫过的区域 *ABCD*(已滑移区)逐渐扩大，未滑移区则逐渐缩小，两个区域始终以位错线为分界线。另外值得注意的是，在滑移时，刃型位错的运动方向始终垂直于位错线而平行于伯格斯矢量。刃型位错的滑移面就是由位错线与伯格斯矢量所构成的平面，因此刃型位错的滑移限于单一的滑移面上。

图 1.3-2(a)所示为螺型位错运动时，位错线周围原子的移动情况(图面为滑移面，图中"●"表示滑移面以下的原子，"○"表示滑移面以上的原子)。由图可见，如同刃型位错一样，滑移时位错线附近原子的移动量很小，所以使螺型位错运动所需的力也很小。当位错线沿滑移面滑过整个晶体时，同样会在晶体表面沿伯格斯矢量方向产生宽度为一个伯格斯矢量 **b** 的台阶，见图 1.3-2(b)。应当注意，在滑移时，螺型位错的移动方向与位错线垂直，也与伯格斯矢量垂直。对于螺型位错，由于位错线与伯格斯矢量平行，故它的滑移不限于单一的滑移面上。

图 1.3-3 所示为混合位错沿滑移面的移动情况。前已指出，任一混合位错均可分解为刃型分量和螺型分量两部分，故根据以上两种基本类型位错的分析，不难确定其混合情况下的滑移运动。根据确定位错线运动方向的右手法则，即以拇指代表沿着伯格斯矢量 **b** 移动的那部分晶体，食指代表位错线方向，则中指就表示位错线移动方向，该混合位错在外切应力τ作用下将沿其各点的法线方向在滑移面上向外扩展，最终使上下两块晶体沿伯格斯矢量方向移动一个 **b** 大小的距离。

必须指出的是，对于螺型位错，由于所有包含位错线的晶面都可成为其滑移面，因此，当某一螺型位错在原滑移面上运动受阻时，有可能从原滑移面转移到与之相交的另一滑移面上去继续滑移，这一过程称为交滑移。如果交滑移后的位错再转回和原滑移面平行的滑移面上继续运动，则称为双交滑移，如图 1.3-4 所示。

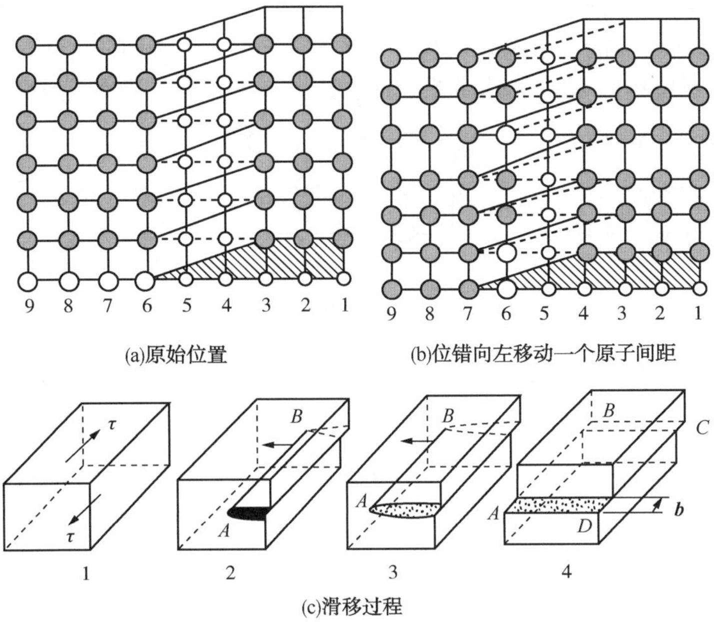

图 1.3-2 螺型位错的滑移

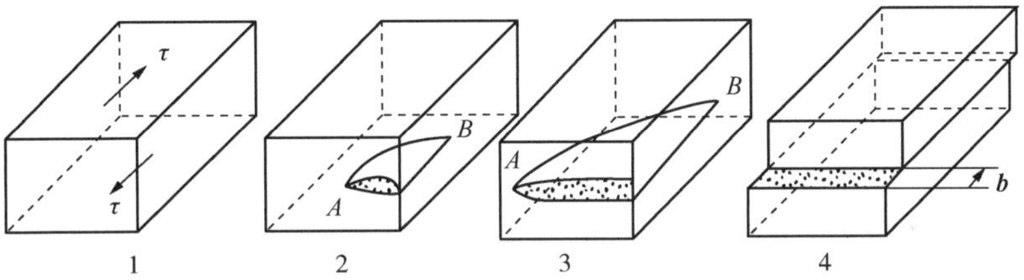

图 1.3-3 混合位错的滑移过程

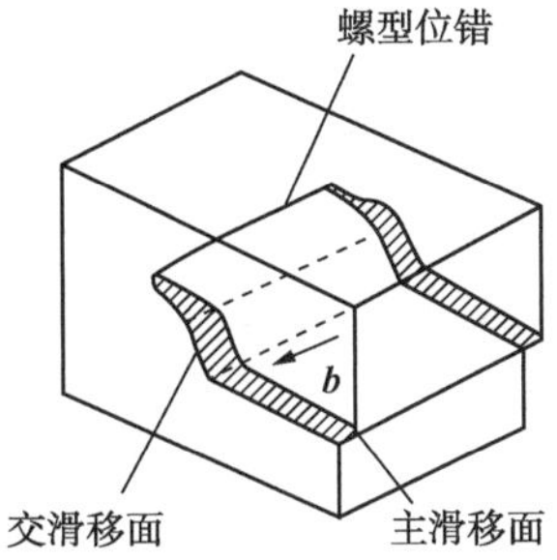

图 1.3-4 螺型位错的交滑移

1.3.2 位错的攀移

刃型位错除了可以在滑移面上滑移外，还可以在垂直于滑移面的方向上运动，即发生攀移。通常把多余半原子面向上运动称为正攀移，向下运动称为负攀移，如图 1.3-5 所示。刃型位错的攀移实质上就是构成刃型位错的多余半原子面的扩大或缩小，因此，它可通过物质迁移即原子或空位的扩散来实现。如果有空位迁移到半原子面下端或者半原子面下端的原子扩散到别处时，半原子面将缩小，即位错向上运动，则发生正攀移，见图 1.3-5(b)；反之，若有原子扩散到半原子面下端，半原子面将扩大，位错向下运动，发生负攀移，见图 1.3-5(c)。螺型位错没有多余的半原子面，因此，不会发生攀移运动。

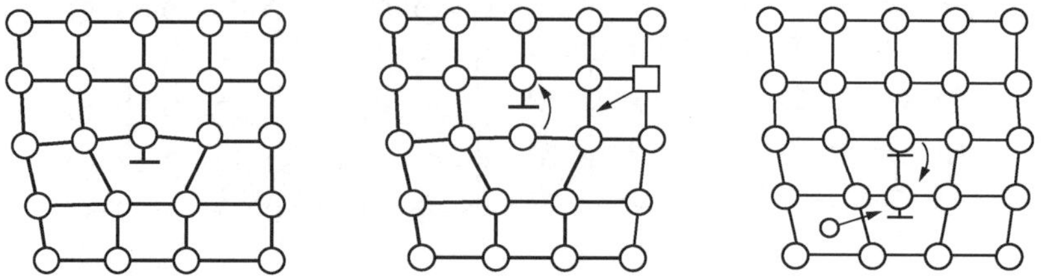

(a)未攀移的位错　(b)空位运动引起的正攀移　(c)间隙原子引起的负攀移

图 1.3-5　刃型位错的攀移运动模型

由于攀移伴随着位错线附近原子增加或减少，即有物质迁移，需要通过扩散才能进行，故把攀移运动称为"非守恒运动"，而相对应的位错滑移称为"守恒运动"。位错攀移需要热激活，较之滑移所需的能量更大。对大多数材料，在室温下很难进行位错的攀移，而在较高温度下，攀移较易实现。经高温淬火、冷变形加工和高能粒子辐照后，晶体中将产生大量的空位和间隙原子，晶体中过饱和点缺陷的存在有利于攀移运动的进行。

1.3.3　位错的交割

当一位错在某一滑移面上运动时，会与穿过滑移面的其他位错(通常将穿过此滑移面的其他位错称为林位错)交割。位错交割时会发生相互作用，这对材料的强化、点缺陷的产生有重要意义。

1. 割阶与扭折

在位错的滑移运动过程中，其位错线往往很难同时实现全长的运动。因而一个运动的位错线，特别是在受到阻碍的情况下，有可能通过其中一部分线段(*n* 个原子间距)首先进行滑移。若由此形成的曲折线段就在位错的滑移面上时，称为扭折；若该曲折线段垂直于位错的滑移面时，称为割阶。扭折和割阶也可由位错之间交割而形成。

另外，从前面得知，刃型位错的攀移是通过空位或原子的扩散来实现的，而原子(或空位)并不是在一瞬间就能一起扩散到整条位错线上，而是逐步迁移到位错线上的。这样，在位错的已攀移段与未攀移段之间就会产生一个台阶，于是也在位错线上形成了割阶。有时位错的攀移可理解为割阶沿位错线逐步推移，而使位错线上升或下降，因而攀移过程与割阶的形成能和移动速度有关。

图 1.3-6 所示为刃型和螺型位错中的割阶与扭折示意。应当指出的是，刃型位错的割阶部分仍为刃型位错，而扭折部分则为螺型位错；螺型位错中的扭折和割阶线段，由于均与伯格斯矢量相垂直，故均属于刃型位错。

2. 几种典型的位错交割

(1) 两个伯格斯矢量互相垂直的刃型位错交割。如图 1.3-7(a)所示，伯格斯矢量为 $\boldsymbol{b}_1$ 的刃型位错 XY 和伯格斯矢量为 $\boldsymbol{b}_2$ 的刃型位错 AB 分别位于两垂直的平面 P_{XY}，P_{AB}上。若 XY 向下运动与 AB 交割，由于 XY 扫过的区域，其滑移面 P_{XY}两侧的晶体将发生 $\boldsymbol{b}_1$ 距离的相

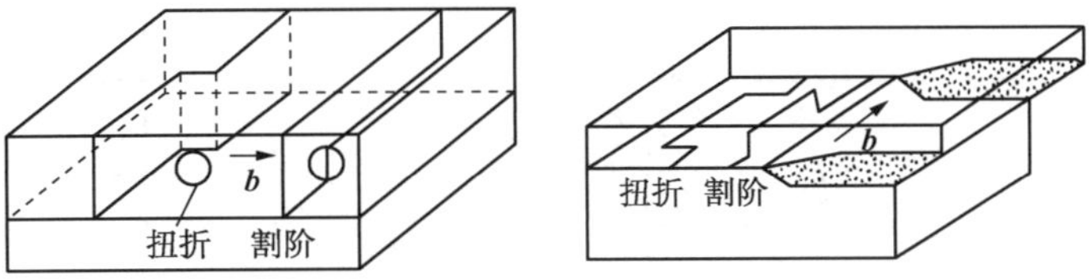

(a)刃型位错　　(b)螺型位错

图 1.3-6　位错运动中出现的割阶与扭折示意

对位移，因此交割后，在位错线 AB 上产生 PP' 小台阶。显然，PP' 的大小和方向取决于 $\boldsymbol{b}_1$。由于位错伯格斯矢量的守恒性，PP' 的伯格斯矢量仍为 $\boldsymbol{b}_2$，$\boldsymbol{b}_2$ 垂直于 PP'，因而 PP' 是刃型位错，且它不在原位错线的滑移面上，故是割阶。至于位错 XY，由于它平行于 $\boldsymbol{b}_2$，因此，交割后不会在 XY 上形成割阶。

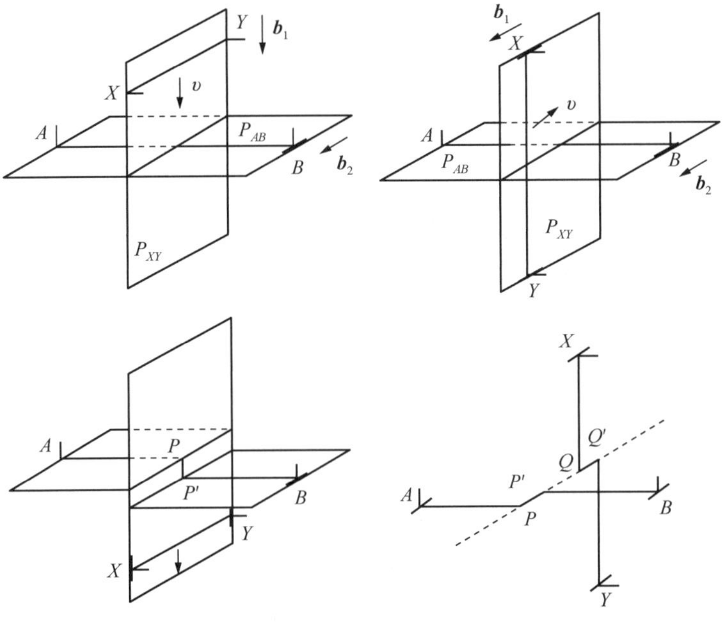

(a)伯格斯矢量互相垂直　　(b)伯格斯矢量互相平行

图 1.3-7　两根互相垂直的刃型位错的交割

（2）两个伯格斯矢量互相平行的刃型位错交割。如图 1.3-7(b)所示，交割后，在 AB 和 XY 位错线上分别出现平行于 $\boldsymbol{b}_1$，$\boldsymbol{b}_2$ 的 PP'，QQ' 台阶，但它们的滑移面和原位错的滑移面一致，故为扭折，属螺型位错。在运动过程中，这种扭折在线张力的作用下可能被拉直而消失。

（3）两个伯格斯矢量垂直的刃型位错和螺型位错的交割。如图 1.3-8 所示，交割后在刃型位错 AA' 上形成大小等于 $|\boldsymbol{b}_2|$ 且方向平行于 $\boldsymbol{b}_2$ 的割阶 MM'，其伯格斯矢量为 $\boldsymbol{b}_1$。由于该割阶的滑移面[图 1.3-8(b)中的阴影区]与原刃型位错 AA' 的滑移面不同，因而当带有这种割阶的位错继续运动时，将受到一定的阻力。同样，交割后在螺型位错 BB' 上也形成长度等于 $|\boldsymbol{b}_1|$ 的一段折线 NN'，由于它垂直于 $\boldsymbol{b}_2$，故属刃型位错；又由于它位于螺型位错 BB' 的滑移面上，因此 NN' 是扭折。

（4）两个伯格斯矢量相互垂直的两螺型位错交割。如图 1.3-9 所示，交割后在 AA' 上形

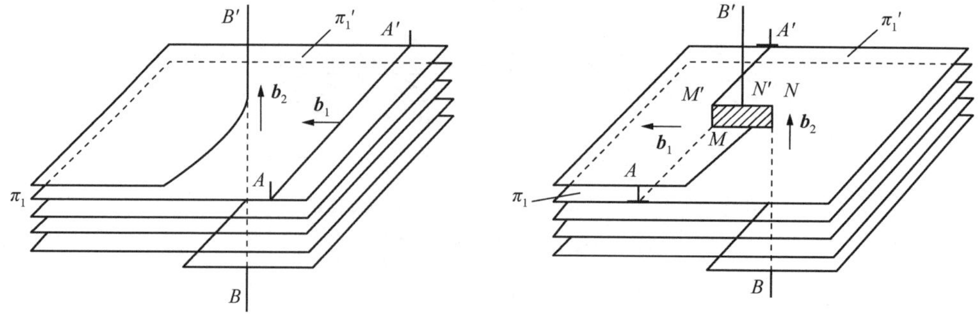

(a)交割前　　(b)交割后

图 1.3-8　刃型位错和螺型位错的交割

成大小等于 $|\boldsymbol{b}_2|$，方向平行于 $\boldsymbol{b}_2$ 的割阶 MM'。它的伯格斯矢量为 $\boldsymbol{b}_1$，其滑移面不在 AA' 的滑移面上，是刃型割阶。同样，在位错线 BB' 上也形成一刃型割阶 NN'。这种刃型割阶都阻碍螺型位错的移动。

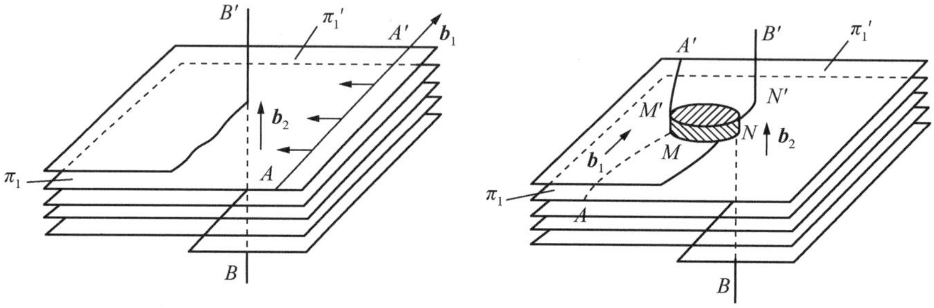

(a)交割前　　(b)交割后

图 1.3-9　两个螺型位错的交割

综上所述，运动位错交割后，每根位错线上都可能产生一扭折或割阶，其大小和方向取决于另一位错的伯格斯矢量，但具有原位错线的伯格斯矢量。所有的割阶都是刃型位错，而扭折可以是刃型也可是螺型的。另外，扭折与原位错线在同一滑移面上，可随主位错线一道运动，几乎不产生阻力，而且扭折在线张力作用下易于消失。但割阶则与原位错线不在同一滑移面上，故除非割阶产生攀移，否则割阶就不能跟随主位错线一道运动，成为位错运动的障碍，通常称此为割阶硬化。

带割阶位错的运动，按割阶高度的不同又可分为三种情况：第一种割阶的高度只有 1～2 个原子间距，在外力足够大的条件下，螺型位错可以把割阶拖着走，在割阶后面留下一排点缺陷，见图 1.3-10(a)；第二种割阶的高度很大，在 20nm 以上，此时割阶两端的位错相隔太远，它们之间的相互作用较小，可以各自独立地在各自的滑移面上滑移，并以割阶为轴，在滑移面上旋转，见图 1.3-10(c)，这实际也是在晶体中产生位错的一种方式；第三种割阶的高度是在上述两种情况之间，位错不可能拖着割阶运动。在外应力作用下，割阶之间的位错线弯曲，位错前进就会在其身后留下一对拉长了的异号刃型位错线段(常称位错偶)，见图 1.3-10(b)。为降低应变能，这种位错会断开而留下一个长的位错环，位错线仍恢复至原来带割阶的状态，而长的位错环又常会再进一步分裂成小的位错环，这是形成位错环的机理之一。

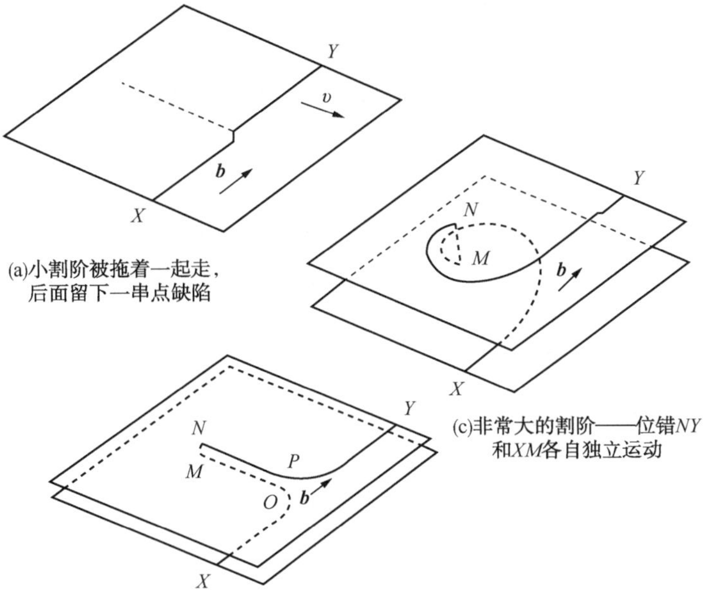

(a)小割阶被拖着一起走，后面留下一串点缺陷

(b)中等割阶——位错NP和MO形成位错偶

(c)非常大的割阶——位错NY和XM各自独立运动

图 1. 3-10　螺型位错中不同高度的割阶的行为

而对于刃型位错而言，其割阶段与伯格斯矢量所组成的面，一般都与原位错线的滑移方向一致，能与原位错一起滑移。但此时割阶的滑移面并不一定是晶体的最密排面，故运动时割阶段所受到的晶格阻力较大，然而相对于螺型位错的割阶的阻力则小得多。

1.4　位错的应力场

分析位错的应力场需要满足以下假设：①线性弹性理论成立，即晶体的应力和应变呈线性关系；②位错是在连续均匀介质中作匀速运动；③晶体各向同性且表面上应力为零。

任意刃型位错在 t 时刻的位移分量如式(1. 4-1)所示：

$$\mu_x=\frac{bC_t^2}{\pi\nu^2}\left[\tan^{-1}\left(\frac{\beta_e y}{x'}\right)-\zeta^2\tan^{-1}\left(\frac{\beta_t y}{x'}\right)\right]$$

$$\mu_y=\frac{bC_t^2}{2\nu_2^{\pi}}\left[\beta_e\ln(x'^2+\beta_e^2y^2)-\frac{\zeta^2}{\beta_t}\ln(x'^2+\beta_t^2y^2)\right]$$

$$x'=x-\nu t$$

$$\zeta^2=\frac{1}{2}(1+\beta_t^2) \tag{1. 4-1}$$

$$\beta_e=\left(1-\frac{\nu^2}{C_e^2}\right)^{\frac{1}{2}}$$

$$\beta_t=\left(1-\frac{\nu^2}{C_t^2}\right)^{\frac{1}{2}}$$

式中，C_t 和 C_e 为介质中横向声波速度和纵向声波速度；ν 为泊松比。任意运动的刃型位错产生的应力场如式(1.4-2)所示：

$$
\begin{aligned}
\sigma_{xx}&=\frac{2Gbt_2^C y}{\nu_2^{\pi}}\left[-\frac{\beta_e(e_2^{\beta}+1-\zeta^2)}{x'^2+e_2^{\beta}y^2}+\frac{\zeta^2\beta_t}{x'^2+t_2^{\beta}y^2}\right]\\
\sigma_{yy}&=\frac{2Gb\zeta\rho^2 t_2^C y}{\nu_2^{\pi}}\left(\frac{\beta_e}{x'^2+e_2^{\beta}y^2}-\frac{\beta_t}{x'^2+t_2^{\beta}y^2}\right)\\
\sigma_{zz}&=\nu(\sigma_{xx}+\sigma_{yy})\\
\tau_{xy}&=\frac{2Gbt_2^C x'}{\nu_2^{\pi}\beta_t}\left(-\frac{\beta_e\beta_t}{x'^2+e_2^{\beta}y^2}-\frac{\zeta^4}{x'^2+t_2^{\beta}y^2}\right)
\end{aligned}
\tag{1.4-2}
$$

对位错应变场的传统描述是基于经典的线弹性理论，但经典的线弹性理论在位错芯区域失效。Peierls 在线弹性理论的基础上提出了一个改进的理论模型，后来由 Nabarro 进行了进一步的改进，完成了著名的 Peierls-Nabarro 位错模型，解决了线弹性理论在位错芯区域失效的问题。Peierls-Nabarro 位错模型给出的应变场如式(1.4-3)所示。由于实验测试技术的滞后，Peierls-Nabarro 位错模型多年来没有很好地实现实验验证。Hansen 利用 Peierls-Nabarro 位错模型研究了 Si 中的部分位错。Von Sydow 模拟了 Pd 中的 Shockley 部分位错，并与 Peierls-Nabarro 位错模型进行了对比。图 1.4-1 所示为实验和理论应变场在不同半径圆周上的比。

$$
\varepsilon_{xx}=-\frac{\boldsymbol{b}}{\pi}\cdot\frac{(1-\nu)y}{4(1-\nu)^2x^2+y^2}
\tag{1.4-3}
$$

式中，x 和 y 为直角坐标，坐标系的原点在位错芯；$\boldsymbol{b}$ 为伯格斯矢量。

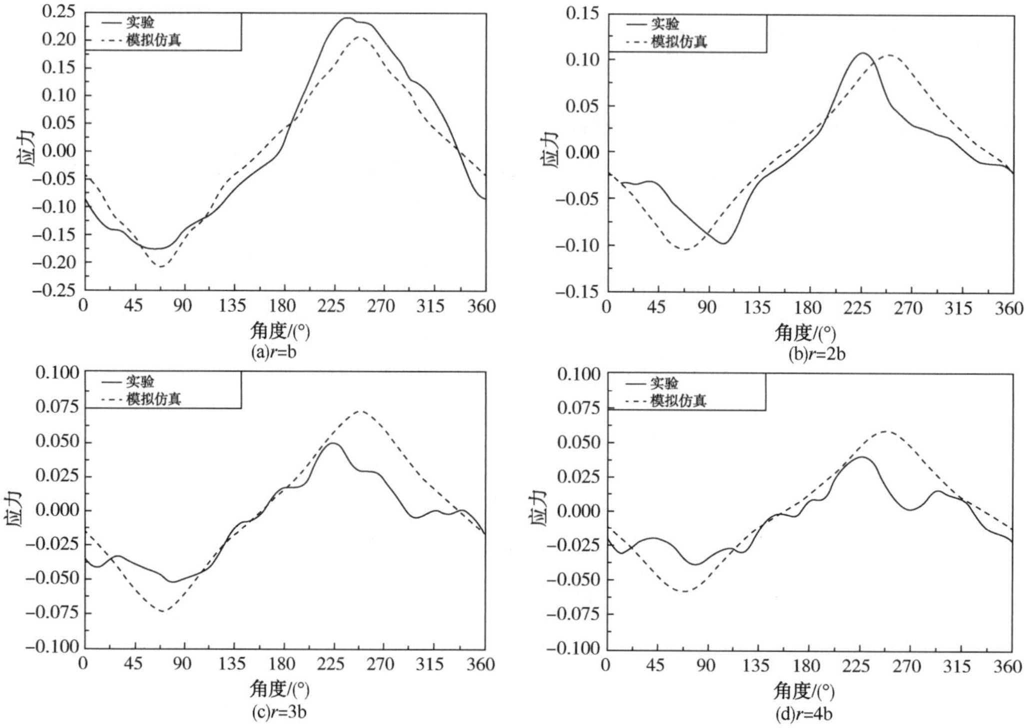

图 1.4-1　实验和理论应变场在不同半径圆周上的比

应用连续弹性介质模型计算位错应力场时，可以采用下列步骤：

（1）设想将位错周围严重错排区（距位错中心小于 r_0）挖去，剩下的晶体视为连续介质。

（2）根据位错的定义，介质中位移场 $u(x, y, z)$ 沿位错滑移面有一个跃变 $\boldsymbol{b}$，即：

$$u(M_1)-u(M_2)=\boldsymbol{b} \tag{1.4-4}$$

式中，M_1 和 M_2 分别为处于滑移面两侧相对应的两点；$\boldsymbol{b}$ 为位错的伯格斯矢量。

（3）沿内外表面的应力分量应等于零。

（4）求解应力函数 χ 的双调和方程，即：

$$\nabla^4\chi=0 \tag{1.4-5}$$

并使应力满足边界条件。

1.4.1 刃型位错的应力场

设直刃型位错线沿 z 轴，伯格斯矢量平行于 x 轴，如图1.4-2所示。位移的 z 轴方向分量 u_z 为零，且其他两个位移分量 u_x 和 u_y 不随 z 面变化，因此是一个平面应变问题。

各应力分量为：

$$\begin{aligned}
\sigma_x&=\frac{\partial^2\chi}{\partial y^2}\\
\sigma_y&=\frac{\partial^2\chi}{\partial x^2}\\
\sigma_z&=\nu(\sigma_x+\sigma_y)\\
\tau_{xy}&=-\frac{\partial^2\chi}{\partial x\partial y}
\end{aligned} \tag{1.4-6}$$

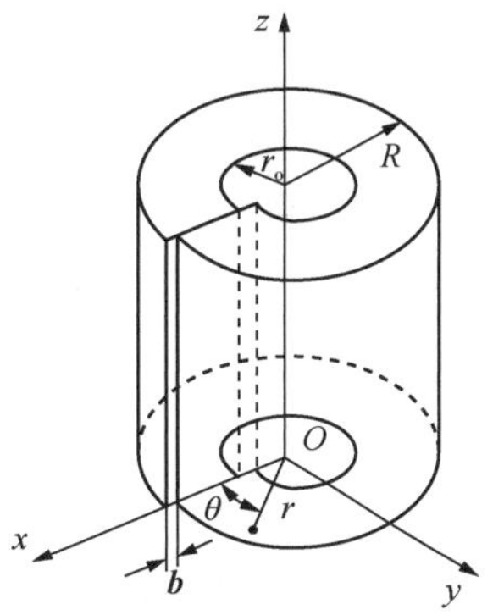

图1.4-2 刃型位错应力场计算模型

采用圆柱坐标时，式(1.4-5)变成：

$$\left(\frac{\partial^2}{\partial r^2}+\frac{1}{r}\frac{\partial}{\partial r}+\frac{1}{r^2}\frac{\partial^2}{\partial\theta^2}\right)^2\chi=0 \tag{1.4-7}$$

而各应力分量为：

$$\begin{aligned}
\sigma_r&=\frac{1}{r}\frac{\partial\chi}{\partial r}+\frac{1}{r^2}\frac{\partial^2\chi}{\partial\theta^2}\\
\sigma_\theta&=\frac{\partial^2\chi}{\partial r^2}\\
\tau_{r\theta}&=-\frac{\partial}{\partial r}\left(\frac{1}{r}\frac{\partial\chi}{\partial\theta}\right)\\
\sigma_z&=\nu(\sigma_r+\sigma_\theta)
\end{aligned} \tag{1.4-8}$$

满足双调和方程(1.4-5)的应力函数 χ 可以用分离变量法求出。设方程式(1.4-5)的解具有分离变量的形式：

$$\chi=rR\Theta \tag{1.4-9}$$

式中，R 为只包含变量 r 的函数；Θ 为只包含变量 θ 的函数。

将式(1.4-9)代入式(1.4-7)，经适当的整理和运算可得到关于 r 和 θ 的两个常微分方程。求解这些常微分方程，就可得到方程式(1.4-7)的一系列解，从中可挑选出满足刃型位错边界条件的应力函数，即：

$$\chi = Dr\ln r\sin\theta \tag{1.4-10}$$

式中，D 为常数。利用式(1.4-6)和式(1.4-8)可求得各应力分量。刃型位错产生的应力场中不等于零的应力分量有沿 3 个轴向的正应力 σ_x、σ_y 和 σ_z，以及切应力 τ_{xy}，即：

$$\sigma_x = -\frac{Gb}{2\pi(1-\nu)} \cdot \frac{y(3x^2+y^2)}{(x^2+y^2)^2} \tag{1.4-11}$$

$$\sigma_y = \frac{Gb}{2\pi(1-\nu)} \cdot \frac{y(x^2-y^2)}{(x^2+y^2)^2} \tag{1.4-12}$$

$$\tau_{xy} = \tau_{yx} = \frac{Gb}{2\pi(1-\nu)} \cdot \frac{x(x^2-y^2)}{(x^2+y^2)^2} \tag{1.4-13}$$

$$\sigma_z = \nu(\sigma_x+\sigma_y) \tag{1.4-14}$$

用圆柱坐标系时，不等于零的应力分量可写成：

$$\sigma_r = \sigma_\theta = -\frac{Gb}{2\pi(1-\nu)} \cdot \frac{\sin\theta}{r} \tag{1.4-15}$$

$$\tau_{r\theta} = \tau_{\theta r} = \frac{Gb}{2\pi(1-\nu)} \cdot \frac{\cos\theta}{r} \tag{1.4-16}$$

$$\sigma_z = \nu(\sigma_r+\sigma_\theta) \tag{1.4-17}$$

1.4.2 螺型位错的应力场

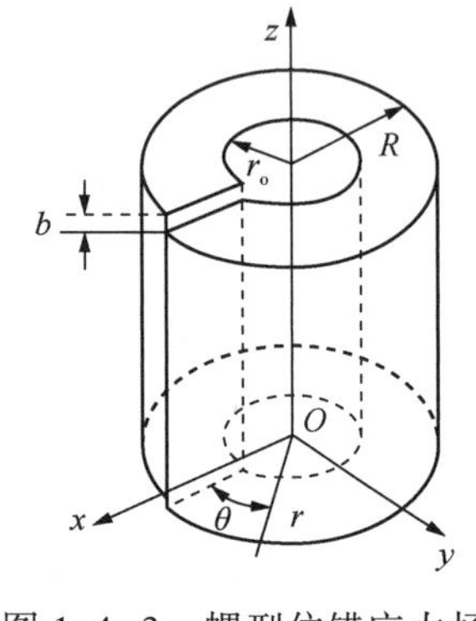

图 1.4-3 螺型位错应力场计算模型

位错线沿 z 轴的螺型位错可通过下列操作形成(如图 1.4-3 所示)，将弹性体沿 xz 面剖开，剖面两侧沿 z 轴产生相对位移 b 后再胶合起来。由于螺型位错的变形是纯剪切的，位移的 x、y 分量为零，即 $u_x=u_y=0$，而 $u_z\neq 0$，所以平衡条件可简化为：

$$\nabla^2 u_z = 0 \tag{1.4-18}$$

位移所要满足的螺型位错的边界条件为：

$$(u_z)_{\theta=2\pi} - (u_z)_{\theta=0} = b \tag{1.4-19}$$

很容易求得该方程的解为：

$$u_z = \frac{b}{2\pi}\theta = \frac{b}{2\pi}\arctan\frac{y}{x} \tag{1.4-20}$$

不等于零的应力分量有：

$$\tau_{xz} = \tau_{zx} = -\frac{Gb}{2\pi} \cdot \frac{y}{x^2+y^2} \tag{1.4-21}$$

$$\tau_{yz} = \tau_{zy} = \frac{Gb}{2\pi} \cdot \frac{x}{x^2+y^2} \tag{1.4-22}$$

在圆柱坐标系中，不等于零的应力分量有：

$$\tau_{\theta z}=\tau_{z\theta}=\frac{Gb}{2\pi r} \tag{1.4-23}$$

可以看出，螺型位错没有正应力，所有应力都是径向对称的，与 θ 无关。

1.5　位错的应变能及线张力

1.5.1　位错的应变能

由于位错周围存在弹性应力场，在晶体中引入单位长度的位错线就会使晶体的能量升高，将这一能量增加定义为位错线的能量。从理论上讲，根据位错周围应力、应变场可计算畸变能密度函数，然后将应变能密度在整个体积内积分就能算出由于位错存在所产生的总畸变能，即位错线的能量。但这个方法很复杂，而计算形成位错时所做的功较为简明。对如图 1.4-2 所示的刃型位错沿 xz 面剖开，将剖面以上部分移动 b 的距离，计算此过程所做的功。将剖面分成许多单位长度的面元 dr，位移是从 0 到 b 逐步进行的，设已作了位移 $\alpha b(0\leqslant\alpha\leqslant1)$，沿面元所加的切力为 $\tau_{r\theta}\mathrm{d}r$，$\tau_{r\theta}$应等于伯格斯矢量为 αb 的位错在面元所在位置产生的应力分量。令 $\cos\theta=1$，由式(1.4-16)可得：

$$\tau_{r\theta}=\frac{G\alpha b}{2\pi(1-\nu)}\cdot\frac{1}{r} \tag{1.5-1}$$

在此切力作用下位移 d(αb)所做的功为：

$$\mathrm{d}W_{\mathrm{E}}=\int_{r_0}^{r}\tau_{r\theta}\mathrm{d}(\alpha b)\mathrm{d}r \tag{1.5-2}$$

位移从 0 到 b 的全部过程中所做的功为：

$$W_{\mathrm{E}}=\int_{r_0}^{r}\int_{0}^{1}\frac{Gb^2\alpha\mathrm{d}\alpha\mathrm{d}r}{2\pi(1-\nu)r}=\frac{1}{2}\int_{r_0}^{r}\frac{Gb^2}{2\pi(1-\nu)}\frac{\mathrm{d}r}{r}=\frac{Gb^2}{4\pi(1-\nu)}\cdot\ln\frac{r}{r_0} \tag{1.5-3}$$

则单位长度刃型位错的总畸变能为：

$$W_{\mathrm{E}}=\frac{Gb^2}{4\pi(1-\nu)}\cdot\ln\frac{r}{r_0} \tag{1.5-4}$$

用类似的方法可以得出单位长度螺型位错的总畸变能为：

$$W_{\mathrm{S}}=\frac{Gb^2}{4\pi}\cdot\ln\frac{r}{r_0} \tag{1.5-5}$$

对于混合型位错，位错线与伯格斯矢量的夹角为 ψ 时，位错畸变能即为伯格斯矢量为 $\boldsymbol{b}\sin\psi$ 的纯刃型位错与伯格斯矢量为 $\boldsymbol{b}\cos\psi$ 的纯螺型位错的能量之和。因此，单位长度混合型位错的总畸变能为：

$$\begin{gathered}W=\frac{Gb^2}{4\pi K}\cdot\ln\frac{r}{r_0}\\\frac{1}{K}=\frac{\sin^2\psi}{1-\nu}+\cos^2\psi\end{gathered} \tag{1.5-6}$$

如果 r 趋于无限大，位错的能量将趋于无限大。但实际晶体的晶粒和亚晶粒结构限制了应力场的范围，一般不会大于 10^{-4}cm。因此，单位长度直位错线的能量为：

$$W=\frac{Gb^2}{4\pi K}\cdot \ln 10^{-4}\approx Gb^2 \tag{1.5-7}$$

根据以上计算，可以看出位错的弹性畸变能还是很大的，并高度集中在位错线附近。

对位错的结构、能量及迁移机制的研究是材料不完整性研究的一个重要方面。尽管连续介质弹性理论能够描述位错的一些重要性质，但位错中心部分由于原子排列的高度畸变，导致弹性理论失去意义，无法进行描述。基于准原子和密度函数理论，1984 年，Dawson 和 Baskes 建立了嵌入原子法(EAM)。这一半经验方法先后成功地用于金属的点缺陷等特性的研究。鉴于 EAM 模型的计算过程比较复杂，Johnson 在 EAM 模型的基础上，给出了电子密度、两体势和嵌入能函数的解析表达经验式，建立了模型参数和物理参数之间的对应关系，并通过拟合元素的物理参数来确定各分析函数的模型参数，得到了特定结构金属元素的分析型 EAM(AEAM)模型。考虑晶体中原子键合方向性，Baskes 等发展了改进型 EAM(MEAM)模型，其中 EAM(MEAM)模型中能量的主要公式如式(1.5-8)所示：

$$E_N=\frac{1}{L}\sum_{i=1}^{N}(E_i-E_0) \tag{1.5-8}$$

位错周围点阵畸变引起弹性应力场导致晶体能量的增加，这部分能量称为位错的应变能或者位错的能量。单位长度刃、螺型位错的应变能如式(1.5-9)、式(1.5-10)所示。

$$\text{刃型位错：} W=\frac{Gb^2}{\Delta\pi(1-\nu)}\cdot \ln\frac{r_1}{r_0} \tag{1.5-9}$$

$$\text{螺型位错：} W=\frac{Gb^2}{\Delta\pi}\cdot \ln\frac{r_1}{r_0} \tag{1.5-10}$$

式中，r_0 为位错内部半径；r_1 为位错在晶体中的影响范围。无论刃型位错、螺型位错或者混合位错，均有 $W=aGb^2$，a 通常取 0.5~1.0，螺型位错取 0.5，刃型位错取 1.0，伯格斯矢量的模是影响位错能量的最重要因素。

1.5.2 位错的线张力

由于位错线的能量正比于其长度，所以它有尽可能缩短其长度的趋势，这和液体要尽可能缩小其表面积以求减少表面能一样。因此可以设想位错线有线张力。如图 1.5-1 所示，设位错线的线张力为 T，要使位错线增长 dl 必须做功 Tdl，此时位错的能量就增加 Wdl，所以一条直位错线的线张力在数值上等于单位长度位错线的能量，即 $T=W$。

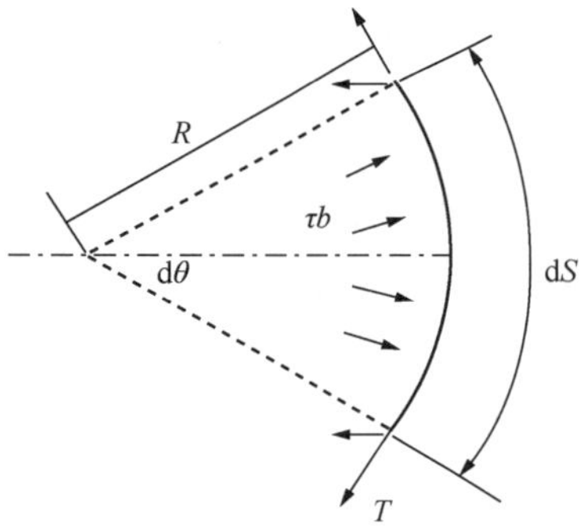

图 1.5-1　位错应变能示意

弯曲的位错线由于远处的应力场要相互抵消一部分，其线张力小于直位错线。Friedel 对此作了如下粗略估计：设位错弯曲的波长为 λ，长度增加了 dl。在远离位错处 ($r>\lambda$) 的畸变能同未弯曲前一样，这是因为位错的偏远和偏近部分所引起的修正相互抵消，即内外半径为 λ 和 r 的管子的弹性能为：

$$W_1 \approx \frac{Gb^2}{4\pi K} l\ln \frac{r}{\lambda} \tag{1.5-11}$$

半径为 λ 的圆柱体的畸变能可以近似地看作长为 l+dl 的直位错线在 $r<\lambda$ 区域中产生的弹性能，即：

$$W_2 \approx \frac{Gb^2}{4\pi K}(l+\mathrm{d}l)\ln \frac{\lambda}{r_0} \tag{1.5-12}$$

弯曲前长为 l 的直位错线的能量为：

$$W_0 = \frac{Gb^2}{4\pi K} l\ln \frac{r}{r_0} \tag{1.5-13}$$

因此，弯曲后能量的增加为：

$$T \sim \mathrm{d}l = W_1 + W_2 - W_0 = \frac{Gb^2}{4\pi K} \sim \mathrm{d}l\ln \frac{\lambda}{r_0} \tag{1.5-14}$$

故

$$T = \frac{Gb^2}{4\pi K}\ln \frac{\lambda}{r_0} \tag{1.5-15}$$

若 $\lambda = 100r$，则得 $T \approx \frac{1}{2}Gb^2$，此值比直位错线的能量小一半。一般情况下用 $\frac{1}{2}Gb^2$ 作为单位长度位错线的能量和位错线张力。

位错总应变能力与位错线的长度成正比。为了降低能量，位错线有缩短的倾向，故在位错线上存在一种使其变直的线张力 T，可近似表示如式(1.5-16)所示：

$$T \approx kGb^2 \tag{1.5-16}$$

位错的线张力不仅驱使位错变直，而且也是晶体中位错呈三维网络分布的原因。因为位错网络中相交于同一结点的所有位错，其线张力处于平衡状态，保证了位错在晶体中的相对稳定性。平衡时，位错上的作用力与线张力在水平方向上相等，如式(1.5-17)所示：

$$T = \frac{Gb}{2R} \tag{1.5-17}$$

因此，保持位错线弯曲所需要的切应力与曲率半径成反比。

1.6　作用在位错上的力

设在晶体滑移面上有一均匀的切应力 τ，其方向平行于位错的伯格斯矢量。若长为 L 的位错线在此切应力作用下平均前进了 ds 的距离，材料强度学晶体中滑移区相应增加的面积就为 Lds。由于沿此面积晶体的上下两部分相对滑移了一个 b 距离，故外加切应力所做的功为：

$$W = \tau L\mathrm{d}s \cdot b \tag{1.6-1}$$

现设想单位长度位错线上受一力 f，在此力作用下位错滑移了 ds 的距离，f 所做的功为：

$$W = fL\mathrm{d}s \tag{1.6-2}$$

由以上两式得出单位长度位错线所受的力为：

$$f=\tau b \tag{1.6-3}$$

式(1.6-3)所得f应看作一种唯象的作用力，它永远垂直于位错线，是滑移力。故对纯刃型位错f和τ的方向一致，而对纯螺型位错f和τ的方向垂直。定义这样一种力有很多好处，我们将多次看到，利用位错在力的作用下滑移时所做的功与位错线长度增加导致线能量增加相平衡处理塑性变形问题是非常方便的。

用类似的方法还可以推导出引起位错攀移的力，即：

$$f_c=\sigma b \tag{1.6-4}$$

式中，σ为垂直于攀移面的正应力，而f_c仍定义为攀移方向的力。

以下利用位错线受力的概念推导位错的平衡曲率。设一位错线两端被钉住，作用在其单位长度上的力为f。若位错在此力与位错线张力T的共同作用下弯曲，试求达到平衡时的位曲率半径R。从图1.6-1中即可看出平衡条件为：

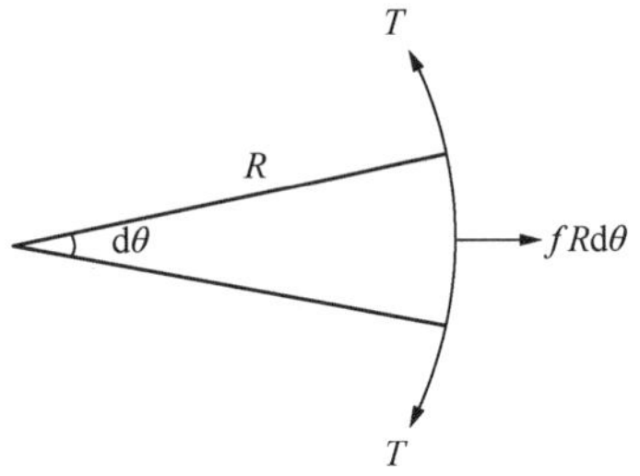

图1.6-1　位错线的平衡曲率

$$2T\sin\frac{d\theta}{2}=fRd\theta \tag{1.6-5}$$

当$d\theta$较小时$\sin\frac{d\theta}{2}\approx\frac{d\theta}{2}$，故

$$R=\frac{T}{f} \tag{1.6-6}$$

目前，Groh等和Fan等基于MD探讨了Mg常见滑移系上的位错运动特性。其中，Groh等研究了在100~500K下的基面和柱面刃、螺型位错，以及100K下一阶锥面刃型位错的运动规律，计算了在黏滞拖曳机制控制下定量表征位错可动性的拖曳系数。Fan等模拟了初始温度为0K的二阶锥面(Py-Ⅱ)刃型位错的运动，发现位错运动速率随外加剪切应力增大而增大，且不同剪切方向对应的位错运动速率存在差异。进一步研究发现，温度对Py-Ⅱ刃型位错的临界分切应力(CRSS)有明显影响。总体上，在这些Mg常见滑移系中，关于Py-Ⅱ刃型位错运动特性的研究相对较少，尤其缺乏对其在常见加工温度下位错运动速率与外加剪切应力相关性及位错可动性的研究。Py-Ⅱ位错滑移是协调c轴方向应变的重要机制，研究这一机制对改善Mg及其合金的力学性能具有重要意义。

在外切应力的作用下，位错将在滑移面上产生滑移运动。由于位错的运动方向总是与位错线垂直，可以理解为存在一个垂直于位错线的"力"作用在位错线上。

$$F_d=\frac{F}{dl}=\tau \boldsymbol{b} \tag{1.6-7}$$

式中，F_d为作用在单位位错长度上的力，与外切应力τ和位错的伯格斯矢量$\boldsymbol{b}$成正比，其方向与位错线垂直并指向滑移面的未滑移部分。

采用分子动力学(molecular dynamics)模拟在不同外加剪切应力(τ_{app})对Mg中Py-Ⅱ刃型位错芯运动的影响，有效剪切应力(τ_{eff})随时间(t)的变化曲线如图1.6-2(a)所示，位错芯位移d随时间的变化曲线如图1.6-2(b)所示，其中d取位错芯结构内所有原子位移的平均值。

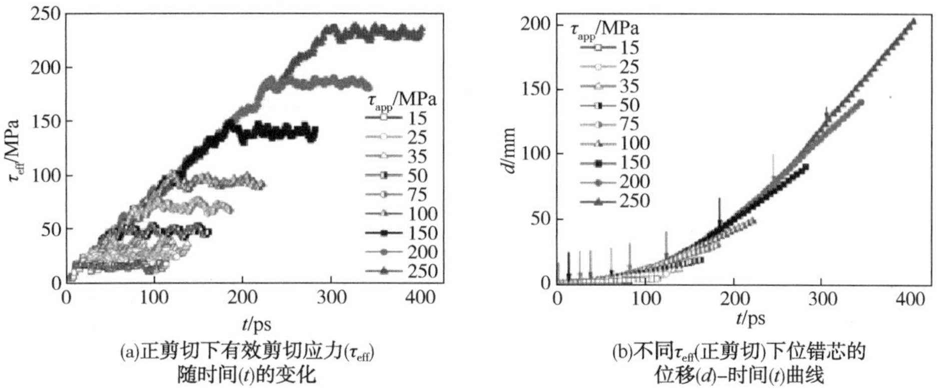

图 1.6-2 不同外加剪切应力(τ_{app})对 Mg 中 Py-Ⅱ刃型位错芯运动的影响

可以看出，在不同τ_{app}条件下，d 都是先随 t 的延长而缓慢增大，然后逐渐转变为线性增长，即相应的位错运动速率趋于稳定。图中箭头所指点是图 1.6-2 所示 τ_{eff}进入相对稳定阶段的起始时刻。对比图 1.6-2(a)(b)可以发现，位错运动速率的稳定阶段与τ_{app}(或相应的τ_{eff})的稳定阶段一致。

1.7 位错间的相互作用

位错在外应力作用下运动时必然会与晶体中的其他位错相互作用。这种交互作用有两种情况：一种情况是运动位错在其他位错所产生的应力场中运动，因而位错的应力场之间发生弹性交互作用，这是长程交互作用。另一种情况是当运动位错与林位错(与运动位错的滑移面相交的位错)相遇时发生位错的交割，这是一种短程作用。塑性变形是由位错运动产生的，因此，位错与位错间的相互作用对晶体变形行为产生重要影响。位错间的相互作用存在以下规律：

(1) 晶体中存在位错时，在位错周围会产生一个应力场。实际晶体中往往有许多位错同时存在，任一位错在相邻位错应力场的作用下都会受到作用力，这种交互作用力随位错类型、伯格斯矢量大小、位错线相对位向的变化而变化。

(2) 两个同号相互垂直的螺型位错相互吸引，两个异号相互垂直的螺型位错相互排斥。

(3) 相互平行的螺型位错和刃型位错之间，因为伯格斯矢量相互垂直，不产生使对方受力的应力分量，不发生彼此作用。

1.7.1 平行位错间的弹性相互作用

1. 不在同一滑移面上平行位错间的相互作用

平行滑移面上平行位错间的弹性相互作用就是一个位错在另一位错的应力场中所受的作用力。以下考虑平行刃型位错、平行螺型位错和平行混合位错三种情况。

(1) 平行刃型位错。

伯格斯矢量为 $\boldsymbol{b}$ 的一刃型位错在(x, y)处滑移面上产生的切应力为 τ_{xy}。设在(x, y)处有一个伯格斯矢量为 $\boldsymbol{b}'$ 的另一刃型位错，根据式(1.4-13)和式(1.6-4)，可写出在该处单位长度位错所受的 x 方向作用力为：

$$f_x=\pm\tau_{yx}b'=\pm\frac{Gbb'}{2\pi(1-\nu)}\cdot\frac{x(x^2-y^2)}{(x^2+y^2)^2} \tag{1.7-1}$$

式中，正号表示 $\boldsymbol{b}$ 和 $\boldsymbol{b}'$ 同向，负号表示反向。若以 $\frac{Gbb'}{2\pi(1-\nu)}$ 为度量 f_x 的单位，以 y 为度量 x 的单位，作 f_x 与 x 的关系曲线，如图 1.7-1 所示。显然，如果 $\boldsymbol{b}$ 和 $\boldsymbol{b}'$ 同向时(图中的虚线)，$x=0$ 为稳定平衡位置，而 $x=\pm y$ 为不稳定平衡位置；如果 $\boldsymbol{b}$ 和 $\boldsymbol{b}'$ 反向时，情形如图中的实线所示。

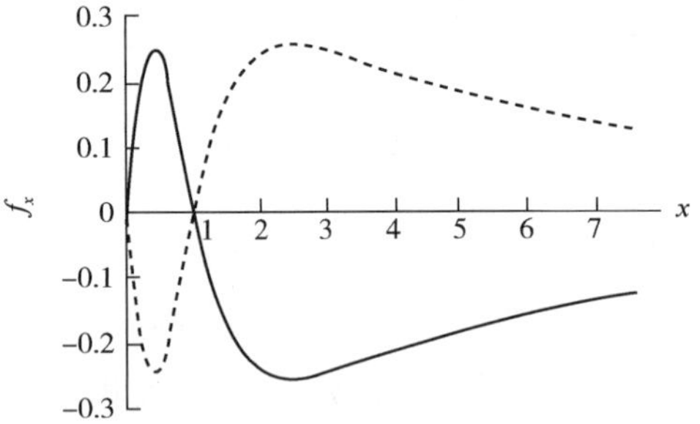

图 1.7-1　平行位错间的相互作用力

现在考虑 y 方向的作用力，由于是攀移力，所以：

$$f_y=-\sigma_x b'=\frac{Gbb'}{2\pi(1-\nu)}\cdot\frac{y(3x^2+y^2)}{(x^2+y^2)^2} \tag{1.7-2}$$

若用圆柱坐标表示，则得：

$$f_r=f_x\cos\theta+f_y\sin\theta=\frac{Gbb'}{2\pi(1-\nu)}\cdot\frac{1}{r} \tag{1.7-3}$$

$$f_\theta=f_y\cos\theta-f_x\sin\theta=\frac{Gbb'}{2\pi(1-\nu)}\cdot\frac{\sin2\theta}{r} \tag{1.7-4}$$

(2) 平行螺型位错。

用圆柱坐标可求得在 $(r,\ \theta)$ 处平行于 z 轴的单位长度位错线所受的 r 方向作用力为：

$$f_r=\pm\tau_{\theta z}b'=\pm\frac{Gbb'}{2\pi r} \tag{1.7-5}$$

(3) 平行混合位错。

可以将混合位错分解成纯刃型和纯螺型的两个分量，分别计算它们之间的作用力，最后叠加起来就得到总的作用力。因为位错线的能量正比于伯格斯矢量的平方，若平行的两混合位错相互靠近并最终合并，则合并后其伯格斯矢量应为 $\boldsymbol{b}=\boldsymbol{b}_1+\boldsymbol{b}_2$。因此，如果 $\boldsymbol{b}_1$ 与 $\boldsymbol{b}_2$ 间的夹角小于 $\frac{\pi}{2}$，则 $\boldsymbol{b}^2>\boldsymbol{b}_1^2+\boldsymbol{b}_2^2$，说明合并后能量是增加的，或两者的相互作用力是斥力；而如果 $\boldsymbol{b}_1$ 与 $\boldsymbol{b}_2$ 间的夹角大于 $\frac{\pi}{2}$，则两者相互吸引；如果 $\boldsymbol{b}_1$ 与 $\boldsymbol{b}_2$ 彼此垂直，则 $\boldsymbol{b}^2=\boldsymbol{b}_1^2+\boldsymbol{b}_2^2$，两者间无相互作用。

2. 位错的塞积群

在同一滑移面内由位错源产生的一组位错滑移受阻于某一障碍而沿 x 轴塞积起来。在外切应力作用下各位错的平衡位置依次标以 1，2，3，4，…，n。令第一个位错在 $x=0$ 的地方，如图 1.7-2 所示。

若此障碍只同领先的位错有交互作用，则每一位错所受的作用力 f_j 可写成：

$$f_j = \frac{Gb^2}{2\pi(1-\nu)}\sum_{\substack{i=1\\i\neq j}}^{i=n}\frac{1}{x_j - x_i} - b\tau_0 \quad (1.7\text{-}6)$$

平衡时，f_j 应为零，可得 $n-1$ 个联立代数方程，即：

$$\frac{\tau_0}{D} = \sum_{\substack{i=1\\i\neq j}}^{i=n}\frac{1}{x_j - x_i} \quad (1.7\text{-}7)$$

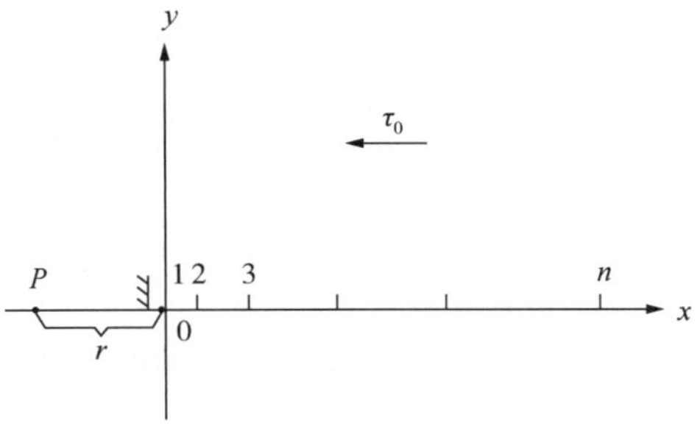

图 1.7-2　位错塞积群

$$D=\frac{Gb}{2\pi(1-\nu)}$$

当 n 很大时，联立方程的近似解为：

$$x_i = \frac{D\pi^2}{8n\tau_0}(i-1)^2 \quad (1.7\text{-}8)$$

塞积群总长度 L 可近似地表示为：

$$L = x_n \approx \frac{\alpha n D}{\tau_0} \quad (1.7\text{-}9)$$

现在来计算塞积群施加在障碍上的切应力 τ。设在外切应力 τ_0 作用下，整个塞积群向前移动 δx 的距离，外应力做功为 $nb\tau_0\delta x$，而障碍对领先位错的作用力做功为 $b\tau\delta x$。二者应相等，故：

$$\tau = n\tau_0 \quad (1.7\text{-}10)$$

这表明塞积群在障碍处产生了应力集中，其应力集中因子等于 n。

以下计算塞积引起的，在领先位错的正前方 r 远处一点 P 所产生的切应力，此应力等于外加应力 τ_0 与塞积群中各位错在该点所产生的切应力之和，即：

$$\tau(r) = \tau_0 + \frac{Gb}{2\pi(1-\nu)}\sum_{i=1}^{n}\frac{1}{r + x_i} \quad (1.7\text{-}11)$$

当 $r \ll x_2$ 时，只需考虑领先位错的作用，其他位错离 P 点距离比领先位错大得多，其作用可忽略不计，此时有：

$$\tau = n\tau_0$$

当 $r \gg L$ 时，相当于塞积群中的各位错离 P 点的距离均为 r，因此：

$$\tau(r) = \tau_0 + \frac{Gnb}{2\pi(1-\nu)r} \quad (1.7\text{-}12)$$

当 $x_2 < r < L$ 时，可将式(1.7-11)改为积分式来计算。由式(1.7-8)和式(1.7-9)可求出塞积群中单位长度内的位错数，即：

$$\frac{di}{dx} = \frac{\tau_0}{D\pi}\sqrt{\frac{L}{x}} \quad (1.7\text{-}13)$$

将式(1.7-13)代入式(1.7-11)，并利用 $\arctan\sqrt{\frac{L}{r}} \approx \frac{\pi}{2}$（当 $L \gg r$ 时）可得：

$$\tau(r)=\tau_0+D\int_0^L\frac{1}{r+x}\left(\frac{\mathrm{d}i}{\mathrm{d}x}\right)\mathrm{d}x=\tau_0+\frac{\tau_0}{\pi}\int_0^L\frac{1}{r+x}\sqrt{\frac{L}{x}}\,\mathrm{d}x$$
$$=\tau_0+\frac{2\tau_0}{\pi}\sqrt{\frac{L}{r}}\arctan\sqrt{\frac{L}{r}}\approx\tau_0\left(1+\sqrt{\frac{L}{r}}\right)\quad(1.7-14)$$

如上述塞积群是由混合位错组成的，则公式中的 $1-\nu$ 应代之以式(1.5-6)中的 K。

1.7.2 相交位错间的弹性相互作用

1. 会合位错

如两相交滑移面上有位错线 XY 与 $X'Y'$，它们的伯格斯矢量 $\boldsymbol{b}_1$ 与 $\boldsymbol{b}_2$ 间的夹角大于 $\pi/2$，所以相交前是相互吸引的。如图 1.7-3(a)所示，两位错相交于 A 点，此四重结点是不稳定的。为了降低位错弹性能，四重结点分解成两个三重结点 B 与 C 及一段新位错线 BC，其伯格斯矢量为 $\boldsymbol{b}_3=\boldsymbol{b}_1+\boldsymbol{b}_2$，位错 BC 称为会合位错，如图 1.7-3(b)所示。如果位错线 XY 与 $X'Y'$要继续向前滑移，此会合位错必须缩回并相互脱离，因此需要更大的外力。所以，会合位错的产生对变形阻力有较大的贡献。

如果面心立方晶体的两个滑移面上的位错都是扩展位错，则形成一种特殊的会合位错——压杆位错。

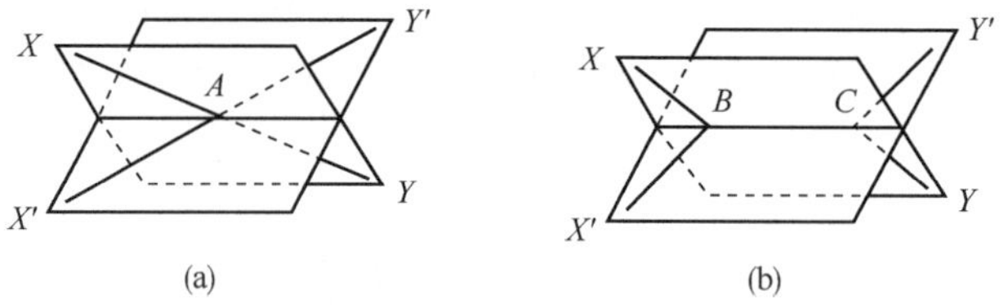

图 1.7-3 会合位错

2. 割阶

以一刃型位错与一螺型位错的交截为例来阐明割阶的形成。图 1.7-4(a)(b)是伯格斯矢量为 $\boldsymbol{b}_1$ 的刃型位错 AB 与垂直穿过其滑移面的伯格斯矢量为 $\boldsymbol{b}_2$ 的螺型位错 CD 相交截前后示意。刃型位错上产生的割阶为 PP'，其长度与 $\boldsymbol{b}_2$ 相等；螺型位错上割阶为 QQ'，其长度与 $\boldsymbol{b}_2$ 相等。因割阶 QQ'在螺型位错的滑移面内，它可以在螺型位错的线张力作用下通过滑移而消失(这种割阶称为弯折)。PP'则不能通过滑移而消失。

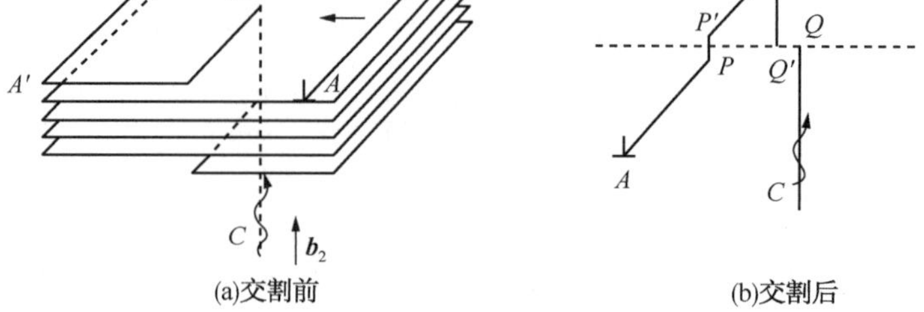

图 1.7-4 割阶的形成

一般说来，两相交滑移面上的位错不论其伯格斯矢量的相对取向如何，交截以后两个位错都要产生一个割阶，其长度等于对方伯格斯矢量的长度。位错线上的割阶永远是刃型的，其运动有守恒的和非守恒两种。例如，运动的螺型位错随着运动方向的不同，其上割阶做非保守运动时就会产生一列空位或间隙原子，这对运动位错产生阻力。产生一列间隙原子比产生空位需要更大的能量，因此对运动位错的阻力更大，位错运动更为困难。

1.8 位错动力学

1.8.1 位错的增殖

一段位错滑移扫过滑移面后最终将逸出晶体而消失，所以晶体中位错在变形过程中似乎应逐渐减少。但实际情况正好相反，变形过程中位错密度逐渐增加，这说明位错在运动中增殖。以下介绍两种主要增殖机制。

图 1.8-1 所示为弗兰克-瑞德(Frank-Read)增殖机制。*DC* 是一段刃型位错，两个端点固定(如位错网的结点)。在外力作用下位错线受力方向弓出、扩大，如图 1.8-1(a)~(d)所示。图 1.8-1(d)中 *m* 和 *n* 处是异号位错，它们相互吸引、湮没，最后原位错分成两部分，一部分是一个完整的位错环，另一部分回到原来 *DC* 位置。这个过程不断重复就会不断产生新的位错环，即位错增殖了。像 *DC* 那样起增殖作用的位错段称为 Frank-Read 增殖源，简称 F-R 源。

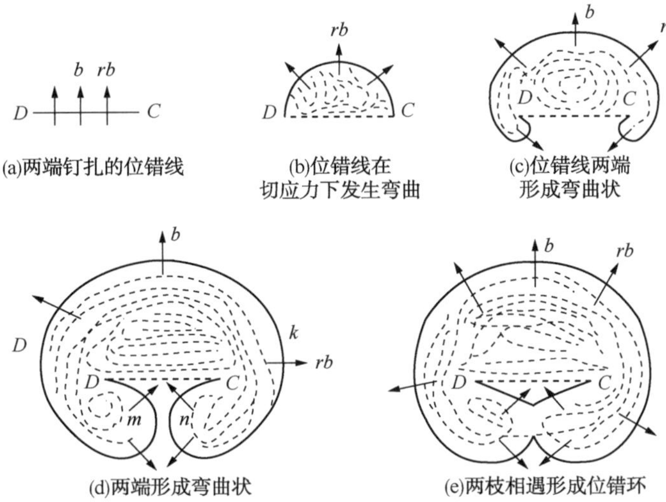

图 1.8-1 Frank-Read 增殖源

如果位错的一端被钉扎，另一端伸出晶体的自由表面，则位错增殖过程如图 1.8-2 所示。位错线绕不可动的 *O* 点旋转，转动一周相当于位错扫过整个滑移面后逸出晶体，也就是增殖了一个位错。这种位错源称为单边 F-R 源。

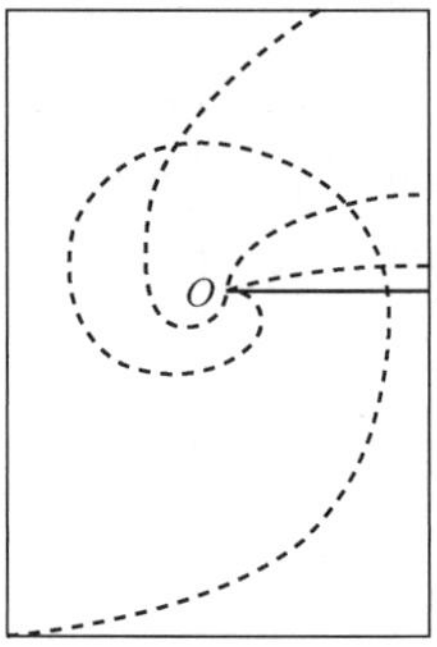

图 1.8-2 单边 F-R 源

1.8.2 位错的滑移速度

位错的滑移速度不像攀移速度那样重要，这是因为实际上几乎不可能出现位错在无障碍情况下滑移很长距离的情况。在滑移面上有许多障碍的情况下，位错的运动速度通常是由位错越过障碍的过程控制而不是由滑移速度控制的。因此，本节只简单介绍有关位错滑移速度的实验结果。

利用电子显微镜法、蚀坑法等技术直接观察位错运动的实验结果表明，位错滑移速度与应力、温度的关系可近似地表示为：

$$v=k\sigma^{n}\exp\left(-\frac{U}{kT}\right) \tag{1.8-1}$$

式中，U 为激活能，约为 0.7eV；指数 n 为 15~25。

1.8.3 位错的攀移速度

在高温下刃型位错可以通过原子扩散向垂直于滑移面方向攀移。攀移是位错的非守恒运动，攀移产生空位或剩余物质需要较大的能量，因而攀移比滑移困难得多。一般来讲，只要不是纯螺型位错，其刃型分量就可以攀移，但为简便起见，以下只讨论纯刃型位错的攀移。对于混合位错，用 $\boldsymbol{b}\sin\theta$(θ 为伯格斯矢量与位错线的夹角)代替纯刃型位错所得结果中的 $\boldsymbol{b}$ 即可。另外，位错正攀移时产生一列空位，而负攀移时产生一列原子。

1. 攀移所需的力

先考虑位错线整体沿垂直于其滑移面攀移的情形。设伯格斯矢量为 $\boldsymbol{b}$ 的位错线攀移扫过面积 dS，则位错后面留下空位(正攀移时)的体积为：

$$\mathrm{d}V=b\mathrm{d}S \tag{1.8-2}$$

如果原子(或空位)体积为 $\Omega\approx b^3$，则空位的数目为：

$$\mathrm{d}N=\mathrm{d}V/\Omega=\mathrm{d}S/b^2 \tag{1.8-3}$$

在攀移面上空位浓度为：

$$C=b^2\mathrm{d}N/\mathrm{d}S \tag{1.8-4}$$

设空位形成能为 U，则单位长度位错线攀移所需的力为：

$$f_c=U_v\mathrm{d}N/\mathrm{d}S=U_vb^2 \tag{1.8-5}$$

因空位形成能 $U_v\approx\frac{1}{5}Gb^3$，故 $f_c\approx\frac{1}{5}Gb$。

2. 位错攀移的驱动力

攀移力见式(1.6-4)，即：

$$f=\sigma b$$

式中，σ 为外应力在攀移面上的正应力分量。

刃型位错受攀移力 f 的作用时，攀移面内空位形成能降低 $f\mathrm{d}S/\mathrm{d}N=fb^2$，因此，空位的平衡浓度为：

$$C=\exp\left(-\frac{U_{\mathrm{v}}-fb^2}{kT}\right)=C_0\exp\frac{fb^2}{kT} \tag{1.8-6}$$

式中，$C_0=\exp\left(\frac{-U_{\mathrm{v}}}{kT}\right)$，为完整晶体中的空位平衡浓度。反过来，若位错线近邻空位浓度不同于 C_0，则这种过饱和或欠饱和状态对位错的作用相当于一个垂直于滑移面的力，即：

$$f_{\mathrm{s}}=\frac{kT}{b^2}\ln\frac{C}{C_0} \tag{1.8-7}$$

此力是由空位浓度的不同所引起的，故称为化学力(又称为渗透力)。

3. 攀移速度

前已指出，整段位错同时攀移是非常困难的，但位错可以通过割阶沿位错线的横向运动缓慢攀移。

如图 1.8-3 所示，位错线上有一个割阶，在割阶处形成一个空位并扩散出去导致割阶向左运动的同时长度为 b 的位错段向上攀移一个 b 的距离。通过空位的不断扩散，割阶从位错的一端移至另一端后整段位错便攀移了距离 b。设割阶移动速度为 v_j，位错攀移速度为 v_c，则：

$$v_c=v_jC_j \tag{1.8-8}$$

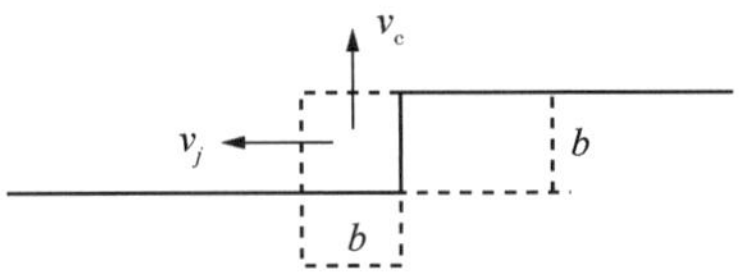

图 1.8-3　位错通过割阶运动而攀移

式中，C_j 为割阶浓度(单位长度位错线上割阶的总长度)。设 X 为位错线上割阶间的平均间距，则：

$$C_j=b/X \tag{1.8-9}$$

为了使割阶移动一步，必须产生一个空位并使之迁移一个原子间距。设空位形成能为 U_{v}，空位迁移能为 U_{d}，位错受到攀移力 f_{c}，则上述过程总激活能为 $U_{\mathrm{v}}+U_{\mathrm{d}}-f_{\mathrm{c}}b^2$。如果空位可以跳到 n 个位置，则割阶向左移动的频率为：

$$\nu'=n\nu\exp\left(-\frac{U_{\mathrm{v}}+U_{\mathrm{d}}-f_{\mathrm{c}}b^2}{kT}\right) \tag{1.8-10}$$

式中，ν 为原子振动频率。

另外，由于位错线附近过饱和空位产生一个化学力 f_{s}，从而使割阶反向移动的频率为：

$$\nu''=n\nu\exp\left(-\frac{U_{\mathrm{v}}+U_{\mathrm{d}}-f_{\mathrm{s}}b^2}{kT}\right) \tag{1.8-11}$$

则割阶沿位错线移动的总速度为：

$$v_j=b(\nu'-\nu'')=n\nu b\exp\left(-\frac{U_{\mathrm{v}}+U_{\mathrm{d}}}{kT}\right)\left[\exp\left(\frac{f_{\mathrm{c}}b^2}{kT}\right)-\exp\left(\frac{f_{\mathrm{s}}b^2}{kT}\right)\right] \tag{1.8-12}$$

根据扩散理论可得自扩散系数为：

$$D\approx n\nu b^2\exp\left(-\frac{U_{\mathrm{v}}+U_{\mathrm{d}}}{kT}\right) \tag{1.8-13}$$

因此，移动的总速度为：

$$v_j=\frac{D}{b}\left[\exp\left(\frac{f_{\mathrm{c}}b^2}{kT}\right)-\exp\left(\frac{f_{\mathrm{s}}b^2}{kT}\right)\right] \tag{1.8-14}$$

当$f_c b^2=\sigma b^3 \ll kT$时，

$$v_j=\frac{D}{kTb}\left[\sigma b^3-kT\left(\frac{C}{C_0}-1\right)\right] \tag{1.8-15}$$

单位时间内单位长度位错线上的割阶上产生(或吸收)的空位数为：

$$\Phi_c=\frac{v_j}{bX} \tag{1.8-16}$$

稳态时单位时间内产生(或吸收)的空位数和离开(或到达)的空位数 Φ 相等。由式(1.8-8)、式(1.8-9)和式(1.8-11)，得：

$$\Phi_d=\Phi_c=\frac{v_c}{b^2} \tag{1.8-17}$$

Friedel 考虑了半径为 R 的圆柱体中心有一根位错，远离位错处空位浓度为平衡浓度 C_0 的扩散问题，计算出 Φ_d 值，即：

$$\Phi_d=\frac{D}{b^2 l_d}\left(\frac{C}{C_0}-1\right) \tag{1.8-18}$$

$$l_d=\frac{b}{2\pi}\lg\frac{R}{b} \tag{1.8-19}$$

利用式(1.8-15)～式(1.8-18)消去 C/C_0，得到：

$$v_c=\frac{D}{l_d+X}\cdot\frac{\sigma b^3}{kT} \tag{1.8-20}$$

现在考虑两种极端情况：

(1) 假定割阶浓度很高，即 X 很小，则空位的吸收或发射很容易，在这种情况下，攀移是由扩散控制的。因 $X \ll l_d$，忽略 X 后得：

$$v_c=\frac{D\sigma b^3}{l_d kT} \tag{1.8-21}$$

从这一结果得出很重要的结论：位错攀移速度与应力成正比，攀移激活能等于原子扩散激活能。

(2) 假定割阶浓度很低，即 X 很大，则位错吸收(或产生)空位的位置较少。因此，空位扩散到位错还不能立即被吸收，而先要形成一个割阶，然后被割阶吸收。割阶的热平衡浓度为：

$$C_j=C_j^0\exp\left(-\frac{Q_j}{kT}\right) \tag{1.8-22}$$

式中，C_j^0 为常数；Q_j 为割阶形成能。

考虑 $X \gg l_d$，忽略 l_d 后得到攀移速度为：

$$v_c=\frac{D}{X}\frac{\sigma b^3}{kT} \tag{1.8-23}$$

再利用式(1.8-9)和扩散系数表达式 $D=D_0\exp(-Q_d/kT)$，将式(1.8-23)改写为：

$$v_c=\frac{D}{b}C_j\frac{\sigma b^3}{kT}=\frac{m}{b}\frac{\sigma b^3}{kT}\exp\left(-\frac{Q_d+Q_j}{kT}\right) \tag{1.8-24}$$

式中，$m=D_0C_j^0$，为常数，攀移的激活能为 Q_d+Q_j。

参 考 文 献

[1] Malshe A P, Bapat S, Rajurkar K P, et al. Bio-inspired Textures for Functional Applications[J]. CIRP Annals-Manufacturing Technology, 2018, 67: 627-650.
[2] Zhong L, Li L, Wu X, et al. Fabrication of PCD micro cutting tool and experimental investigation on machining of copper grating[J]. International Journal of Advanced Manufacturing Technology, 2017, 88: 2417-2427.
[3] To S, Wang H, Lee W B. Materials character isation and mechanism of micro-cutting in ultra-precision diamond turning[M]. Berlin: Springer, 2018: 3-6.
[4] Boswell B, Islam M N, Davies I J. A Review of micro-mechanical cutting[J]. International Journal of Advanced Manufacturing Technology, 2018, 94: 789-806.
[5] Lys S Y, Chen Y P, Han S J, et al. Layer-by-layer assembled polyaniline/carbon nanomaterial-coated cellulosic aerogel electrodes for high-capacitance supercapacitor applications[J]. RSC Advances, 2018, 8(24): 13191-13199.
[6] Podsiadlo P, Choi S Y, Shim B, et al. Molecularly engineered nanocomposites: layer-by-layer assembly of cellulose nanocrystals[J]. Biomacromolecules, 2005, 6(6): 2914-2918.
[7] Hansen N. Polycrystalline strengthening[J]. Metall. Trans, 1985, 16(12): 2167-2190.
[8] Pillai K V, Renneckar S. Dynamic mechanical analysis of layer-by-layer cellulose nanocomposites[J]. Industrial Crops & Products, 2016, 93: 267-275.
[9] Gao K, Shao Z, Wu X, et al. Paper-based transparent flexible thin film supercapacitors[J]. Nanoscale, 2013, 5(12): 5307-5311.
[10] Daw M S, Foiles S M, Baskes M I. The embedded-atom method: A review of theory and application [J]. North- Holland: Material Science Reports, 1983(9): 251- 310.
[11] Johnson R A. Alloy models with the embedded- atom method[J]. Phys Rev, 1989(B39): 12554-12559.
[12] Sciacca E, Giudice A C, Sanfilippo D, et al. Silicon planar technology for single-photon optical detectors [J]. IEEE Transactions on Electron Devices, 2003, 50(4): 918-925.
[13] Houbertz R, Fröhlich L, Popall M, et al. Inorganic-organic hybrid polymersfor information technology: From planar technology to 3D nanostructures[J]. Advanced Engineering Materials, 2003, 5(8): 551-555.
[14] Rahimo M, Kopta A, Linder S. Novel enhanced-planar igbt technology rated up to 6. 5kv for lower losses and higher soa capability[C]. Proceedings of the 18th International Symposium on Power Semiconductor Devices & IC's, Naples, Italy, 2006.
[15] Yan Y D, Hu Z J, Zhao X S, et al. Top-down nanomechanical machining of three-dimensional nanostructures by atomic force microscopy[J]. Small, 2010, 6(6): 724-728.
[16] Chen Y J, Hsu J H, Lin H N. Fabrication of metal nanowires by atomic force microscopy nanoscratching and lift-off process[J]. Nanotechnology, 2005, 16(8): 1112-1115.
[17] Li X D, Nardi P, Baek C W, et al. Direct nanomechanical machining of gold nanowires using a nanoindenter and an atomic force microscope[J]. Journal of Micromechanics and Microengineering, 2005, 15(3): 551-556.
[18] Yan Y D, Sun T, Liang Y C, et al. Investigation on AFM-based micro/nano-CNC machining system [J]. International Journal of Machine Tools & Manufacture, 2007, 47: 1651-1659.
[19] Geng Y Q, Broussau E B, Zhao X S. AFM tip-based nanomachining with increased cutting speed at the tool-

workpiece interface[J]. Precision Engineering, 2018, 51: 536-544.

[20] Jamel R S. Theoretical and Experimental investigations about the AFM tip-based nanomachining process [D]. United Kingdom, Cardiff University, 2016: 9-28.

[21] Xie J Q, Zhou T F, Ruan B S, et al. Effects of interface thermal resistance on surface morphology evolution in precision glass molding for microlens array[J]. Applied Optics, 2017, 23: 6622-6630.

[22] Mir A, Luo X C, Sun J N. The investigation of influence of tool wear on ductile to brittle transition in single point diamond turning of silicon[J]. Wear, 2016, 364/365: 233-243.

[23] Tauhiduzzaman M, Veldhuis S C. Effect of material microstructure and tool geometry on surface generation in single point diamond turning[J]. Precision Engineering, 2014, 38: 481-491.

[24] Groh S, Marin E B, Horstemeyer M F, et al. Dislocation motion in magnesium: A study by molecular statics and molecular dynamics[J]. Modell. Simul. Mater. Sci. Eng, 2009, 17: 075009.

[25] Fan H D, El-Awady J A. Towards resolving the anonymity of pyramidal slip in magnesium[J]. Mater. Sci. Eng., 2015, A644: 318

[26] Zhao Q L, Guo B. Ultra-precision grinding of optical glasses using mono-layer nickel electroplated coarse-grained diamond wheels. Part 1: ELID assisted precision conditioning of grinding wheels[J]. Precision Engineering, 2015, 39: 56-66.

[27] Zhao Q L, Guo B. Ultra-precision grinding of optical glasses using mono-layer nickel electroplated coarse-grained diamond wheels. Part 2: Investigation of profile and surface grinding[J]. Precision Engineering, 2015, 39: 67-78.

[28] Xin Q, Li N, Wang B. Modeling study on the surface morphology evolution during removing the optics surface/subsurface damage using atmospheric pressure plasma processing[J]. Applied Surface Science, 2016, 382: 260-267.

[29] Zhang Y F, Wang B, Jin H L, et al. Development of material removal function in atmospheric pressure jet machining processing[J]. Engineering Review, 2014, 34(2): 103-108.

[30] 梁迎春，陈家轩，郭永博．微纳米加工仿真技术[M]．哈尔滨：哈尔滨工业大学出版社，2013：1-8.

[31] McKeown P A. The role of precision engineering in manufacturing of the future[J]. CIRP Annals-Manufacturing Technology, 1987, 36: 496-501.

[32] Zhang S J, To S, Wang S J. A review of surface roughness generation in ultra-precision machining[J]. International Journal of Machine Tools & Manufacture, 2015, 91: 76-95.

[33] Bryan J, Clouser R, Holland E. Spindle accuracy[J]. American Machinist, 1967, 111(25): 149-164.

[34] Bryan J B. Design and construction of an ultraprecision 84 inch diamond turning machine[J]. Precision Engineering, 1979, 1(1): 13-17.

[35] Corbett J, McKeown P A, Peggs G N, et al. Nanotechnology: International developments and emerging products[J]. CIRP Annals-Manufacturing Technology, 2000, 49(2): 523-544.

[36] Lee W B, To S, Chan CY. Deformation band formation in metal cutting[J]. Scripta Materialia, 1999, 40: 439-443.

[37] Cheung C F, Lee W B. A Multi-spectrum analysis of surface roughness formation in ultra-precision machining [J]. Precision Engineering, 2000, 24: 77-87.

[38] Cheung C F, Lee W B. Study of factors affecting the surface quality in ultra-precision diamond turning [J]. Materials and Manufacturing Processes, 2000, 15(4): 481-502.

[39] Kong M C, Lee W B, Cheung CF, et al. A study of materials swelling and recovery in single-point diamond

turning of ductile materials[J]. Journal of Materials Processing Technology, 2006, 180: 210-215.

[40] Liu K, Melkote S N. Effect of plastic side flow on surface roughness in micro-turning process[J]. International Journal of Machine Tools & Manufacture, 2006, 46: 1778-1785.

[41] Zhang S J, To S. A Theoretical and experimental investigation into multimode tool vibration with surface generation in ultra-precision diamond turning[J]. International Journal of Machine Tools & Manufacture, 2013, 72: 32-36.

[42] Li Y, Zhao W H, Lan S H, et al. A review on spindle thermal error compensation in machine tools [J]. International Journal of Machine Tools & Manufacture, 2015, 95: 20-38.

[43] Wang H, To S, Chan C Y. Investigation on the influence of tool-tip vibration on surface roughness and its representative measurement in ultra-precision diamond turning[J]. International Journal of Machine Tools & Manufacture, 2013, 69: 20-29.

[44] Zhang S J, To S, Cheung C F, et al. Dynamic characteristics of an aerostatic bearing spindle and its influence on surface topography in ultra-precision diamond turning[J]. International Journal of Machine Tools & Manufacture, 2012, 62: 1-12.

[45] Moriwaki T. Machinability of copper in ultra-precision micro diamond cutting[J]. CIRP Annals-Manufacturing Technology, 1989, 38(1): 115-118.

[46] Niu Z C, Jiao F F, Cheng K. An innovative investigation on chip formation mechanisms in micro-milling using natural diamond and tungsten carbide tools[J]. Journal of Manufacturing Processes, 2018, 31: 382-394.

[47] Ohta T, Yan J W, Yajima S, et al. High-efficiency machining of single-crystal germanium using large-radius diamond tools[J]. International Journalof Surface Science and Engineering, 2007, 4(1): 374-392.

[48] Choong Z J, Huo D H, Degenaar P, et al. Effect of crystallographic orientation and employment of different cutting tools on micro-end-milling of monocrystalline silicon[J]. Proceedings of The Institution of Mechanical Engineers Part B-Journal of Engineering Manufacture, 2016, 230(9): 1756-1764.

[49] Tanaka H, Shimada S, Ikawa N. Brittle-ductile transition in monocrystalline silicon analysed by molecular dynamics simulation[J]. Proceedings of the Institution of Mechanical Engineers, Part C: Journal of Mechanical Engineering Science, 2004, 218(6): 583-590.

[50] Fang F Z, Zhang G X. An experimental study of edge radius effect on cutting monocrystalline silicon [J]. International Journal of Advanced Manufacturing Technology, 2003, 22(9): 703-707.

[51] Rabier J, Cordier P, Demenet J L, et al. Plastic deformation of si at low temperature under high confining pressure[J]. Materials Sciences and Engineering A, 2001, 309/310: 74-77.

[52] Minor A M, Lilleodden E T, Jin M, et al. Room temperature dislocation plasticity in silicon[J]. Philosophical Magazine, 2005, 85: 323-330.

[53] Huo D H, Lin C, Choong Z J, et al. Surface and subsurface characterisation in micro-milling of monocrystalline silicon[J]. International Journal of Advanced Manufacturing Technology, 2015, 81(5): 1319-1331.

[54] Rusnaldy, Tae J K, Hee S K. Micro-end-milling of single-crystal silicon[J]. International Journal of Machine Tools & Manufacture, 2007, 47(14): 2111-2119.

[55] 曾祥国，盛鹰，王清远，等．一种基于面向对象模拟刃型位错运动图象及应力场的方法[J]. 四川大学学报(自然科学版), 2007, (3): 618-626.

[56] Björn von Sydow, Jan Hartford, Göran Wahnström. Atomistic simulations and Peierls-Nabarro analysis of the Shockley partial dislocations in palladium[J]. Computational Materials Science, 1999, 15(3): 367-379.

[57] 弗里埃德尔．位错[M]. 王煜，译．北京：科学出版社，1984.

第 2 章　金属的弹性变形

2.1　弹性变形及其物理本质

金属弹性变形是一种可逆性变形。金属在一定外力作用下先产生弹性变形，当外力去除后，变形随即消失而恢复原状，即为弹性变形的可逆性。在弹性变形过程中，不论是在加载期还是卸载期，应力与应变之间都保持单值线性关系。金属弹性变形量比较小，一般不超过 1%。金属的弹性变形具有如下一些特点：

（1）弹性变形的可逆性，即金属在一定载荷范围内加载时变形，卸载后恢复原形的性质。

（2）弹性一般呈线性行为，即弹性应力(σ)、应变(ε)之间一般保持单值线性关系，如图 2.1-1 所示低碳钢的应力-应变曲线中低应变区呈现出应力与应变的线性关系。但是，某些情况下材料也可能表现出非线性弹性行为。

（3）金属材料本身的相对弹性变形量较小，但金属材料构件的绝对弹性伸长量可能很大，例如弹簧受力时的弹性变形。

弹性变形的实质可以用双原子模型(图 2.1-2)来进行解释：在没有外加载荷作用时，金属中的原子 N_1、N_2 在其平衡位置附近产生振动。相邻两个原子之间的作用力(曲线 3)由引力(曲线 1)与斥力(曲线 2)叠加而成。引力与斥力都是原子间距的函数。当两原子因受力而接近时，斥力开始缓慢增加，而后迅速增加；而引力则随原子间距减小而减小。合力曲线 3 在原子平衡位置处为零。当原子间相互平衡力因受外力作用而受到破坏时，双原子模型原子的位置必须做相应调整，即产生位移，以期外力、引力和斥力三者达到新的平衡。原子的位移总和在宏观上就表现为变形。外力去除后，原子依靠彼此之间的作用力又回到原来的平衡位置，位移消失，宏观上变形也就消失。这就是弹性变形的可逆性。

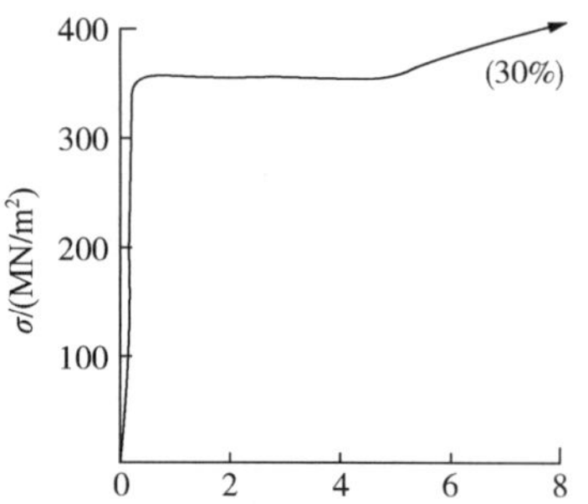

图 2.1-1　低碳钢的应力-应变曲线

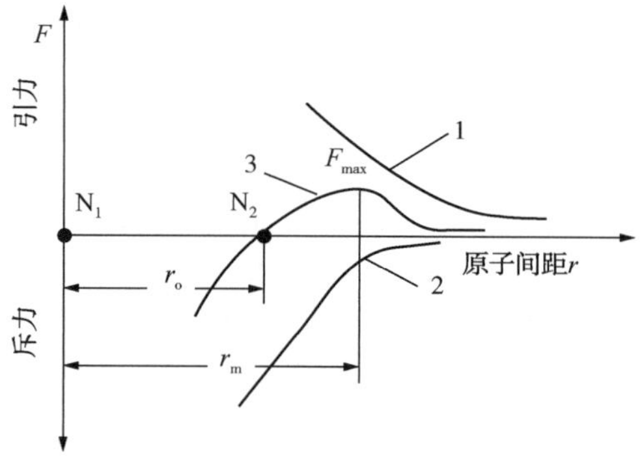

图 2.1-2　原子间作用力双原子模型

在弹性变形的过程中，不论是在加载期还是卸载期，应力与应变都保持单值线性关系，服从胡克定律。

$$\begin{cases}\varepsilon_y = \dfrac{\sigma_x}{E} \\ \varepsilon_x = \varepsilon_z = -\nu\dfrac{\sigma_y}{E}\end{cases} \tag{2.1-1}$$

2.2　弹性模量

由式(2.1-1)可得式(2.2-1)：

$$E = \frac{\sigma}{\varepsilon} \tag{2.2-1}$$

可知，当应变为一个单位时，弹性模量等于弹性应变，即弹性模量是产生100%弹性变形所需要的应力。弹性模量是工程材料重要的性能参数，从宏观角度来说，弹性模量是衡量物体抵抗弹性变形能力大小的尺度，从微观角度来说，则能反映原子、离子或分子之间的键合强度。凡影响键合强度的因素均能影响材料的弹性模量，如键合方式、晶体结构、化学成分、微观组织、温度等。因合金成分不同、热处理状态不同、冷塑性变形不同等，金属材料的杨氏模量值会有5%或者更大的波动。但是总体来说，金属材料的弹性模量是一个对组织不敏感的力学性能指标，合金化、热处理(显微组织)、冷塑性变形等对弹性模量的影响较小，温度、加载速率等外在因素对其影响也不大，所以一般工程应用中都把弹性模量作为常数。

在工程上弹性模量被称为材料的刚度，表征金属材料对弹性变形的抗力，值越大，在相同应力下产生的弹性变形越小。刚度是金属材料的重要性能指标之一，一些机件在选材和设计时会用到它。例如，桥式起重机梁应有足够的刚度，以免挠度过大；精密机床对主轴、床身和工作台都有刚度要求，需要按照刚度条件进行设计，保证加工精度。

实际工程材料在冶炼、加工、成型等过程中，内部难免存在各种缺陷，在外加载荷作用下，这种缺陷还会进一步扩大，使得材料所受到的损伤也越来越严重，从而降低材料的强度、塑性、刚性等力学性能指标。张亚军通过六级轴向恒应变幅(0.3%~1.0%)控制，研究了室温空气中10CrNiMo钢在低周疲劳作用下弹性模量的演变规律，如图2.2-1所示。在不同应变幅控制下，试验材料的弹性模量有明显差别，基本存在应变幅越大测得的弹性模量越低的规律。而在某一个应变幅控制下，在稳定循环区间内，弹性模量随着循环次数的增加而缓慢下降，但在疲劳失稳时，弹性模量迅速大幅降低。在某一应变幅控制下，稳定循环测得的弹性模量有一定的分散性，随着控制应变幅的增加，弹性模量以负的幂指数规律逐渐减小。

弹性变形量随材料的不同而异。多数金属材料仅在低于比例极限 σ_p 的应力范围内符合胡克定律，弹性变形量一般不超过0.5%；而橡胶类高分子材料的弹性变形量则可高达1000%，但这种弹性变形是非线性的。表2.2-1所示为部分常用材料的弹性模量。

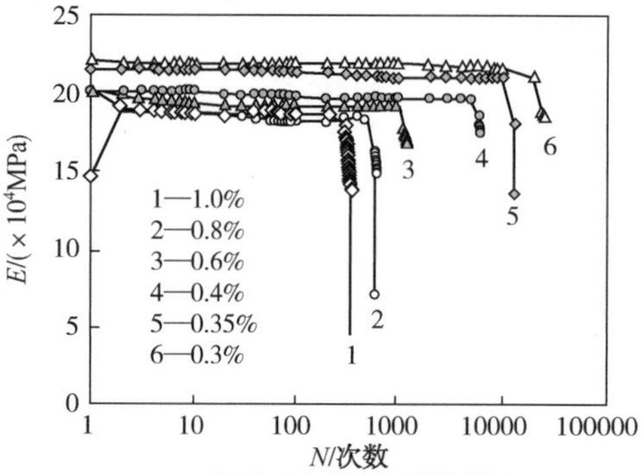

(a)不同应变幅控制下弹性模量随着循环次数的变化规律

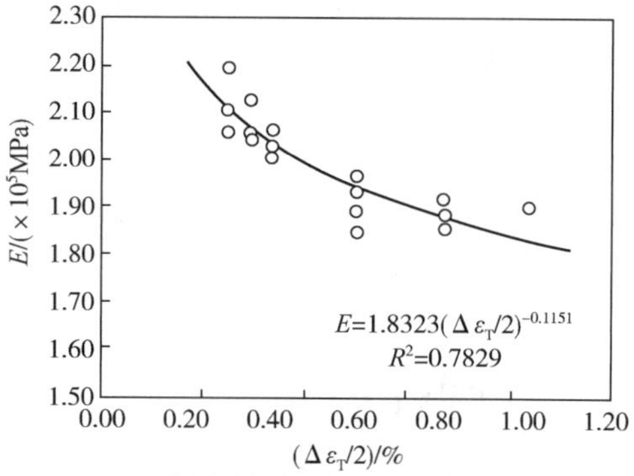

(b)不同应变幅控制下稳定循环弹性模量随不同应变幅的变化规律比较

图 2.2-1　不同应变幅控制下弹性模量随循环次数的变化规律及其比较

表 2.2-1　各种材料的弹性模量

材　　料	$E/10^3$ MPa	$G/10^3$ MPa	泊松比 ν
铸铁	110	51	0. 17
α-Fe，钢	207～215	82	0. 26～0. 33
Cu	110～125	44～46	0. 35～0. 36
Al	70～72	25～26	0. 33～0. 34
Ni	200～215	80	0. 30～0. 31
黄铜 70/30	100	37	—
Ti	107	—	—
W	360	130	0. 35
Pb	16～18	5. 5～6. 2	0. 40～0. 44
金刚石	1140	—	0. 07
陶瓷	58	24	0. 23
石英玻璃	76	23	0. 17
火石玻璃	60	25	0. 22
有机玻璃	4	1. 5	0. 35
硬橡胶	5	2. 4	0. 2
橡胶	0. 1	0. 03	0. 42
烧结 Al_2O_3	325	—	0. 16
尼龙	2. 8	—	0. 40
蚕丝	6. 4	—	—
聚苯乙烯	2. 5	—	0. 33
聚乙烯	0. 2	—	0. 38

2.3 比例极限

比例极限指在弹性变形阶段(图 2.3-1 中 Oa 段)，金属材料所承受的应力和应变保持正比的最大应力，称为比例极限。应力小于比例极限时，应力-应变呈线性关系，材料处于弹性阶段。由于比例极限很难测定，所以常采用发生很微小的塑性变形量的应力值来表示，称为规定比例极限，用 σ_p 表示，单位为 Pa。比例极限是保证金属弹性变形按线性正比关系变化的最大抗力指标。

刘善华等对 2D SiC/SiC 连续纤维增韧陶瓷复合材料进行单向拉伸，得到拉伸应力-应变曲线图，其断裂应变和抗拉强度分别为 0.54%和 278MPa。2D SiC/SiC 复合材料的应力-应变曲线包含典型的线性段和非线性段，表现出良好的非灾难性断裂特征。从复合材料的应力-应变曲线可得到复合材料的比例极限应力，取其线性段区域 A，放大区域 A 后的应力-应变曲线绘制于图 2.3-2 右下角。确定复合材料的比例极限应力为 79MPa。

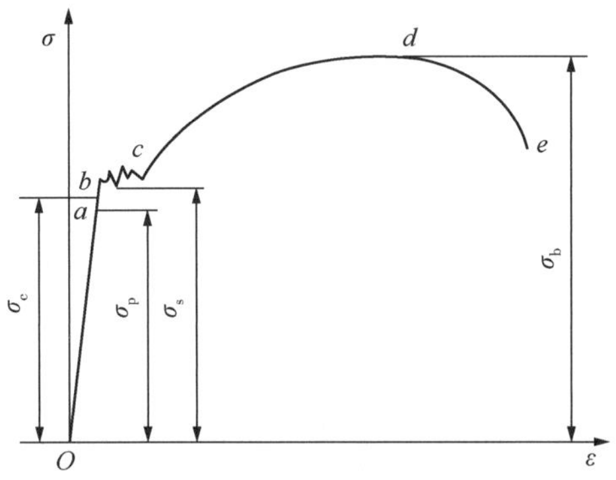

图 2.3-1　低碳钢拉伸应变曲线

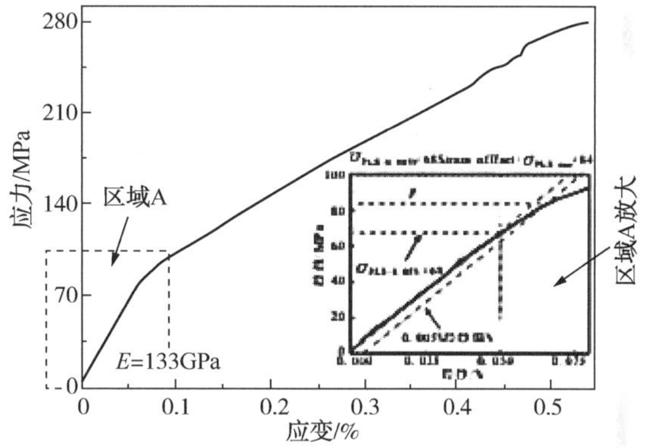

图 2.3-2　SiC/SiC 复合材料的拉伸应力-应变曲线

2.4 弹性极限

弹性极限 σ_e 是衡量金属最大弹性变形的抗力指标。生产上几乎所有的弹性元件在工作时都不允许产生哪怕是微小的塑性变形，只允许在弹性范围内工作。为此，代表金属材料最大弹性变形抗力的弹性极限 σ_e 就成了这些零件的失效抗力指标。按照这个定义，对单晶体来说，弹性极限应该相应于第一个滑移(塑性变形)刚要出现而尚未出现的正应力值(相对静拉伸加载而言)。对工程上实际应用的金属多晶体而言，要想测定其真正的弹性极限是很困难的。因为组成多晶体的亿万个晶粒，它们的空间取向各自不同，也就是说相对于外作用力，各个晶粒的 λ 和 φ 不相同。当那些 λ、φ 值不利于滑移的晶粒尚处于弹性变形状态时，那些 λ、φ 值有利于滑移的晶粒已开始滑移。因此，我们无法准确地确定什么时候塑性变形将要开始而尚未开始。这样，弹性极限的高低将完全取决于所用测定仪器的灵敏度，灵敏度愈高，则所测得的弹性极限就愈低。

在工程应用中，一般规定以产生0.01%或0.05%的残留塑性变形值时的应力作为条件的工程弹性极限。显然，这种条件的弹性极限大于滞弹性极限，更远远大于真弹性极限，实质上代表着金属对微量塑性变形的抗力指标。

2.5 弹性比功

弹性比功又称为弹性比能、应变比能，表示金属材料吸收弹性变形功的能力，是一个韧性指标。金属拉伸时的弹性比功可以用低碳钢拉伸应力-应变曲线上弹性变形阶段下方的面积表示，等于最大弹性应力和最大弹性应变乘积的一半。工程上一般用金属开始塑性变形前单位体积吸收的最大弹性变形功表示：

$$W_e = \frac{eL_2^R}{2E} \tag{2.5-1}$$

弹性极限强度是金属由弹性变形过渡到弹-塑性变形阶段的最大应力。由于弹性应力和弹性应变符合胡克定律，所以弹性比功就取决于弹性极限和弹性模量，而弹性模量对组织不敏感。因此，对于一般金属而言，只有提高弹性极限才能提高弹性比功。

2.6 弹性的不完整性

纯弹性体的弹性变形只与载荷大小有关，与加载方向和加载时间无关。但对于实际金属材料而言，弹性变形不仅是应力的函数还是时间的函数。

对材料施加一个低于弹性极限强度的应力，试样会沿 OA 产生瞬间应变 Oa，该值是材料总弹性应变 OH 中的一部分，应变 aH 是在 σ_0 长期保持下逐渐产生的，该应变随时间的增长变化如图2.6-1所示，这就产生了应变落后于应力的现象。在弹性范围内快速加载或卸载后，随时间延长产生附件弹性应变的现象，称为滞弹性，即弹性不完整性。滞弹性变量与材料成分、组织有关，也与试验条件有关。材料组织越不均匀，滞弹性越明显。

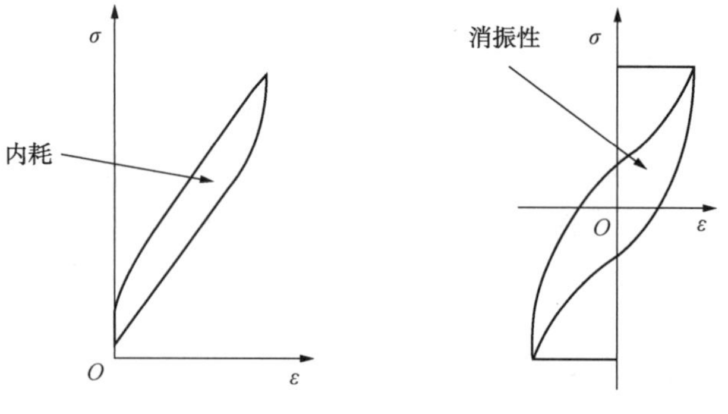

(a)滞弹性示意 (b)滞后环示意

图2.6-1 滞弹性示意及滞后环示意

由于实际金属材料具有滞弹性，因此在弹性区内单向快速加载、卸载时，加载线和卸载线不重合，形成封闭回路，即弹性滞后环。金属在弹性区内加载时吸收不可逆变形功的能力称为循环韧性，即消振性。在塑性区加载时吸收不可变形功的能力称为内耗。循环韧性也是金属材料的力学性能，对于仪表和精密机械，在选用重要传感器件所用的金属材料循环韧性越小越好。

上面讨论的弹性变形，通常只考虑应力和应变的关系，而不大考虑时间的影响，即把物体看作理想弹性体来处理。但是，多数工程上应用的材料为多晶体甚至非晶态或者两者皆有的物质，其内部存在各种类型的缺陷，弹性变形时，可能出现加载线与卸载线不重合、应变的发展跟不上应力的变化等有别于理想弹性变形特点的现象，称为弹性不完整性。

弹性不完整性的现象包括包申格效应、弹性后效、弹性滞后和循环韧性等。

2.6.1 包申格效应

材料经预先加载产生少量塑性变形(小于4%)，而后同向加载则 σ_e 升高，反向加载则 σ_e 下降。此现象称为包申格效应，是多晶体金属材料的普遍现象。

包申格效应对于承受应变疲劳的工件是很重要的，因为在应变疲劳中，每一周期都产生塑性变形，在反向加载时，σ_e 下降，显示出循环软化现象。

2.6.2 弹性后效

对于完整的弹性体，胡克定律与加载速率无关。但对实际金属材料而言，其弹性应变不仅是应力的函数，而且还是时间的函数。把材料在弹性范围内应变落后于应力的现象称为弹性后效，即在应力作用下，应变随时间不断发展，最终趋于恒定值，应力消除后，应变逐渐恢复。

研究发现，在加载速率比较大时，拉伸应力-应变曲线上的直线段实际上由两部分组成，如图2.6-2所示。可知：当在拉伸试样上快速施加低于弹性极限的应力 σ_0 时，试样立即沿 OA 线产生瞬时应变 Oa。而后保持应力 σ_0 不变，弹性变形由 Oa 增大到 OH，应变 aH 是在应力不变的情况下，随着时间的延续而逐渐产生的。这种加载时应变落后于应力而与时间有关的现象，称为正弹性后效，亦称弹性蠕变或冷蠕变。卸载时，如果速率也比较大，则当应力下降为零时，只有应变 eH 马上消失掉，而应变 Oe 是在卸载后逐步去除的。卸载时应变落后于应力的现象，称为反弹性后效。

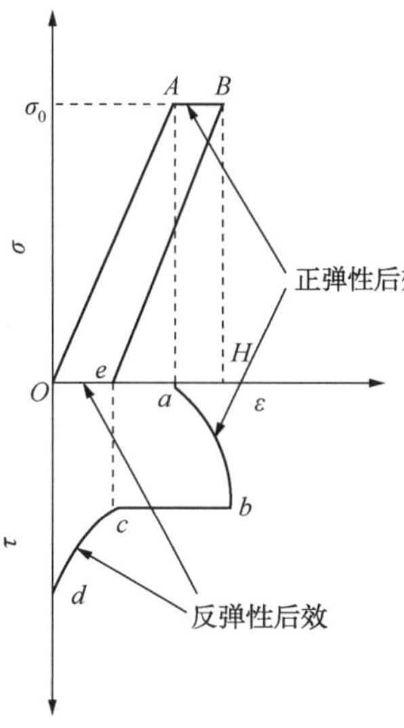

图2.6-2 滞弹性示意

2.6.3 弹性滞后和循环韧性

如果载荷的方向不变，只是简单的加载—卸载过程，那么应力-应变曲线只形成一个滞后环。如果载荷的方向发生变化，即拉伸—卸载—压缩—卸载，那么应力-应变曲线就构成两个封闭的弹性滞后环。一个在拉应力一方，另一个在压应力一方，如图 2.6-3(b)所示。如果加载速度快，在应力循环过程中，当应变尚未恢复到零时，反向应力开始增加，两个封闭的滞后环演变为一个滞后环，如图 2.6-3(c)所示。这个滞后环的面积代表在一次交变应力循环周期中试样所消耗的能量，称为循环韧性，即一次交变应力循环中的内耗。

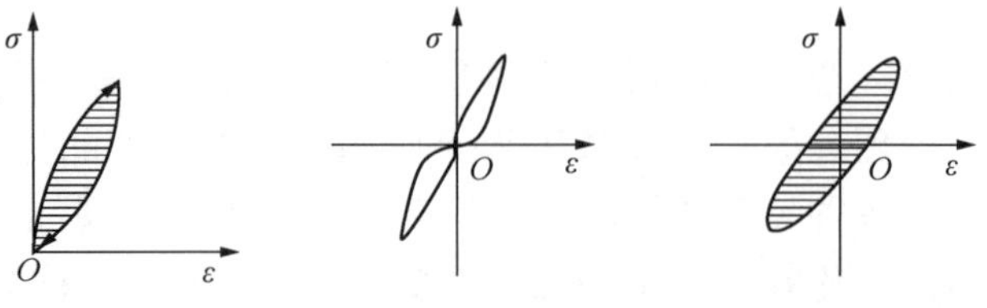

图 2.6-3　弹性滞后环类型

循环韧性也是金属材料的力学性能，因为它表示材料吸收不可逆变形功的能力，故又称消振性。材料循环韧性愈高，则所制作机件的自身消振能力愈好。因此，高的循环韧性对于降低机械噪声、抑制高速机械的振动、防止共振导致疲劳断裂是很重要的。铸铁因含有石墨不易传送弹性机械振动，故具有很高的循环韧性。汽轮机叶片用 1Cr13 钢制造，机床床身、发动机缸体等选用灰铸铁制造，其重要原因就是这类材料的循环韧性高，消振性好，可以保证机器稳定运转。当然，对于仪表传感元件，选用循环韧性低的材料可以提高仪表的灵敏度。乐器所用金属材料的循环韧性越小，其音质越佳。

参 考 文 献

[1] 毛卫民，朱景川，郦剑，等. 金属材料结构与性能[M]. 北京：清华大学出版社，2008.
[2] 胡赓祥，蔡珣，戚咏华. 材料科学基础[M]. 2 版. 上海：上海交通大学出版社，2006.
[3] 张亚军. 10CrNiMo 结构钢弹性模量在低周疲劳过程中的变化规律[J]. 材料开发与应用，2019，34(4)：21-24+28.
[4] 刘善华，邱海鹏，王岭，等. 纤维增韧陶瓷基复合材料的比例极限应力与残余热应力关系[J]. 固体火箭技术，2017，40(5)：648-652+659.

第3章　晶体塑性变形

3.1　概述

图 3.1-1 所示为常见的材料拉伸曲线。当应力逐渐增加时，材料先发生弹性变形，应力超过弹性极限后开始发生塑性变形。材料塑性变形时的应力称为流变应力。从图中可以看出，流变应力随变形量的增加而升高，这一现象称为加工硬化。

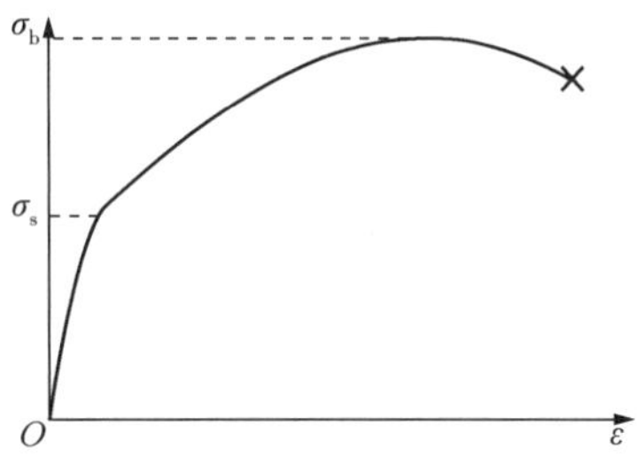

图 3.1-1　典型的拉伸曲线

在讨论流变应力和加工硬化之前有必要对流变应力给出明确的定义。流变应力是指材料在一定温度下以一定的应变速率发生塑性变形所需的应力。流变应力和材料的组织结构密切相关。在相同温度和应变速率下不同材料的流变应力不同，即使相同材料，其中的位错结构不同，晶粒大小、第二相的大小和分布等组织不同，流变应力也不同。因此，流变应力是材料的组织结构、温度及应变速率的函数，即：

$$\sigma_f=\sigma_f(S,\ T,\ \dot{\varepsilon}) \tag{3.1-1}$$

式中，S 为材料的组织结构；T 为温度；$\dot{\varepsilon}$ 为应变速率。

在低温下流变应力对应变速率很不敏感，因此，在研究室温塑性变形时除 Pb、Zn 等低熔点金属外，可以不考虑应变速率对流变应力的影响，即 $\sigma_f=\sigma_f(S)$。随着塑性变形的进行，位错增殖、相互交截等过程导致位错密度及位错结构发生变化。加工硬化就是这种材料结构变化引起的流变应力的增加，因此，一定温度下加工硬化阶段流变应力可表示为：

$$\sigma_f=\sigma_f[S(\varepsilon)] \tag{3.1-2}$$

式中，ε 为塑性应变量。实际上，式(3.1-2)是屈服与加工硬化统一的表达式。屈服应力是开始发生塑性变形时的流变应力，是初始位错结构所对应的流变应力，即 $\sigma_s=\sigma_f[S(\varepsilon\to0)]$。在工程上，屈服应力通常用 $\sigma_f(\varepsilon\to0.2\%)$ 来表示，而在理论上严格处理时，屈服应力是指滑移面上的临界切应力。

当温度升高时原子热运动加剧，运动位错遇到障碍时可以在外应力和热激活的共同作用下越过障碍，这时流变应力对应变速率非常敏感。另外，在较高温度下变形时，一方面发生应变硬化，同时还发生回复软化过程。回复是塑性变形材料通过位错攀移相互湮没和重新排列成为更稳定的位错结构的过程。回复中位错结构随时间 t 变化，因此，较高温度下的变形的本构关系可表示为：

$$\sigma=\sigma[S(\varepsilon,\ t),\ T,\ \dot{\varepsilon}] \tag{3.1-3}$$

本章首先讨论室温下流变应力(屈服应力)和加工硬化，对高温下的变形只讨论热激活的唯象处理。其次，讨论固溶体合金、第二相粒子强化合金与多晶体合金的塑性变形行为及合金强化机制。最后，本章将介绍金属间化合物和陶瓷(无机非金属)等先进结构材料的塑性变形行为。

3.2 流变应力

3.2.1 晶体的理论屈服强度

设想图 3.2-1 所示的两层原子面之间在切应力 τ 的作用下发生刚性滑移，相对位移值为 x。令 a 表示滑移面的面间距，b 表示滑移方向的点阵周期。当两层原子面相对滑移时，滑移所需的切应力 τ 应该是位移 x 的周期函数，其周期等于 b。

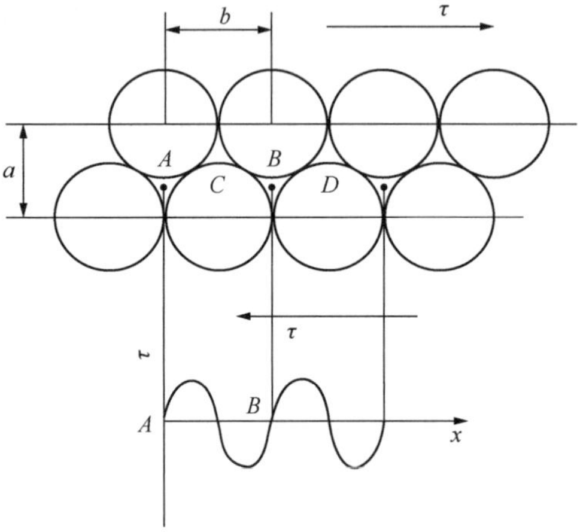

图 3.2-1　理论屈服强度计算模型

用正弦函数近似此周期函数，即：

$$\tau=k\sin\left(\frac{2\pi x}{b}\right) \tag{3.2-1}$$

当 x 很小时，$\sin\left(\frac{2\pi x}{b}\right)\approx\frac{2\pi x}{b}$，而 τ 与 x 的关系应满足胡克定律，即：

$$k\sin\left(\frac{2\pi x}{b}\right)\approx k\,\frac{2\pi x}{b}=G\,\frac{x}{a} \tag{3.2-2}$$

当外加切应力超过 τ 的最大值时滑移才能进行下去，所以理论屈服强度 τ_t 就等于 τ 的最大值，即：

$$\tau_t=k=\frac{G}{2\pi}\cdot\frac{b}{a} \tag{3.2-3}$$

对于简单立方晶体，$b=a$，$\tau_t=G/2\pi\approx G/6$；对于面心立方晶体作{111}⟨110⟩切变，$b=a_0/\sqrt{2}$，$a=a_0/\sqrt{3}$(a_0 为点阵参量)，$\tau_t\approx G/5$。以上是比较粗略的估算，更精确地计算得到 $G/30\leqslant\tau_t\leqslant G/10$。表 3.2-1 所示为几种金属的实际临界切应力和理论切变屈服强度值。可知：面心立方金属的 τ_t 的数量级为 10^3MPa，而实际金属单晶体的临界切应力随试样的纯度、加工状态等而有差异，一般的数量级在 0.5~1MPa，比理论屈服强度低好几个数量级。体心立方和密排六方金属理论屈服强度也比实际临界切应力大 2~4 个数量级。这表明实际金属的塑性变形不是按原子面间刚性滑移的方式进行的，而是通过位错运动实现的。

表 3.2-1　典型金属理论屈服强度的计算值

材料	晶体结构	滑移系	临界切应力/MPa	τ_t/MPa
Cu	FCC	{111}⟨110⟩	0.88~0.98	840~1180
Al	FCC	{111}⟨110⟩	0.54~0.98	640~880
Fe	BCC	{110}⟨111⟩	14.71	6500
Zn	HCP	{0001}⟨$11\overline{2}0$⟩	0.29	2250

晶须的实验结果证实了理论屈服强度。因晶须的尺寸很小，其中几乎没有位错，其屈服强度接近理论强度。另外，一些诸如金刚石、氧化铝等高硬度晶体的屈服应力也和理论强度接近，且和有无位错无关，表明这些晶体中的位错是很难运动的。

既然塑性变形是位错运动的结果，那么流变应力就应等于位错运动的阻力。位错运动阻力的来源很多。对于纯金属单晶体来说，阻力来自晶格摩擦力和晶体中其他位错对运动位错的作用力。对实际金属与合金来说，除了晶格摩擦力和位错结构外，晶界、固溶原子和第二相粒子等材料组织结构对流变应力亦有重要的贡献。

3.2.2　派-纳力

派-纳力(Peierls-Nabarro Stress，P-N 力)τ_p 是晶体点阵对位错运动的阻力。由于位错运动时滑移面上下两层原子要克服原子间吸引力而发生相对位移，因此，为了计算 P-N 力首先要根据位错的点阵模型计算滑移面上下原子之间的错排能，以及错排能随原子位移的变化，并将错排能对位移求导得到 P-N 力。由于计算涉及位错核心区域原子错排的细节，精确计算 P-N 力存在一定困难，因此，这里只给出根据简化模型导出的结果，即：

$$\tau_p=\frac{2G}{1-\nu}\exp\left(-\frac{4\pi\zeta}{b}\right)=\frac{2G}{1-\nu}\exp\left[-\frac{2\pi a}{b(1-\nu)}\right] \tag{3.2-4}$$

式中，a 为滑移面间距(图 3.2-1)；ζ 为位错半宽度(或 2ζ 是原子严重错排区范围)，即：

$$\zeta=\frac{a}{2(1-\nu)} \tag{3.2-5}$$

从式(3.2-4)可以看出，P-N 力取决于 $2\pi a/b$。将式(3.2-3)代入式(3.2-4)可得 τ_p 和 τ_t 的关系：理论强度 τ_t 越大，P-N 力也越大。这是合乎逻辑的结果，因为两者都是滑移面两边的原子相对位移所需的力，不同的是理论强度对应原子面整体刚性滑移一个原子间距，而 P-N 力对应位错周围少量原子的很小的位移所引起的位错滑移。这就说明为什么实际屈服强度远小于理论屈服强度。

有关 P-N 力的一些实验结果表明，在外推至 0K 的情况下面心立方的密排面和密排六方的基面滑移时 $\tau_p\sim10^{-5}G$，而体心立方金属则 $\tau_p\sim10^{-3}G$。P-N 力对实际晶体流变应力的贡献目前还难以估计。一般认为，对软金属(如面心立方金属)来说，P-N 力的贡献可能较小，而对硬金属 P-N 力对临界切应力的贡献比较大。

通过以上讨论可以看出，理论强度和 P-N 力分别给出晶体屈服强度的上限和下限。如果晶体中完全没有位错，切变通过原子面整体刚性滑移来实现，所需切应力最大，这就是理论屈服强度。实际晶体中总是存在相当数量的位错，即使是充分退火的金属中位错密度也达 $10^{10}\sim10^{12}\mathrm{m}^{-2}$。因此，位错在运动过程中将受到来自其他位错的阻力，使得流变应力大于 P-N 力。以下几节将着重研究位错间相互作用对流变应力的贡献。

3.2.3 位错的长程弹性相互作用

一根位错线在距离 r 处所产生的切应力的数量级为 $Gb/2\pi r$。如图 3.2-2 所示，当平行位错的密度为 ρ_p 时，位错的平均间距为：

$$r=p^{-\frac{1}{2}} \tag{3.2-6}$$

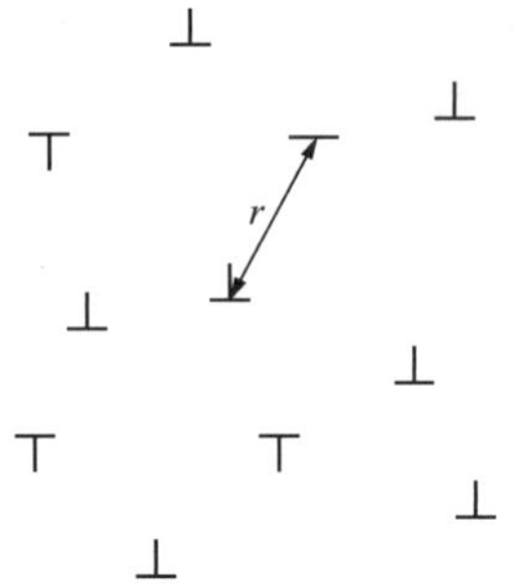

图 3.2-2 平行位错间交互作用

因此，晶体中平行位错所产生的长程应力场的振幅的数量级应为 $Gb\rho^{\frac{1}{2}}/2\pi$。只有外应力超过此应力时位错才能滑移，即：

$$\tau_\mathrm{t}=\frac{Gb\rho_\mathrm{p}^{\frac{1}{2}}}{2\pi}=\alpha_1 Gb\rho_\mathrm{p}^{\frac{1}{2}} \tag{3.2-7}$$

这说明流变应力与位错密度的平方根成正比。

上述简单的模型是 Taylor 第一次提出位错概念时就提出来了。但实际金属中位错不可能像图 3.2-2 那样均匀分布，考虑位错分布的不均匀性，后来对 Taylor 的原始模型提出了一些修正，如 Seeger 的位错塞积模型，以及 Morris 等的亚晶界模型。研究表明，位错排列成低能组态时，所得到的临界切应力比式(3.2-7)估计的值小。

3.2.4 与林位错的相互作用

晶体中除了平行位错(平行于运动位错滑移面的位错)外，还有与运动位错的滑移面相交的位错，这些位错称为林位错。运动位错与林位错的交互作用也会产生滑移阻力。

1. 会合位错的作用

相交位错产生会合位错后还要继续前进时，此会合位错必须收缩。图 3.2-3(a)中虚点线为两相交位错，BE 为此两位错相交后产生的会合位错，长为 $2x$。为了简便起见，设所有位错段长均为 l，且 $\varphi_1=\varphi_2=\varphi$。

图 3.2-3(b)所示为会合位错缩短 $\mathrm{d}x$ 前后的情况，缩短前后原位错长度的变化为 $AD-AB=AC+CD-AB\approx CD=\mathrm{d}x\cos\varphi$。另外，当位错从 AB 位置滑移到 AD 时位错线上各点的位移不同，此时整个位错段的平均滑移距离可用位错段滑移所扫过的面积除以位错段长度表示。

在外加切应力 τ_h 作用下会合位错缩短 $2\mathrm{d}x$，则根据图 3.2-3(b)的几何关系可知，各位错段的长度变化及相应的位错线能量的变化为：

$$\mathrm{d}E=(4W_1\cos\varphi-2W_2)\,\mathrm{d}x \tag{3.2-8}$$

式中，W_1、W_2 分别为单位长度原位错线和新位错段的能量。此时，外应力作用下四段位错

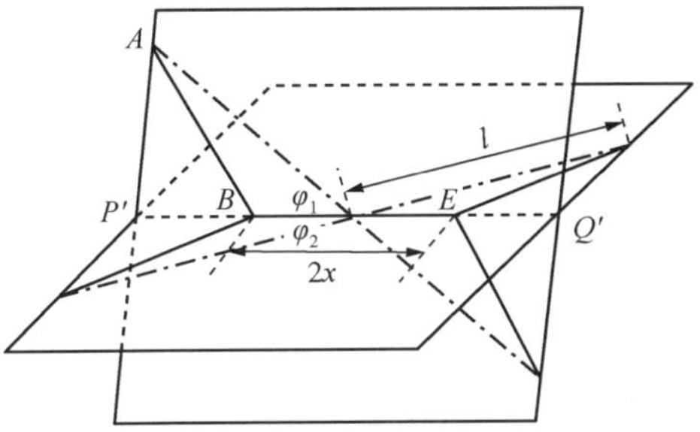

(a)回合位错缩短dx前后的情况

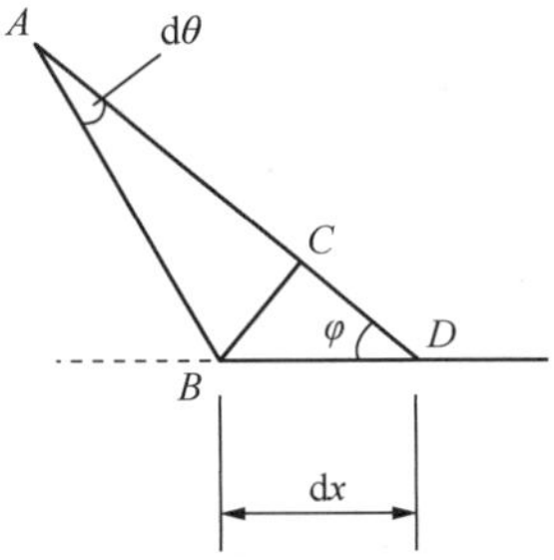

(b)回合位错缩短dx前后的几何关系

图 3.2-3　回合位错的运动

线相应的平均位移为$\frac{1}{2}dx\sin\varphi$，外应力所做的功为：

$$dW=4\tau_h bl\frac{1}{2}dx\sin\varphi \tag{3.2-9}$$

根据能量守恒原理，外应力做功等于系统能量的升高，即 $dE=dW$，得：

$$\tau_h=\frac{2W_1\cos\varphi-W_2}{bl\sin\varphi} \tag{3.2-10}$$

式中，l 可看作林位错间距，故 $l=\rho_f^{-\frac{1}{2}}$，ρ_f 为林位错密度。

设 $W_1=W_2=\frac{1}{2}Gb^2$，$\varphi=45°$，代入式(3.2-10)得到：

$$\tau_h=\alpha_h Gb\rho_f^{\frac{1}{2}} \tag{3.2-11}$$

式中，$\alpha_h\approx0.3$。式(3.2-11)说明会合位错对流变应力的贡献与林位错密度的平方根成正比。

2. 位错交截产生割阶的作用

设林位错扩展宽度为 d，林位错间的平均距离为 l。割阶形成能约为 αGb^2d。设外加切应力为 τ_j，在交截过程中位错所做的功如图 3.2-4 中斜线的部分所示，其值为 $\tau_j bld$。令它等于割阶的形成能，便有：

$$\tau_j bld=\alpha_j Gb^2 d \tag{3.2-12}$$

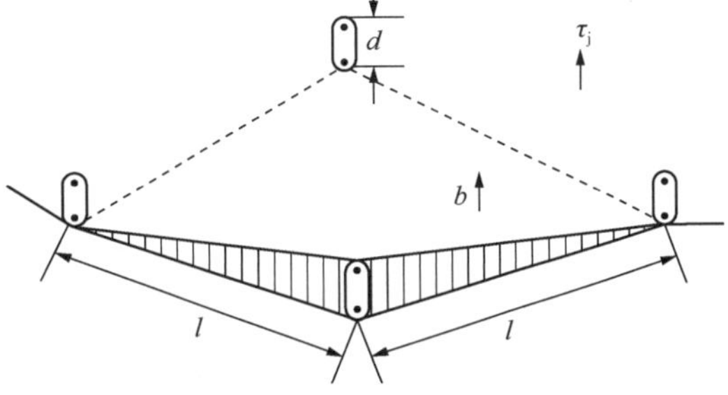

图 3.2-4　位错交截做功

令 $l=\rho_f^{-\frac{1}{2}}$，得到：

$$\tau_j=\alpha_j Gb\rho_f^{\frac{1}{2}} \tag{3.2-13}$$

式中，α_j 为常数。显然，产生割阶对流变应力的贡献仍与林位错密度的平方根成正比。

3.3　流变应力与温度的关系

流变应力取决于位错在运动中遇到的各种障碍的性质与强度。在低温下只有外应力超过这些障碍所产生的内应力(阻力)时位错才能滑移。但在高温下，有些障碍是可以在热激活的帮助下越过的。换句话说，位错可以借助于外应力和热激活的共同作用越过障碍而滑移。温度越高，热激活过程越活跃，克服障碍所需的外应力就越小，流变应力也相应地降低。另外，热激活是时间相关过程，所以高温下的流变应力与应变速度有关。

3.3.1　内应力与有效应力

可以将障碍对位错运动的阻力分为两类，一是长程内应力 τ_i，τ_i 是晶体中所有位错的弹性应力场叠加的结果。位错应力场与 $1/r$ 成正比，因此 τ_i 以很大的波长在晶体空间波动，如图 3.3-1(a)所示。热激活是原子热运动的结果，由于原子热运动是短程的，位错不可能通过热激活克服长程应力场，所以 τ_i 与温度无关(严格地说，通过弹性模量与温度相关，但相关性很小)，或者说 τ_i 是"非热的"(Athermal)。如果外应力小于内应力的最大值，位错就不能滑移，只有通过回复(位错密度降低)，使内应力 τ_i 降低到外应力 τ 以下(图中虚线)时位错才能滑移。

二是短程的局部障碍，如林位错。运动位错与林位错交截时相互作用距离是 b 的数量级。显然，热激活过程对位错克服这类障碍是有帮助的。

局部障碍叠加在长程内应力上，构成对位错运动的总的阻力，如图 3.3-1(b)所示。当外应力 τ 大于内应力的最大值 τ_i 时，可将 τ 分为两部分，即：

$$\tau=\tau_i+\tau_e \tag{3.3-1}$$

将 $\tau_e=\tau-\tau_i$ 称为有效应力。位错将在有效应力 τ_e 和热激活的共同作用下越过局部障碍。

现在考虑这一过程的激活能。图 3.3-2 所示为一个局部障碍，图中纵坐标为作用在长度为 l 的位错线上的力 F，横坐标为位错的滑移距离。在外力 $F=\tau bl$ 的作用下位错到达阻力曲线山坡上稳定平衡位置。$F_m=\tau_B bl$ 是阻力的极大值。图中山峰的总面积代表位错越过障碍所需的能量，其中斜线区以下部分的面积为有效应力提供的能量，而斜线区表示需靠热激活提供的能量，激活能为：

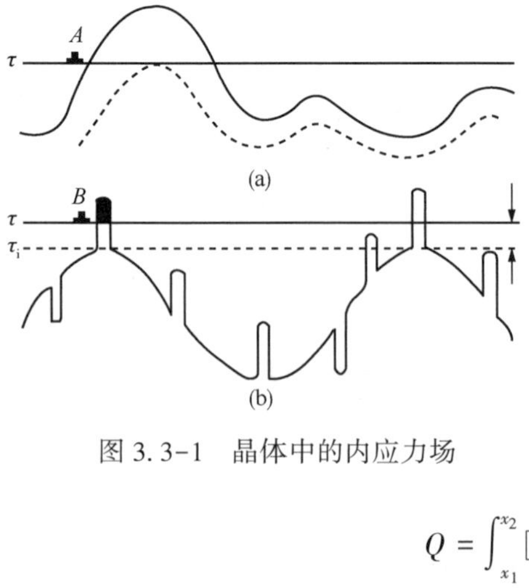

图 3.3-1　晶体中的内应力场

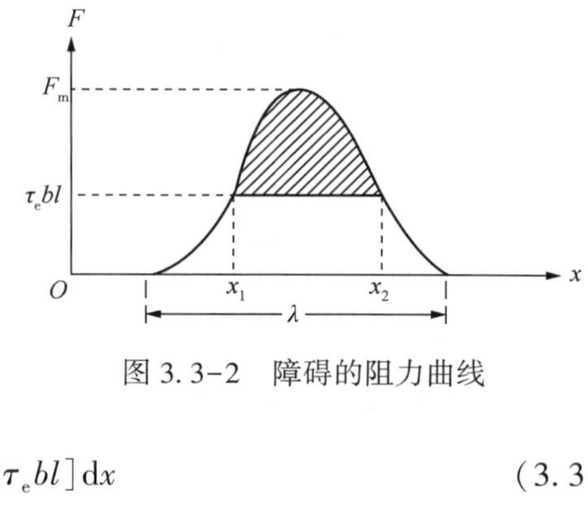

图 3.3-2　障碍的阻力曲线

$$Q=\int_{x_1}^{x_2}[F(x)-\tau_e bl]\mathrm{d}x \tag{3.3-2}$$

利用 $\tau_e=\tau-\tau_i$，式(3.3-2)可改写为：

$$Q=\int_{x_1}^{x_2}[F(x)-(\tau-\tau_i)bl]\mathrm{d}x\approx Q_0-(\tau-\tau_i)V \tag{3.3-3}$$

$$V=bl(x_2-x_1)=b\Delta A$$

式中，Q_0 为 $\tau_e=0$ 时的激活能；ΔA 称为激活面积，它表示热激活过程中位错扫过的面积。

位错越过局部障碍后快速滑移至下一个障碍前停下，等待新的热激活过程。若变形的激活能为 Q，则变形速度就可写成：

$$\dot{\gamma}=\dot{\gamma}_0\exp\left(-\frac{Q}{kT}\right)=\dot{\gamma}_0\exp\left[-\frac{Q_0-(\tau-\tau_i)V}{kT}\right] \tag{3.3-4}$$

式中，$\dot{\gamma}_0=bAN\nu_0$，A 为位错在一次热激活越过障碍后快速滑移至下一个障碍过程中所扫过的面积，N 为单位体积位错数(或称激活点的数目)，ν_0 为位错的振动频率。

由式(3.3-4)解出 τ，即得流变应力的表达式为：

$$\tau=\begin{cases}\tau_i+\dfrac{Q_0-kT\ln(\dot{\gamma}_0/\dot{\gamma})}{V} & (T\leqslant T_0)\\ \tau_i & (T>T_0)\end{cases} \tag{3.3-5}$$

$$T_0=\frac{Q_0}{k\ln(\dot{\gamma}_0/\dot{\gamma})} \tag{3.3-6}$$

式(3.3-5)应如何理解呢？当 $T\leqslant T_0$ 时，变形是热激活过程，流变应力依赖于温度 T 和应变速率 $\dot{\gamma}$。当 $T>T_0$ 时，$\tau=\tau_i$，流变应力与温度和应变速率无关。这可以理解为温度高于某一临界温度 T_0 时，热激活过程非常活跃，以至仅靠热激活过程就能越过局部障碍，无须有效应力的帮助，外应力只需克服长程内应力即可，即 $\tau=\tau_i$。式(3.3-6)表明，这一临界温度与应变速度有关，应变速度 $\dot{\gamma}$ 越大，临界温度越高。这是因为 T_0 温度下热激活过程的频率(成功地越过障碍的频率)刚好能产生应变速度 $\dot{\gamma}$，应变速度更高时，只有更高温度下的热激活频率才能满足高应变速度的要求。

3.3.2 内应力的测量方法

自 Seeger 第一次提出内应力概念以来，已有了若干测量内应力和有效应力的方法，Nix 等提出的“应变过渡应力降落法”(Strain Transient Dip Test)得到了最广泛的应用。利用宏观力学实验测得的内应力和有效应力是整个试样内大量位错运动的平均效果，称为平均内应力和平均有效应力，分别用 σ_i 和 σ_e 表示。

应变过渡应力降落法测量内应力的实验方法如图 3.3-3 所示。当 $T\leqslant T_0$ 时，位错在有效应力和热激活的共同作用下克服局部障碍滑移，此时外应力大于内应力，$\sigma>\sigma_i$。现在将外应力从 σ 突然降低到$(\sigma-\Delta\sigma)$，也就是应力降落 $\Delta\sigma$。由于应力降落是瞬间完成的，刚刚降落后的位错结构和降落前相同，内应力不变。如果降落后的应力仍大于内应力，即 $\sigma-\Delta\sigma>\sigma_i$，则位错仍可以向前滑移，即应力降落后仍发生正向变形，只是由于有效应力降低了，变形速度也相应地小于应力降落前的速度。如果 $\Delta\sigma$ 较大，降落后的应力小于内应力，

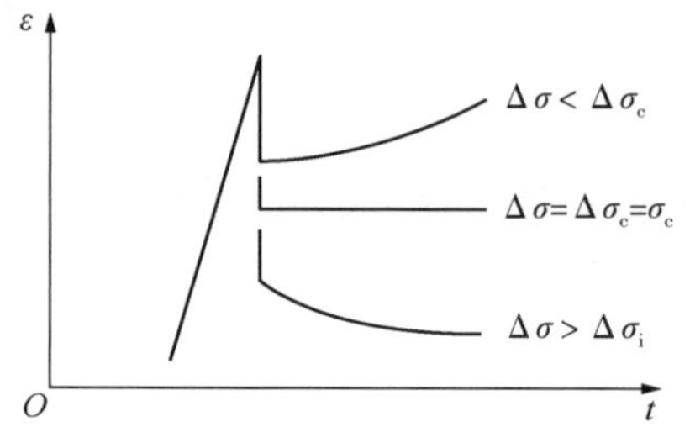

图 3.3-3 应变过渡应力降落实验示意

即 $\sigma-\Delta\sigma<\sigma_i$，则位错在内应力作用下反向滑移，即应力降落后变形速度是负的。经过多次反复调整 $\Delta\sigma$ 的值，可以找到一个应力降落值 $\Delta\sigma_c$，使 $\sigma-\Delta\sigma_c=\sigma_i$，此时应力降落后的变形速度为零，这样就测得了有效应力 $\sigma_e=\Delta\sigma_e$ 和内应力 $\sigma_i=\sigma-\Delta\sigma_c$。

应当注意的是，上述应力降落后的内应力和变形速度以及图 3.3-3 中应力降落后的 $\varepsilon-t$ 曲线，都是指应力刚刚降落，位错结构还没有来得及变化时的相应值。位错结构在应力降落后随时间要逐渐变化，最终达到与降落后的新应力相平衡的新的位错结构，变形速度也达到与新应力、新位错结构相适应的值。

3.4 晶体变形与加工硬化

晶体塑性变形方式有滑移和孪生。一般情况下变形是以滑移方式进行，只有某些特殊情况下才以孪生方式进行，因此，塑性变形理论都是针对滑移变形建立的。以下介绍滑移方式变形条件下的变形与加工硬化问题。

3.4.1 滑移的晶体学及几何关系

拉伸试样变形后表面出现许多台阶(滑移带)的事实表明塑性变形是通过滑移来完成的，而晶体滑移是通过位错在滑移面上运动来实现的。本小节中，简述了滑移的几个基本问题，为了以后叙述方便在这里只给出结论性事项。

1. *滑移系统*

研究表明，滑移通常是沿一定的晶面和晶向进行的，这些晶面和晶向称为滑移面和滑移方向。一个滑移面上的一个滑移方向构成一个滑移系统。滑移面和滑移方向通常是密排面和密排方向。表 3.4-1 所示为典型金属晶体的滑移系统。

表 3.4-1 典型金属晶体的滑移系统

金属	晶体结构	温度/℃	滑移面	滑移方向
Al，Cu，Ag，Au，Ni，Pb	fec	20	$\{111\}$	$\langle 110\rangle$
Al	fec	$T/T_m>0.72$	$\{100\}$	$\langle 110\rangle$
α-Fe，Mo，Nb	bcc	—	$\{110\}\{112\}\{123\}$	$\langle 111\rangle$
α-Fe+w(Si)= 4%	bec	7	$\{110\}$	$\langle 111\rangle$
Zn，Gd，Mg	hcp	20	(0001)	$\langle 11\bar{2}0\rangle$
Mg	hep	$T/T_m>0.54$	$\{10\bar{1}1\}$	$\langle 11\bar{2}0\rangle$
Mg+w(Li)= 14%	hep	20	$(0001)\{10\bar{1}0\}$	$\langle 11\bar{2}0\rangle$
α-Ti	hcp	20	$(0001)\{10\bar{1}0\}\{10\bar{1}1\}$	$\langle 11\bar{2}0\rangle$

从表3.4-1可知，面心立方晶体的滑移系比较固定。密排六方晶体通常是基面滑移，但轴比 $c/a<1.633$ 时，(0001)面不一定是唯一的密排面，所以出现其他滑移面。关于体心立方晶体的滑移面至今尚无统一的看法。因为滑移线是波浪形的，很难准确确定滑移面。一种可能是〈111〉晶带的最大分切应力平面，也可能确实沿{110}、{112}和{123}面滑移。关于波浪形滑移线可以用图3.4-1解释，螺型位错不断交滑移的结果使晶体表面出现折线状滑移线，分辨率不高时看似波浪线。这种滑移称为“铅笔滑移”，因与一捆铅笔沿纵向滑移形成的台阶相似而得名。

2. Schmid 因子

考虑如图3.4-2所示的拉伸试验。设拉力 F 和滑移面法线 n 的夹角为 φ，与滑移方向 b 的夹角为 λ，则作用于滑移面上沿滑移方向的分切应力为：

$$\tau=\frac{F\cos\lambda}{A_0/\cos\varphi}=\frac{F}{A_0}\cos\lambda\cos\varphi=\sigma\cos\lambda\cos\varphi \qquad (3.4-1)$$

式中，$\sigma=F/A_0$，为拉伸应力；$m=\dfrac{1}{\cos\lambda\cos\varphi}$，称为 Schmid 因子，有时将 $\cos\lambda\cos\varphi$ 称为取向因子。

当滑移面上的分切应力达到临界值时，晶体开始滑移即屈服，τ_c 称为临界切应力，它是材料常数，与晶体取向无关。由式(3.4-1)可知，试样屈服时，有 $\sigma_s=m\tau_c$，称为 Schmid 定律。

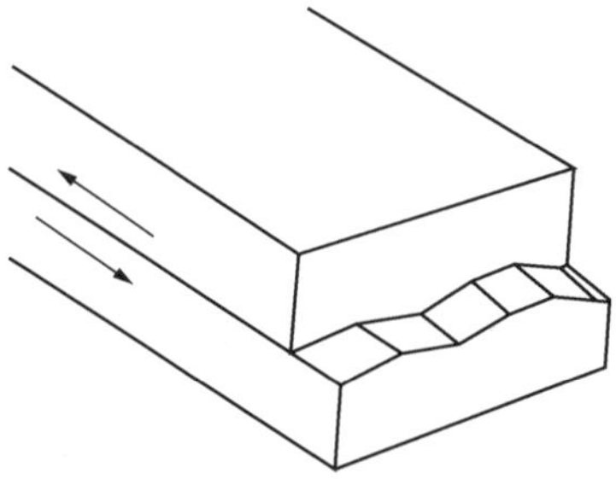

图3.4-1　体心立方金属的铅笔滑移

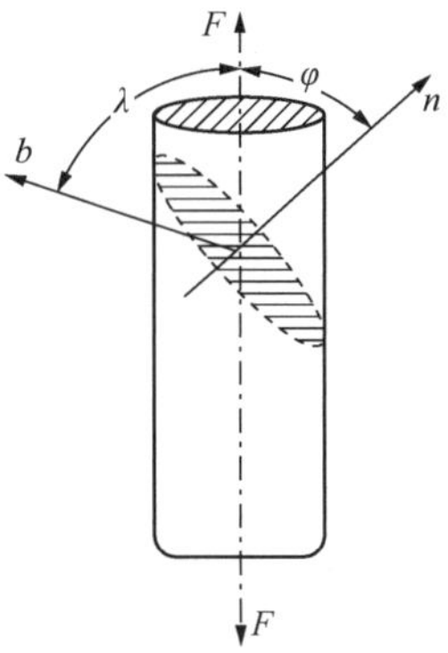

图3.4-2　拉伸试样的分切应力

3. 滑移中晶体的转动

晶体滑移时伴随有转动，例如拉伸实验中，夹头的约束使试样一面滑移一面转动。对多晶体材料来说，由于晶界及其他组织因素的约束，各晶粒在滑移过程中也要转动。转动的结果是晶体对应力轴的取向发生变化，从而影响进一步变形。

利用极图研究变形中晶体取向及其变化关系是很方便的。图3.4-3(a)所示为立方系(001)极图的一部分。若应力轴的方向用极图中的一个极点表示，如图中 P 点，那么可用“影像规则”方便地确定滑移面和滑移方向。例如对面心立方晶体，P 点所在三角形的($\bar{1}11$)极点的“像”(111)面就是滑移面，而[011]极点的“像”[101]方向即为滑移方向。

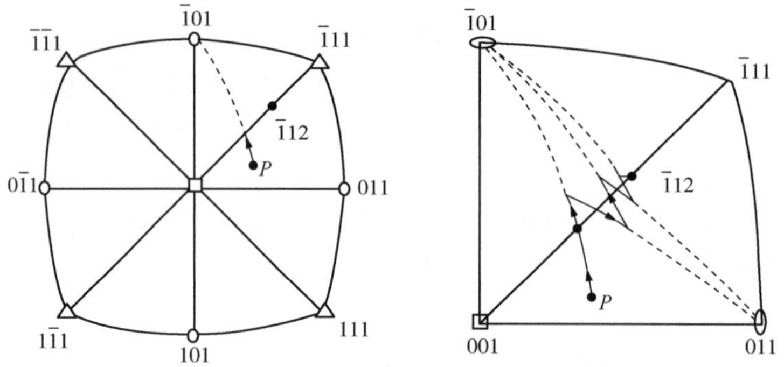

(a)转动情况　　(b)移动轨迹示意

图 3.4-3　立方系(001)极图及晶体转动

单晶体受拉伸时滑移方向力图转向拉伸轴方向，这在极图上相当于拉伸轴向滑移方向[$\bar{1}$01]转动，即 P 点沿虚线[图 3.4-3(b)中通过 P 点和 $\bar{1}$01 点的大圆]向[$\bar{1}$01]移动。当 P 点到达对称线上时，($\bar{1}$11)/[$\bar{1}$01]和($\bar{1}$11)/[011]这两个滑移系的 Schmid 因子相等，两个滑移系同时开动，即开始双滑移。继续滑移时拉伸轴沿对称线移动到[$\bar{1}$12]，此时拉伸轴以及两个滑移方向[$\bar{1}$01]和[011]三个方向在同一平面上，晶体不再转动。有些晶体滑移时拉伸轴取向到 P 点后有所超越，然后再返回对称线，结果以锯齿形地趋近[$\bar{1}$12]点，如图 3.4-3(b)所示。

3.4.2　加工硬化现象

图 3.4-4 所示为几种典型金属单晶体的加工硬化曲线示意。可以看出，晶体结构对加工硬化曲线的影响。密排六方金属单晶体一般沿一组滑移面(平行于基面)滑移，加工硬化曲线的斜率很小。立方晶体可以同时开动好几个滑移系统，滑移系统相互交截的结果，呈现很强的加工硬化效应。

由于面心立方金属的加工硬化曲线具有典型性，人们研究得最多，下面也着重讨论面心立方晶体的加工硬化。大量研究表明，面心立方单晶体的典型加工硬化曲线如图 3.4-5 所示，加工硬化可分为三个阶段。

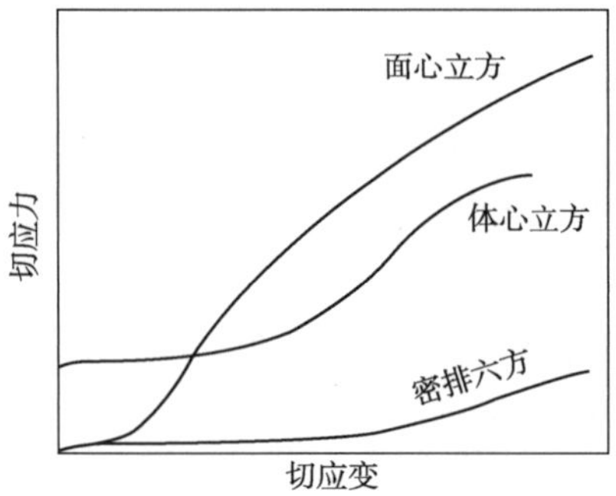

图 3.4-4　典型金属单晶体的加工硬化曲线

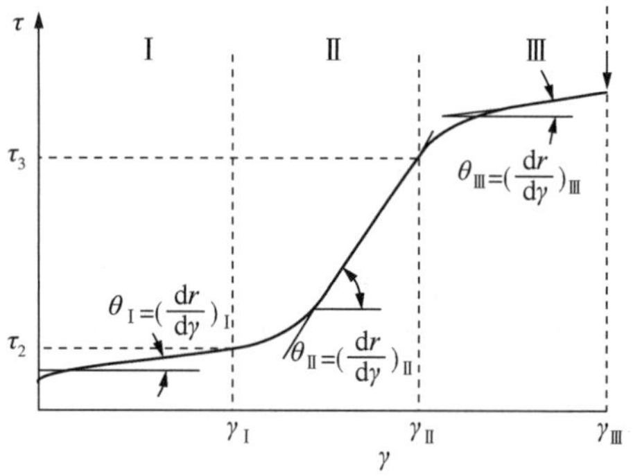

图 3.4-5　面心立方单晶体的典型加工硬化曲线

在第Ⅰ阶段，亦称为易滑移阶段，硬化系数 θ_{I} 很小。在这个阶段由于刚刚发生塑性变形，晶体中只有一个滑移系统开动(单滑移)。由于多晶体在塑性变形一开始就有多个滑移系同时开动，加工硬化曲线中一般没有易滑移阶段。主滑移面的位错密度增长较快，而林位错增长较慢。

在第Ⅱ阶段，加工硬化系数急剧上升，曲线大致呈直线，故称为线性硬化阶段。这个阶段的特征是次滑移系统开动，因而林位错的密度快速增加。这个阶段的加工硬化系数基本上和晶体取向、温度、杂质含量的关系不大，而且各种面心立方金属的 θ_{II}/G 近似等于(1/300)。透射电镜观察表明，由于多个滑移系同时开动，位错相互交截形成位错缠结，如图 3.4-6(a)所示，随着变形的进行，位错缠结逐渐发展成不规则胞状结构，如图 3.4-6(b)所示。

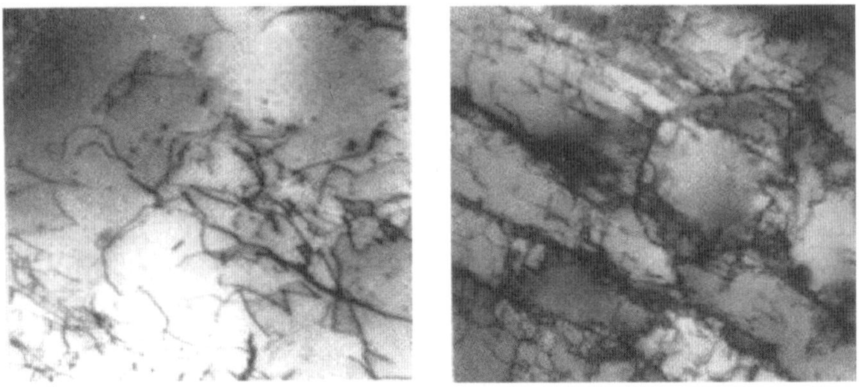

(a)位错缠结　　(b)胞状结构亚晶

图 3.4-6　加工硬化的位错结构

第Ⅲ阶段的特征是硬化系数随应变量的增加而减小，称为抛物线型硬化阶段。该阶段的起始应力 τ_3 及硬化系数 θ_{III} 都随温度的升高而减小。该阶段发生动态回复，所以位错组态不仅取决于应变，而且显著地依赖于温度。温度较高时出现明显的胞状结构甚至亚晶，胞状结构(cell structure)和亚晶(subgrain)两者之间没有本质的区别，随变形量的增加，胞之间取向差增大，胞壁显出界石形状时一般称为亚晶，如图 3.4-6(b)所示。

上述典型的加工硬化行为是在低层错能的纯金属(银、金、铜)中得到的结果。层错能高的纯金属(如Al)，在极低温度下(液态空气)的应力-应变曲线和上述情况相似，有明显的三个阶段。但在室温，由于 τ_3 很小，第Ⅲ阶段开始得较早，第Ⅱ阶段不明显。这表明第Ⅲ阶段的开始和交滑移密切相关。

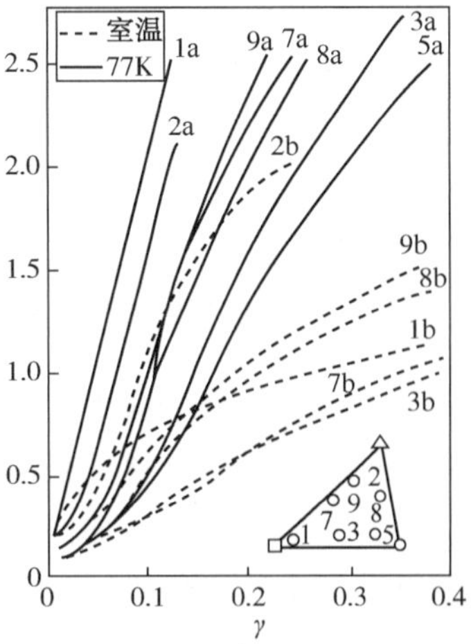

图 3.4-7　单晶铝在 77K 下的加工硬化

单晶铝的加工硬化与晶体取向的关系如图 3.4-7 所示。在 77K 下，单晶铝在接近[110]取向(极图三角形中标示点 5)时第Ⅰ阶段较长，表现出明显的加工硬化的三个阶段。而接近[100]至[111]对称线取向(极图三角形中1、7、9、2点)时几乎不出现第Ⅰ阶段，硬化系数很大，这是这些取向使若干个滑移系的取向等价而容易发生多滑移所致。从图中还可以看出，加工硬化系数与温度的关系，温度越高硬化系数越小。

体心立方和密排六方金属的加工硬化行为与面心立方金属相似。高纯度的体心立方金属单晶体(如Nb、Ta、Fe等)在室温也出现三个阶段的硬化曲线，如图3.4-8所示。样品不纯或在低温形变，可能由于杂质原子和位错的交互作用强或位错的点阵阻力的增大，而得不到三个阶段的硬化曲线。

六方系金属单晶体的滑移限制在基面上，很难有第二滑移系开动，所以一般出现很长的第Ⅰ阶段。但条件合适时也会出现完整的三个阶段，如图3.4-9所示。尤其是取向远离[0001]~[10$\bar{1}$0]对称线时，曲线类似于面心立方金属，而取向接近[0001]~[10$\bar{1}$0]对称线时易滑移阶段缩小。

另外，在Ge和NaCl等非金属晶体中也观察到三个阶段的硬化曲线。一些合金如黄铜、青铜和奥氏体钢等固溶体合金具有优良的加工硬化性能，还有一些奥氏体钢的加工硬化因变形过程中发生部分的相变(面心到体心)而加强，高锰钢 w(Mn)=12%具有突出的耐磨性能的根源即在于此。

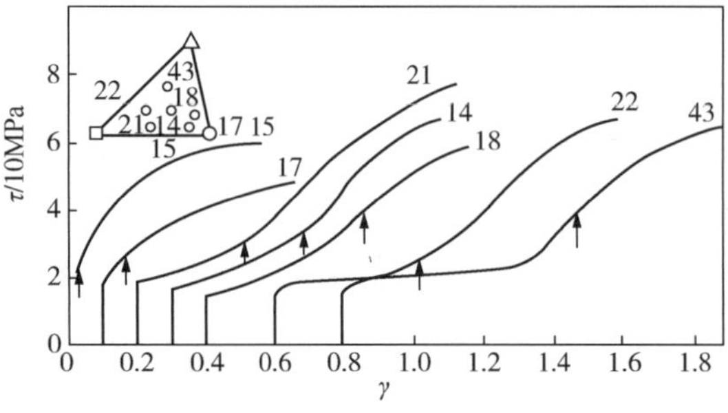

图3.4-8 Nb单晶体的加工硬化

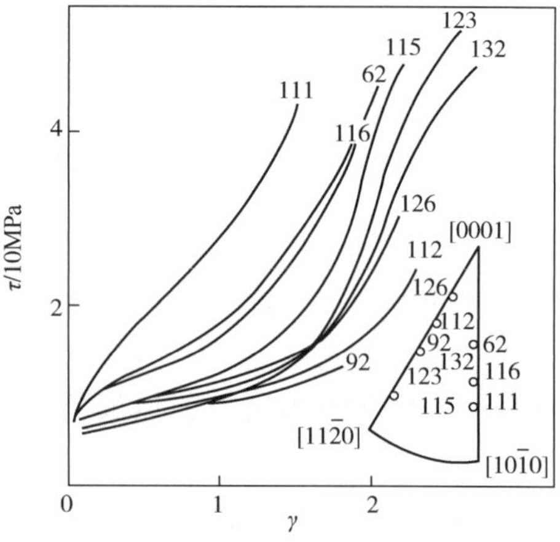

图3.4-9 Zn单晶体的加工硬化

3.4.3 加工硬化的唯象解释

加工硬化是流变应力随应变量的增加而增加的现象，即 $\tau=\tau(\gamma)$。流变应力主要用来克服主滑移面上平行位错的长程内应力场和与林位错交截的短程相互作用力。这两类位错的密度都会随应变量的增加而增加，从而引起流变应力的增加。因此，加工硬化理论的任务在于阐明各个阶段位错结构随应变的演变行为，并根据位错结构与流变应力的关系得到流变应力与应变的关系，即 $\tau=\tau[S(\gamma)]$，或加工硬化系数 $\theta=d\tau/d\gamma$ 与应变的关系。

加工硬化的理论模型很多，它们大致可分为两大类：平行位错的硬化理论和交截位错的硬化理论。第一类理论中主滑移面上平行位错所产生的长程应力场对硬化起主导作用，因而被称为长程应力场硬化理论；而第二类理论中与主滑移面斜交的林位错对硬化起主导作用，因而被称为林位错硬化理论。这两类理论出发点虽有所不同，但导出类似的结果。一方面，不管滑移阻力是来自平行位错还是林位错，流变应力与相应的位错密度有相同的关系，即 $\tau \propto \rho^{\frac{1}{2}}$（见 3.2 节）。另一方面，各种理论模型中通常假定林位错密度与平行位错密度成正比。这一假定是自然的，因为多个滑移系统开动的情况下滑移位错与林位错其实是相对的，一个滑移系中的滑移位错（平行位错）对另一个滑移系可能是林位错。这两方面的原因使得两种理论本质上趋同。考虑这一点，冯端对加工硬化给出了如下明快的唯象解释。

令 $\bar{l}$ 表示位错之间的平均间距，则 $\bar{l}=1/\rho^{\frac{1}{2}}$，$\bar{l}$ 还应与位错的平均自由程 λ 成正比，即：

$$\lambda = g\bar{l} = \frac{g}{\rho^{\frac{1}{2}}} \tag{3.4-2}$$

式中，g 为比例常数。另外，应变增量 $d\gamma$ 与参与滑移的位错密度的增量 $d\rho_m$ 之间应满足 Orowan 关系式，即：

$$d\gamma = b\lambda d\rho_m \tag{3.4-3}$$

而晶体中的总位错密度的增量 $d\rho$ 也应与 $d\rho_m$ 成正比，引入比例常数 β：

$$d\rho = \beta d\rho_m \tag{3.4-4}$$

因此：

$$d\gamma = \frac{bg}{\beta}\frac{d\rho}{\rho^{\frac{1}{2}}} \tag{3.4-5}$$

利用式(3.4-5)，得：

$$d\tau = \frac{\alpha bG}{2} \cdot \frac{d\rho}{\rho^{\frac{1}{2}}} \tag{3.4-6}$$

从而得出加工硬化系数 θ 的表达式：

$$\theta = \frac{d\tau}{d\gamma} = \frac{\alpha\beta G}{2g} \tag{3.4-7}$$

可以看出，对加工硬化起关键作用的量是 β/g。

在加工硬化的第Ⅰ阶段，产生变形的位错基本上分布在主滑移面上，几乎都是可滑移位错，因而 $\beta=1$。从观测的滑移线很长可以推断位错具有很大的平均自由程，因而 g 值很大。由于 β/g 很小，第Ⅰ阶段的加工硬化系数很小。

在第Ⅱ阶段，一方面由于次滑移系统开动，产生大量林位错，使 β 值突然增大。另一方面林位错使位错平均自由程减小，而大量林位错逐步向胞壁转化，导致胞状结构的出现，使位错滑移的平均自由程进一步减小，导致 g 值下降。于是，β/g 比值的升高导致大的硬化系数 θ_{II}。

第Ⅱ阶段向第Ⅲ阶段过渡可以理解为位错交滑移的大量出现，使位错三维运动得以实现，从而不可滑移的位错数骤减，使 β 值比第Ⅱ阶段小，而 g 值的情况仍然和第Ⅱ阶段相似，这样就导致在第Ⅲ阶段中加工硬化系数逐步下降。

3.5 固溶体合金的变形

位错在固溶体合金中运动时必须克服溶质原子的应力场，因此位错运动的阻力比纯金属大，这就是固溶强化。

固溶体中溶质原子统计地分布在基体金属中，构成了位错运动的障碍。仿照滑移位错在其他位错应力场中运动的情形(见3.2节)，可将溶质原子对位错运动的障碍分成两类：溶质原子的长程内应力场和位错与溶质相遇时的短程作用力。现在分别考虑上述两种情况下位错克服障碍滑移所需的流变应力。

3.5.1 长程应力场

可以用统计方法求出长程内应力的平均值。考虑以平均间距为 l，统计均匀地分布着溶质原子的固溶体。位错有柔性和刚性，柔性是指位错在应力作用下可以弯曲，而刚性是指位错在线张力的作用下尽可能使自己变直(反抗弯曲)。由于溶质原子和位错相互作用的强弱不同，位错在固溶体中可能出现图3.5-1所示的两种情况。当溶质与位错的交互作用很强时(结合能很大)，位错几乎被每个溶质原子钉扎，位错各段的曲率半径较小，各段各自独立运动，如图3.5-1(a)所示。如果位错与溶质的交互作用是弱的，那么位错的线张力能够克服部分溶质原子的钉扎而变得更“直”一些，这时能够独立运动的位错段长度为 $L=nl$，如图3.5-1(b)所示。

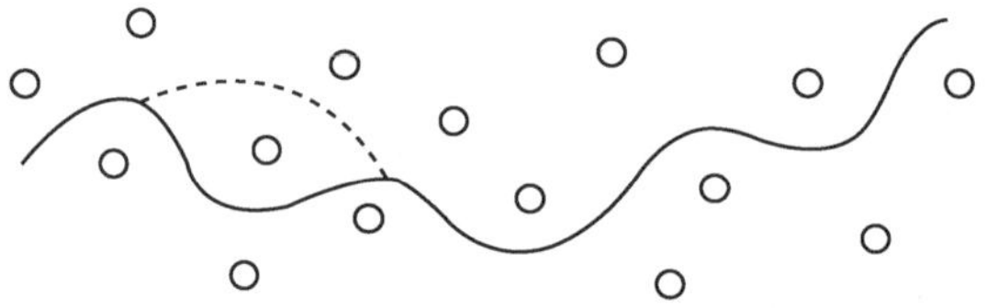

(a)位错各段独立运动

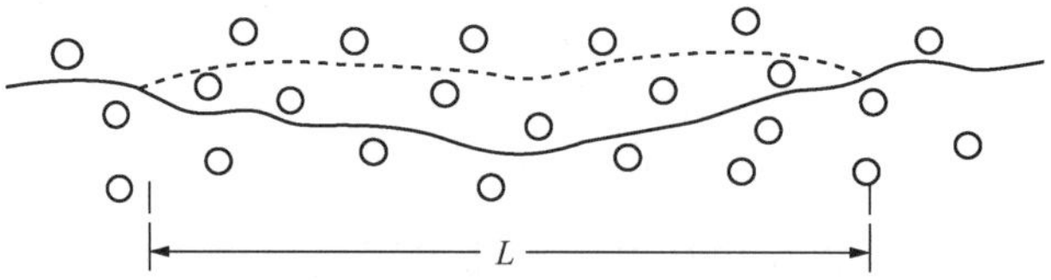

(b)弱交互作用下位错的运动

图3.5-1 位错在溶质原子的应力场中运动

设溶质原子的体积分数为 φ，一个原子的体积为 b^3。因 l^3 体积中有一个溶质原子，因此

$$b^3/l^3=\varphi \tag{3.5-1}$$

半径为 $R(\approx b)$ 的溶质原子在距离 r 基体处产生平均切应力为 $G\varepsilon_b R^3/r^3$。此应力在 $b\rightarrow l$ 之间的空间平均值为：

$$\tau_{\mathrm{i}}=\frac{\int_{b}^{l}(G\varepsilon_{b}R^{3}/r^{3})4\pi r^{2}\mathrm{d}r}{\int_{b}^{l}4\pi r^{2}\mathrm{d}r}\approx G|\varepsilon_{b}|\varphi\ln\frac{1}{\varphi} \tag{3.5-2}$$

对图 3.5-1(a)的情况，式(3.5-2)即位错运动的阻力。对图 3.5-1(b)的情况，根据统计规律知道，作用在长为 $L=nl$ 的位错线上的力等于作用于长为 l 的位错上的力的 $n^{1/2}$ 倍，即：

$$F=b\tau_{\mathrm{i}}l\left(\frac{L}{l}\right)^{\frac{1}{2}} \tag{3.5-3}$$

又因外应力为 τ 时 $F=\tau bL$，故：

$$\tau=\tau_{\mathrm{i}}\left(\frac{l}{L}\right)^{\frac{1}{2}} \tag{3.5-4}$$

式(3.5-4)表明，如果位错与溶质原子的相互作用是弱的，那么流变应力也低，它是强相互作用的 $(l/L)^{\frac{1}{2}}$ 倍。

剩下的问题是求出 $(l/L)^{\frac{1}{2}}$，代入式(3.5-4)得到流变应力 τ 的具体表达式。独立运动的位错单元的长度 L 与位错/溶质相互作用强弱有关，当相互作用很强时，$L=l$，而相互作用弱时，$L>l$。因此，L 必须与位错/溶质相互作用强弱有关的参量相联系，而这个问题比较复杂。现有文献上 L 的求法虽然有所不同，但都没有与位错/溶质相互作用强弱有关的参量联系起来，在此不作更多讨论。

3.5.2　短程交互作用

Fleischer 计算了位错克服溶质原子的钉扎所需的最大阻力，即位错与溶质原子的短程作用力。设溶质原子在滑移面上的平均间距为 l，位错在溶质原子前受阻而弯曲成如图 3.5-2(a)所示。

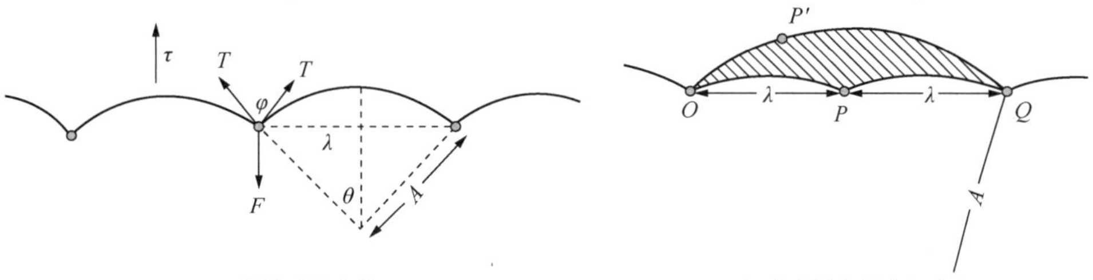

(a)位错受阻弯曲　　(b)切应力使位错克服障碍

图 3.5-2　位错与溶质原子的短程交互作用

位错弯曲的曲率半径为：

$$\Lambda=\frac{T}{\tau b} \tag{3.5-5}$$

式中，T 为位错的线张力；τ 为外应力。

令 λ 为位错线上溶质原子的平均距离，$\lambda=2\Lambda\sin\theta$，故：

$$\tau b=\frac{T}{\Lambda}=2T\frac{\sin\theta}{\lambda}=2T\frac{\cos\dfrac{\varphi}{2}}{\lambda} \tag{3.5-6}$$

这里的 λ 和 l 不一定相同。λ 的值与位错的柔韧度有关。当位错能够弯曲成很大曲率时，λ 接近于 l，否则 λ 将大于 l。如图 3.5-2(b)所示，切应力使位错克服 P 处的障碍滑移至P'的障碍前停止，则位错扫过的面积(斜线区域)等于 l^2(滑移面上溶质平均间距为 l 时，l^2 面积中有一个溶质原子，故统计地扫过一个溶质原子时的滑移面积为 l^2)。假定圆弧 OP，PQ 和 $QP'O$ 的半径均为 Λ，弦长为 λ 的弓形面积约为$\dfrac{\lambda^3}{12\Lambda}$，图中的斜线区域面积为：

$$l^2=\frac{2\lambda^3}{3\Lambda}-2\left(\frac{\lambda^3}{12\Lambda}\right)=\frac{\lambda^3}{2\Lambda}=\frac{\lambda^3\tau}{Gb} \tag{3.5-7}$$

由式(3.5-6)和式(3.5-7)，得到：

$$l^2=\lambda^2\cos\frac{\varphi}{2} \tag{3.5-8}$$

将式(3.5-8)代入式(3.5-6)，得到：

$$\tau=\frac{1}{lb}\cdot 2T\left(\cos\frac{\varphi}{2}\right)^{\frac{3}{2}} \tag{3.5-9}$$

当位错脱离钉扎而离开溶质时，φ 值达到临界值 φ_c。此时位错线所受的力 F 为：

$$F=2T\cos\left(\frac{\varphi_c}{2}\right) \tag{3.5-10}$$

代入式(3.5-9)得：

$$\tau=\frac{1}{lb}\cdot\frac{F^{\frac{3}{2}}}{(2T)^{\frac{1}{2}}} \tag{3.5-11}$$

设溶质的体积浓度为 c，则滑移面上单位面积厚度为 b 的薄层中溶质原子数为 $bc/b^3=1/l^2$，将此式代入式(3.5-11)，并利用 $T=Gb^2/2$，得到

$$\tau=\frac{F^{\frac{3}{2}}}{b^3}\left(\frac{c}{G}\right)^{\frac{1}{2}} \tag{3.5-12}$$

式(3.5-12)表明固溶强化量与溶质浓度的平方根成正比。

式(3.5-12)中的 F 是位错摆脱溶质原子的钉扎而离开所需的临界力，也就是克服溶质原子与位错的交互作用能所需的力。因此：

$$F=\left|-\frac{\partial W}{\partial r}\right| \tag{3.5-13}$$

式中，W 为溶质与位错交互作用的交互作用能。刃型位错和溶质的交互作用有尺寸效应 W_S 和模量效应 W_M 两种。将总的结合能 $W=W_S+W_M$ 代入式(3.5-13)可得到 F，再由式(3.5-12)可计算出流变应力。

对于螺型位错来说，在一级近似下没有正应力分量，因此也就不会有螺型位错与溶质之

间的尺寸效应引起的交互作用。但是 Stehle 等考虑二级近似后计算出螺型位错周围的静水压力分量。Fleisher 利用这一结果计算出螺型位错与溶质原子的尺寸效应引起的交互作用能为：

$$W_S=-\frac{2K\varepsilon_b G(1+\nu)R^3}{3\pi(1-2\nu)}\left(\frac{b}{r}\right)^2 \tag{3.5-14}$$

式中，$\varepsilon_b=\Delta R/R$ 为溶质与溶剂的原子半径相对差。

对于纯螺型位错，尺寸效应与模量效应的总和为：

$$W=W_S+W_M=\frac{GR^3}{6\pi}(\varepsilon_G-16K\varepsilon_b)\left(\frac{b}{r}\right)^2 \tag{3.5-15}$$

式(3.5-15)中用了 $\nu=\frac{1}{3}$，$\varepsilon_G=\Delta G/G$，原子体积 $V=\frac{4}{3}\pi R^3$。位错克服与溶质原子的交互作用，沿 r 方向离开溶质原子所需的力为：

$$F=\left|-\frac{\partial W}{\partial r}\right|=\frac{GR^3b^2}{3\pi r^3}|\varepsilon_G-16K\varepsilon_b| \tag{3.5-16}$$

根据式(3.5-12)，流变应力为：

$$\tau\propto|(\varepsilon_G-16K\varepsilon_b)|^{\frac{3}{2}}c^{\frac{1}{2}} \tag{3.5-17}$$

用 11 种溶质配制成相同浓度铜合金的试验结果如图 3.5-3 所示。取 16K=3，将实验数据在双对数坐标上作图，$d\tau/dc-|\varepsilon_G-3\varepsilon_b|$ 关系呈很好的直线关系，其斜率为$\frac{3}{2}$，说明 Fleisher 理论与实验值符合得相当好。

长程应力场模型和短程交互作用模型都是针对均匀固溶体提出的，但着眼点不同。短程交互作用模型导出的是位错脱离溶质原子的钉扎所需应力，反映了位错与溶质的短程交互作用，而长程应力场模型导出的是位错在溶质原子之间的基体中克服溶质原子的长程内应力场而滑移所需的应力。两者的关系是，在长程内应力上分布有短程障碍，因此，流变应力应是两者的适当叠加。但从图 3.5-3 中可得出短程交互作用模型得到实验结果支持的结论，这应该理解为铜合金中短程障碍占绝对优势，而另一种障碍可以忽略不计。

3.5.3 非均匀强化

以上两个模型都假定溶质原子在基体中统计均匀分布，属于均匀强化。溶质原子还有一种非均匀强化：溶质原子偏聚在位错周围形成原子气团，如 Cottrell 气团、Snoek 气团、Suzuki 气团等。这些溶质气团钉扎位错，阻碍位错运动。

在低温(室温)下外应力增加到合金的上屈服点，位错克服钉扎，挣脱出气团后将自由滑移而不再受气团的影响，流变应力降低，合金表现出明显的屈服现象，如图 3.5-4 所示。若变形到 *E* 点后卸载并立即重新加载，则变形沿 *FEG* 进行，不出现屈服现象。如果卸载后经过一段时间的时效(溶质原子通过扩散再次偏聚在位错而形成气团)后再加载，还会显示屈服现象，变形沿 *FEHG* 进行。显然原子气团的作用是提高上屈服点(挣脱气团所需应力)而对流变应力没有大的影响。由于 C、N 等间隙原子与位错的交互作用能很大，间隙固溶体的屈服现象特别明显。从材料强度的角度看，提高上屈服点并无太大意义，因为某种偶然因素会使外应力超过上屈服点应力，位错脱钉后溶质气团不再起作用。

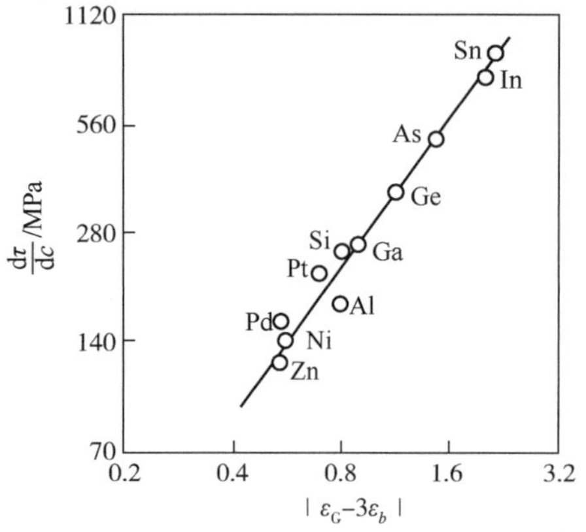

图 3.5-3　铜合金固溶强化

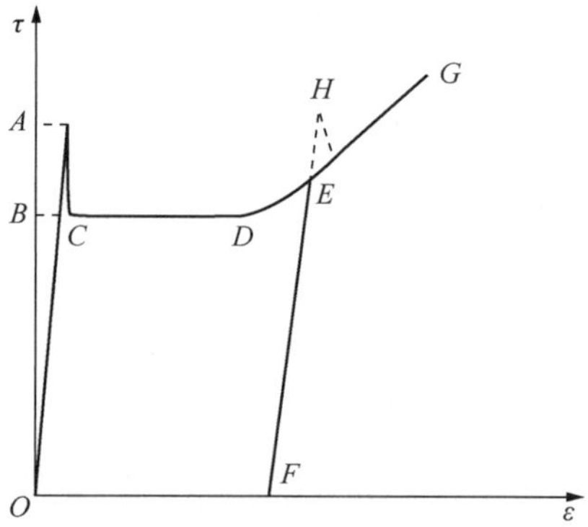

图 3.5-4　屈服现象

在中等温度范围，溶质气团的作用表现为一种特殊流变现象——锯齿形变形(Serrated Flow)，即拉伸曲线呈锯齿形，如图 3.5-5 所示。锯齿形变形是动态应变时效的结果。应力超过上屈服点后位错挣脱钉扎，应力下降，然后溶质原子通过扩散再次偏聚并钉扎位错，流变应力再上升，再挣脱钉扎，如此反复形成锯齿形流变曲线。锯齿形变形由 Portevin 和 Le Chatelier 于 1923 年发现，故称为 PLC 效应。很明显，在一定温度下锯齿形变形是否发生与应变速度有关。应变速度过快，位错脱钉后快速运动使溶质原子的扩散跟不上位错，不能再次形成气团，结果不发生锯齿形变形；位错速度很慢以致溶质原子通过扩散始终跟着位错运动，也不发生锯齿形变形。同样，对一定的变形速度来说锯齿变形在一定温度范围内发生，温度过高和过低都不会发生锯齿形变形(图 3.5-5)，应变速度越快锯齿形变形的温度越高，反之亦然。

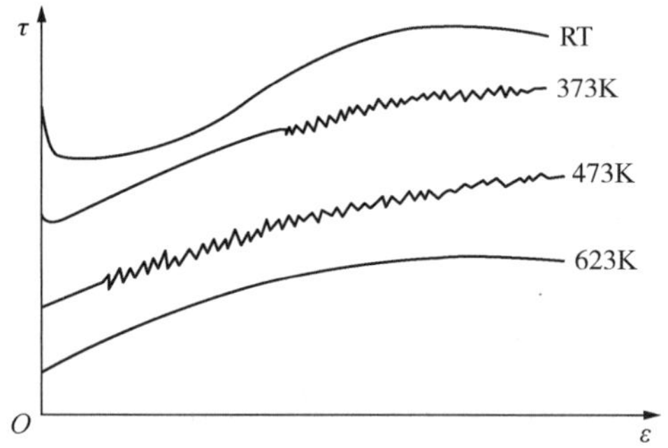

图 3.5-5　锯齿形变形

在高温下位错运动时，溶质气团可以通过扩散跟着位错运动，对运动位错产生拖曳力，提高流变应力。在这种情况下，位错运动呈现黏滞性滑移特征，滑移速度与应力成正比。

3.6　复相合金的变形

不少高强度合金都是采用第二相强化，沉淀硬化及弥散硬化均属此类。这里着重讨论弥散分布的第二相所产生的强化效应。

实际使用的高强度合金中第二相质点尺寸不大，高度弥散分布在基体中。这些第二相往往是金属的氧化物、碳化物或其他化合物，要比基体硬得多。在基体中掺入第二相最常用的方法是利用时效处理从过饱和固溶体中脱溶沉淀，即沉淀强化。近年来也发展了加第二相粉末的烧结、内氧化等方法，文献中称为弥散强化。虽然掺入第二相的方法不同，但强化的机制相同，本书中统称弥散强化。

3.6.1　Orowan 机制

在基体内散布的第二相粒子对位错滑移构成障碍。当第二相粒子比基体硬，位错不能切割粒子滑移时，位错便以类似于 Frank-Read 源的形式绕过粒子。位错绕过第二相粒子后将留下位错环套在第二相粒子周围，如图 3.6-1 所示。

设第二相粒子的半径为 r，滑移面上粒子的平均间距为 l，此时流变应力决定于位错绕过障碍时的最小曲率半径 $l/2$，即：

$$\tau_0 bl = 2T \tag{3.6-1}$$

这里 T 为位错的线张力，如果用线张力的近似值 $\frac{1}{2}Gb^2$ 代入，就得到：

$$\tau_0 = \frac{Gb}{l} \tag{3.6-2}$$

如果线张力采用更精确的 $T=\frac{Gb^2}{4\pi K}\cdot\ln\frac{\lambda}{r_0}$，并考虑粒子的半径使有效间距缩小，即 $\lambda = l-2r$，位错芯半径取 $r_0=2b$，求得更精确的表达式为：

$$\tau_0 = \frac{Gb}{2\pi K(l-2r)}\cdot\ln\left(\frac{l-2r}{2b}\right) \tag{3.6-3}$$

上述位错绕过障碍的机制是奥罗万(Orowan)首先提出的，称为 Orowan 机制，式(3.6-2)和式(3.6-3)所表示的应力 τ_0 称作 Orowan 应力。含有非共格第二相粒子的合金的屈服强度可以用上述机制来解释，实验结果也基本上符合理论的预期。图 3.6-2 所示为含有 θ 相 $CuAl_2$ 粒子的 Al-Cu 合金的实验结果，虽然数据的分散度较大，但符合式(3.6-2)的线性关系。

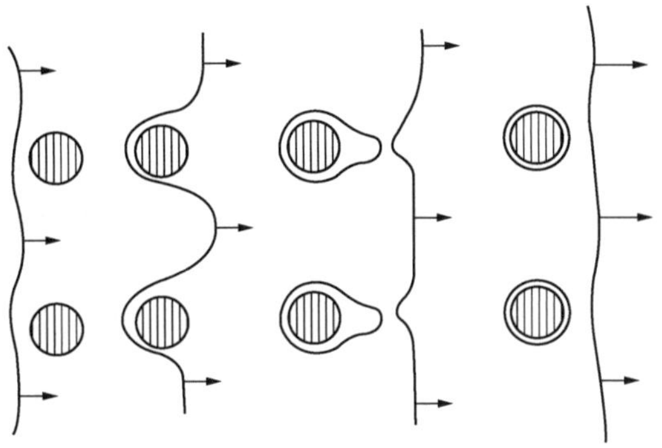

图 3.6-1　Orowan 机制

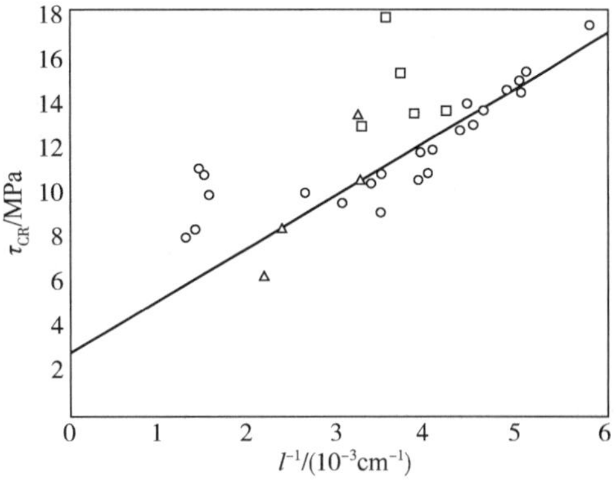

图 3.6-2　Al-Cu 合金的临界切应力 τ_{CR} 与 θ 相粒子间距 l 的关系

△—x(Cu) = 1.3；○—x(Cu) = 1.7

□—x(Cu) = 2.1

Orowan 应力与弹性模量 G 和粒子分布参数 λ 有关，与温度无关，因而 Orowan 应力是非热的，热激活过程对位错 Orowan 绕过粒子没有帮助。外应力低于 Orowan 应力时，即使在高温下位错也不能通过 Orowan 过程越过粒子。但是，高温下位错可以通过攀移越过粒子，这个问题将在后续章节进行详细讨论。

3.6.2 位错切割第二相粒子

当第二相粒子的强度较低且与基体共格的情况下，位错将切割第二相粒子，如图 3.6-3 所示。与 Orowan 机制相比较，位错切割粒子的情形就复杂得多。

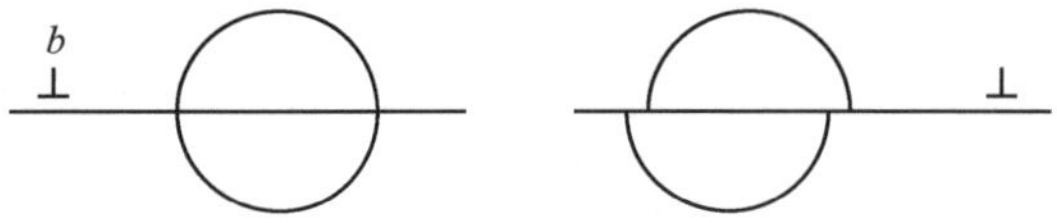

图 3.6-3　位错切割粒子示意

位错切割粒子使流变应力升高可能有以下几种原因：①位错切割粒子形成表面台阶，增加了界面能；②位错扫过有序结构的粒子形成反相畴界(有序强化)；③位错与粒子周围的应力场有交互作用。下面对三种情况进行简略的讨论。

位错切割粒子所需应力可按 3.5 节位错克服溶质原子的障碍一样考虑。类似式(3.5-12)，设 F_m 为障碍对位错的最大作用力，则流变应力为：

$$\tau = \frac{F_m^{\frac{3}{2}}}{b^3}\left(\frac{f}{G}\right)^{\frac{1}{2}} \tag{3.6-4}$$

这里用粒子体积分数 f 代替了式(3.5-12)中固溶原子的体积浓度。式中，F_m 为切割粒子所需的最大力。

第①种情形时，令 γ_s 表示单位面积的界面能，则 $F_m = 2b\gamma_s$。

第②种情形时，令 γ_a 表示单位面积反相畴界能，则位错线切割粒子的最大作用力为 $F_m = 2\gamma_a$。

第③种情形和位错与溶质原子应力场的交互作用相似，可仿照 3.5.1 节计算位错在粒子的应力场中滑移所需应力，这里就不再赘述。

关于位错切割第二相粒子的强化机制目前尚无可靠的定量实验结果。不同的合金系统具体机制可能不同，下面进行一些定性的讨论：

(1) 片状沉淀相具有较高的相界面积和体积比，界面能的增加可能是主要的强化因素，而实验结果也表明这些合金在低温屈服应力下有一定的温度敏感性，这和化学强化机制相符合。

(2) 镍基合金的 γ' 相(Ni_3Al)与基体 γ 相的晶格常数非常相近，错配度小，界面能低，因此起主导作用的将是有序强化。实验结果也大致符合理论预测。但由于位错可以成对地切割第二相粒子以减少反相畴界能，因而实际的强化效果比理论估计要低一些。

(3) 对一定错配度的球形粒子，共格应力场可能是主要强化因素。铜钴合金在低温下的屈服应力反而小于室温的屈服应力，出现这种反常现象的原因是，低温下错配度减小因而降低了它的屈服应力，表明是粒子的应力场在起作用。

一般来说，合金在时效过程中强度发生如下变化：最初合金的屈服强度相当于过饱和固溶体，开始析出阶段的沉淀相，尺寸很小且和基体共格，因而位错可以切割沉淀相。在此阶段屈服应力决定于切割沉淀相所需要的应力，此应力与沉淀相的内部结构和相界面的效应等有关。随沉淀相粒子直径和体积分数f的增加，切割粒子所需要的应力增大，Orowan机制开始起作用，屈服应力与粒子间距成反比，而在过程时效阶段，屈服应力将随粒子间距的增加而减少。

3.7 多晶体塑性变形

我们在讨论塑性变形时并未考虑晶界的作用，因此，上面的讨论原则上只适用于单晶体变形。多晶体与单晶体变形的区别主要表现在以下两个方面：一个是多晶材料中存在晶界。在常温下晶界对位错运动构成强烈的障碍，从而使材料强度提高，晶粒越细，晶界的面积越大，强度越高，这就是细晶强化。另一个是多晶体中各晶粒的取向不同。为了保持材料的连续性，在外应力作用下不同取向的各晶粒的变形必须相互协调而不能各自独立变形。这两点决定了多晶体变形的特点。

3.7.1 晶体流变应力

实验上早就发现多晶材料的流变应力与晶粒直径的平方根成反比。Hall 和 Petch 最早从位错塞积概念推导出这个关系。晶界对位错运动构成强烈的障碍，在外应力作用下取向最有利的晶粒的位错源首先开动，位错源发出的位错滑移到晶界并在晶界前塞积起来。当塞积顶端产生的应力集中达到相邻晶粒位错源开动的临界应力τ时，发生变形扩展(屈服)。

由式(1.7-10)，此临界应力为$\tau_c=n\tau$，其中n是塞积群的位错数目。假定塞积群长度为晶粒直径的一半，将$L=d/2$和$n=\tau_c/\tau$代入式(1.7-9)，并把点阵中的滑移阻力τ^*包括进去，得到：

$$\tau=\tau^*+kd^{-\frac{1}{2}} \qquad (3.7-1)$$

$$k=\sqrt{2\alpha\tau_c D},\quad D=Gb/2\pi(1-\nu)$$

式(3.7-1)就是著名的 Hall-Petch 公式，它表明晶粒直径越小，屈服强度越高。该公式已经得到了大量实验结果的验证，图3.7-1是一个例子。

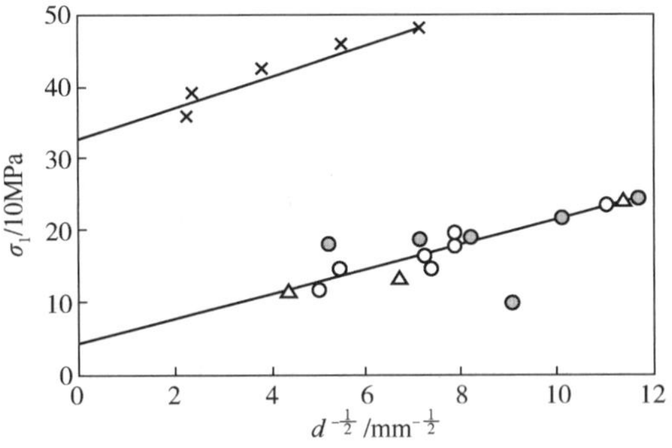

图3.7-1 Fe合金屈服强度与晶粒直径的关系

×—w(Si)=3%；●—w(C)=0.045%C

○—w(C)=0.060%；△—w(C)=0.020%C

3.7.2 Taylor 因子

本节主要讲述各晶粒变形与多晶体总变形的关系。单晶体单向拉伸实验中的拉应力和滑移系上的分切应力之间有 Schmid 定律，即：

$$\sigma=m\tau \qquad (3.7-2)$$

式中，m为 Schmid 因子。

$$m = \frac{1}{\cos\varphi\cos\lambda} \tag{3.7-3}$$

式中，φ 和 λ 分别为滑移面法线和滑移方向与拉伸轴之间的夹角。

对于多晶体来说，各个晶粒的 Schmid 因子 m 不同，所以想要获得多晶体应力-应变关系，就要对取向不同的各晶粒的变形曲线进行某种平均化处理。假定各晶粒都用取向最有利的滑移系滑移，取向在 m 和 $\mathrm{d}m$ 范围内的晶粒数是$(m)\mathrm{d}m$，则多晶体的 m 的平均值为：

$$\overline{m} = \frac{\int mN(m)\,\mathrm{d}m}{\int N(m)\,\mathrm{d}m} \tag{3.7-4}$$

这样可得到多晶体流变应力为：

$$\sigma = \overline{m}\tau \tag{3.7-5}$$

设单晶体切应力和切应变之间的关系为 $\tau = f(\gamma)$，再利用切应变与正应变之间的关系 $\gamma = \overline{m}\varepsilon$，于是：

$$\sigma = \overline{m}f(\gamma) = \overline{m}f(\overline{m}\varepsilon) \tag{3.7-6}$$

这说明只要知道单晶体的拉伸应变 ε、函数 f 以及 $\overline{m}$，就能计算出多晶体的 $\sigma-\varepsilon$ 关系，即流变曲线。

但是，利用式(3.7-6)计算出的多晶体流变曲线与实验结果符合得并不好。对此 Taylor 进行了深入的研究。Taylor 提出 Sachs 的处理中各晶粒都用取向最有利的滑移系滑移的假定是不现实的。多晶体变形时为了保持材料的连续性各晶粒不能各自独立变形，为保持晶界不出现裂缝或物质的堆积必须发生多滑移，而不仅仅是最有利的滑移系滑移。因为宏观应变共有 6 个分量，而塑性变形过程中有体积不变，即 $\varepsilon_x + \varepsilon_y + \varepsilon_z = 0$ 的限制，故它有 5 个独立的应变分量。也就是说，至少有 5 个滑移系同时开动的情况下，晶粒才能变形成任何形状以协调周围其他晶粒变形引起的形状变化，从而满足多晶体变形的要求，这就是 von Mises 条件。

现考虑 n 个滑移系开动的情况。参加的滑移系变形功总和为 $\sum_{i=1}^{n} \tau_i \mathrm{d}\gamma_i$，而外应力 σ 产生拉伸应变 $\mathrm{d}\varepsilon$ 时所做的功为 $\sigma\mathrm{d}\varepsilon$，于是：

$$\sigma\mathrm{d}\varepsilon = \sum_{i=1}^{n} \tau_i \mathrm{d}\gamma_i \tag{3.7-7}$$

设各滑移系的临界切应力相等，则：

$$\sigma\mathrm{d}\varepsilon = \tau \sum_{i=1}^{n} \mathrm{d}\gamma_i \tag{3.7-8}$$

即：

$$\overline{m} = \frac{\sigma}{\tau} = \frac{\sum_{i=1}^{n} |\mathrm{d}\gamma_i|}{\mathrm{d}\varepsilon} \tag{3.7-9}$$

Taylor 利用式(3.7-9)对 fcc 晶体进行计算，得到 $\overline{m} = 3.1$，称为 Taylor 因子。

利用单晶体的流变曲线计算出的多晶体流变曲线与实验曲线的比较如图 3.7-2 所示。用〈111〉取向的单晶体曲线计算出的多晶体流变曲线(图中曲线 2)与实验曲线(图中实线 1)

比较吻合，但从极图三角形中心取向单晶体的计算曲线(图中曲线3)与实验值相差较大，说明 Taylor 的理论有待进一步完善。

对体心立方晶体也可以用类似的方法得到类似的结果。但是，正如3.4.1节所述，由于体心立方晶体的滑移系多且容易交滑移，实际上的宏观滑移面不是严格的晶体学上的滑移系，而很可能是〈111〉晶带面中最有利的面。因此，体心立方金属多晶体的平均 Schmid 因子可以取单晶体的 m 值，即 $\overline{m}=2$。

对密排六方晶体则很难利用 Taylor 理论计算多晶体流变曲线。这是因为密排六方结构金属单晶和多晶体的变形方式有较大区别，在多晶体中孪生方式变形和非基面的面滑移起重要作用，而单晶体滑移系均在基面上，即(0001)/〈1120〉滑移。

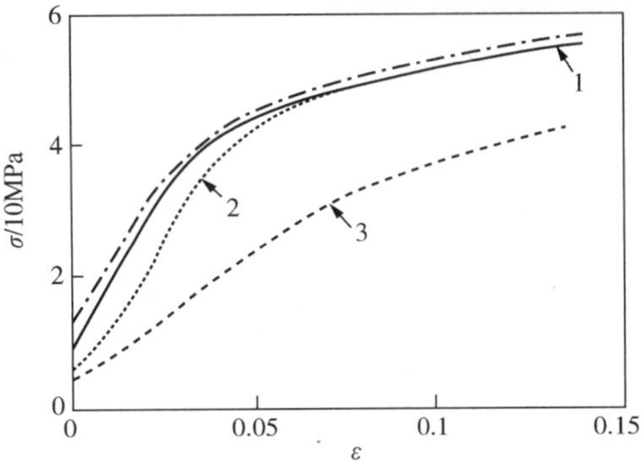

图3.7-2 铝单晶及多晶体真应变-真应力关系
1—多晶体实验曲线；
2—由〈111〉单晶曲线计算得到的多晶体流变曲线；
3—由极图三角形中心取向单晶体曲线计算得到的曲线

3.8 金属间化合物的塑性变形

3.8.1 晶体结构位错面缺陷

大多数有应用前景的金属间化合物是以体心立方、面心立方和密排六方晶格为基的超点阵结构。图3.8-1所示为体心立方为基的B2、DO_3和L1超点阵的描述。B2结构的AB型化合物中A原子占据α位置，B原子占据β和γ位置，NiAl、FeAl、NiTi等化合物具有这种结构。DO_3结构的A_3B型化合物中β位置被B原子占据，而其他两个位置被A原子占据，Fe_3Al、Fe_3Si具有这种结构。L1结构的A_2BC型化合物中α、β和γ位置分别被A、B和C原子占据。

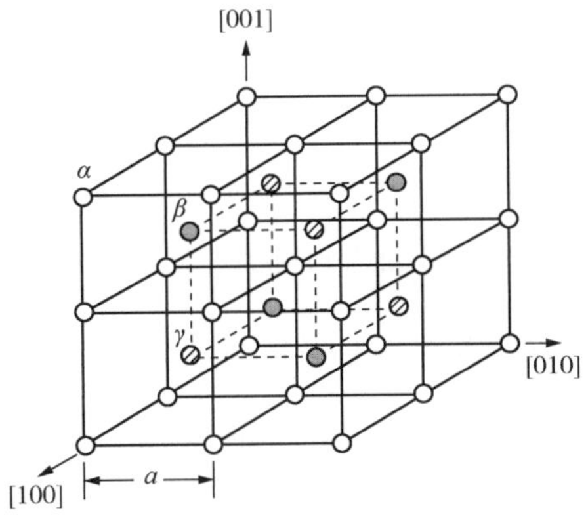

图3.8-1 bcc为基的金属间化合物的晶体结构

图3.8-2所示为面心立方为基的超点阵结构。$L1_2$结构的A_3B型化合物中B原子占据角上位置α，而面心位置β和γ被A原子所占据。Ni_3Al、Ti_3Sn_2、Mn_3Sn等化合物具有这种结构。

金属间化合物的类型和晶体结构种类繁多，本书中不可能详述这些内容，有兴趣的读者可参考有关专著。下面以实用上比较重要的$L1_2$、B2以及DO_{19}结构化合物为例，讨论其中的位错和面缺陷以及变形特点。

$L1_2$结构的滑移是在{111}面上沿〈110〉方向进行，超位错的伯格斯矢量是a〈110〉(以后简写成〈110〉)。像 fcc 中一样，〈110〉位错可分解成各种超分位错，同时形成三种不同的面缺陷，如图 3.8-3 所示。当 A 层相对 B 层位移 f_A 矢量后形成反相畴界(Antiphace Boundary，APB)，当位移矢量为 f_{SF} 时形成的面缺陷叫作超点阵内禀层错(Superlattice Intrinsic Stacking Fault，SISF)，而位移矢量 f_C 造成复杂层错(Complex Stacking Fault，CSF)。超位错的分解及相应面缺陷的形成可用位错反应来描述，即：

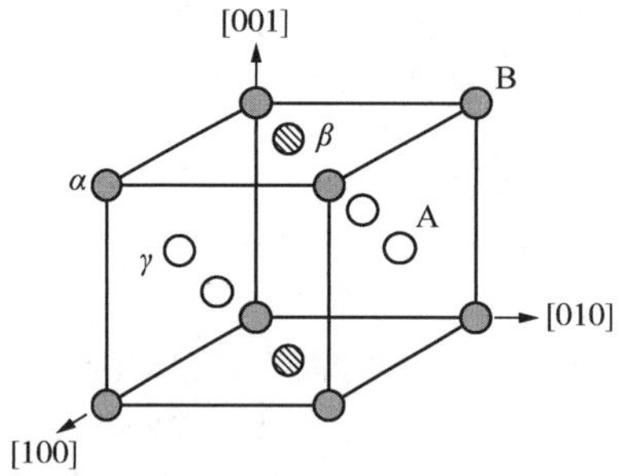

图 3.8-2　fcc 为基的金属间化合物的晶体结构

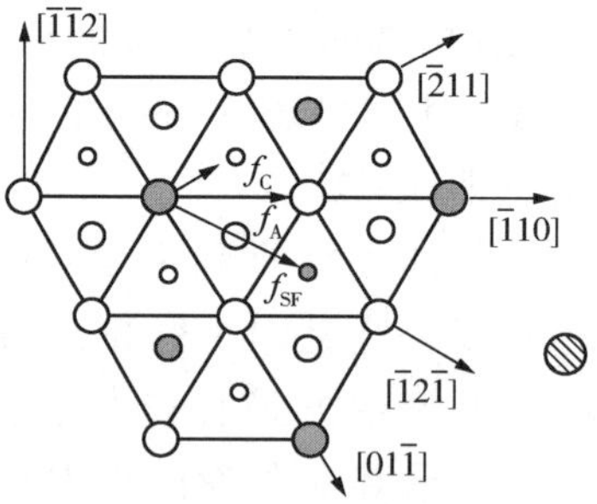

图 3.8-3　L1_2 结构的 A_3B 型化合物{111}面原子排列

$$[\bar{1}10]=\frac{1}{2}[\bar{1}10]+\mathrm{APB}+\frac{1}{2}[\bar{1}10] \qquad (3.8\text{-}1)$$

$$[\bar{1}10]=\frac{1}{6}[\bar{2}11]+\mathrm{CSF}+\frac{1}{6}[\bar{1}2\bar{1}]+\mathrm{APB}+\frac{1}{6}[\bar{2}11]+\mathrm{CSF}+\frac{1}{6}[\bar{1}2\bar{1}] \qquad (3.8\text{-}2)$$

$$[\bar{1}10]=\frac{1}{6}[\bar{2}11]+\mathrm{CSF}+\frac{1}{6}[\bar{1}2\bar{1}]+\mathrm{APB}+\frac{1}{6}[11\bar{2}]+\mathrm{SISF}+$$
$$\frac{1}{6}[\bar{1}\bar{1}2]+\mathrm{APB}+\frac{1}{6}[\bar{2}11]+\mathrm{CSF}+\frac{1}{6}[\bar{1}2\bar{1}] \qquad (3.8\text{-}3)$$

$$[\bar{1}10]=\frac{1}{3}[\bar{1}2\bar{1}]+\mathrm{SISF}+\frac{1}{3}[\bar{2}11] \qquad (3.8\text{-}4)$$

B2 结构中除 APB 外没有其他稳定的面缺陷。在可能的滑移面{110}和{112}上，位移矢量 $f=\frac{1}{2}[111]$ 能产生 APB。APB 能较高时，B_2 结构的滑移方向有可能从〈111〉方向变为〈001〉方向。哪一种滑移系开动与有序化能有关，Rachinger 等根据有序化能对 B2 型金属间化合物的滑移方向进行了预测。一个〈111〉超位错可分解为两个 $\frac{1}{2}$〈111〉超分位错，并产生一个 APB，在(hkl)面上扩展的两个超分位错距离 L 为：

$$L=\frac{a^2\sqrt{h^2+k^2+l^2}}{4VS^2h}\cdot\frac{Gb^2}{2\pi}\left[\cos^2\theta+\frac{\sin^2\theta}{(1-\nu)}\right] \qquad (3.8\text{-}5)$$

式中，V 为有序化能；S 为长程有序度；a 为晶格常数；θ 为伯格斯矢量与位错线的夹角。

有序化能低的化合物超位错的扩展宽度大，滑移方向一般为〈111〉方向；而高度有序化的化合物有序化能高，扩展宽度小，容易发生〈001〉滑移。

位错芯的结构对滑移方向也有重要作用。有序化改变位错芯的结构，使 B2 结构化合物中〈001〉螺型位错的位错芯原子位移大多限制在(110)面，呈平面形位错芯，因此〈001〉位错易在(110)面上滑移。

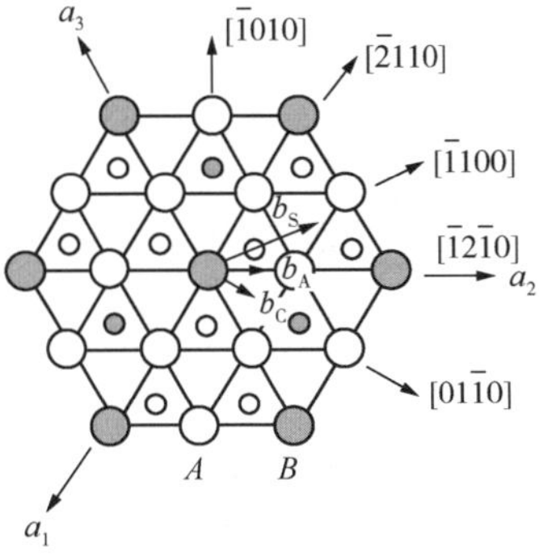

图 3.8-4 DO_{19}结构化合物在基面上的原子排列

DO_{19}结构是密排六方晶格为基的超点阵，其基面上存在 APB、SISF 和 CSF 三种面缺陷及相应的位错分解。DO_{19}结构基面上的原子排列与 $L1_2$ 结构的{111}面类似，如图 3.8-4 所示。将图 3.8-4 与图 3.8-3 进行比较，读者很容易弄清各面缺陷相应的位移矢量以及位错分解反应。

3.8.2 金属间化合物的流变应力

金属间化合物塑性变形最重要的特征是流变应力随温度升高而增大，即反常强化(anomalous strengthening)。至今许多金属间化合物中发现了这种与普通合金完全相反的现象。例如，$L1_2$ 结构化合物 Ni_3Al_2、Ni_3Ge、Ni_3Ga、Cu_3Au；B_2 结构的 CuZn、FeCo、CoTi；DO_3 结构的 Fe_3Al 等。图 3.8-5 所示为 $L1_2$ 结构化合物 Ni_3Ga 的临界切应力与温度的关系。可以看出，反常强化有两个特点：一是反常强化出现在中等温度范围，温度超过某一临界温度时流变应力开始降低；二是反常强化与晶体取向有关，不同取向晶体的强化程度不同。

图 3.8-6 所示为 B_2 结构的 CuZn 化合物的临界切应力与温度的关系，同样表现出随温度升高临界切应力增加，超过某一临界温度后开始下降，反常强化强烈地依赖于晶体取向。

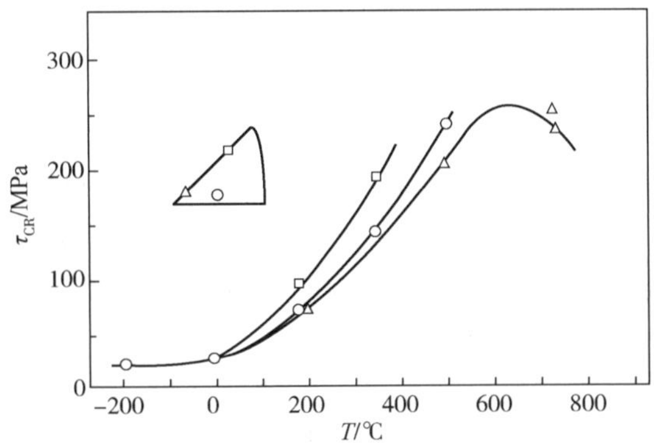

图 3.8-5 Ni_3Ga 单晶的反常强化

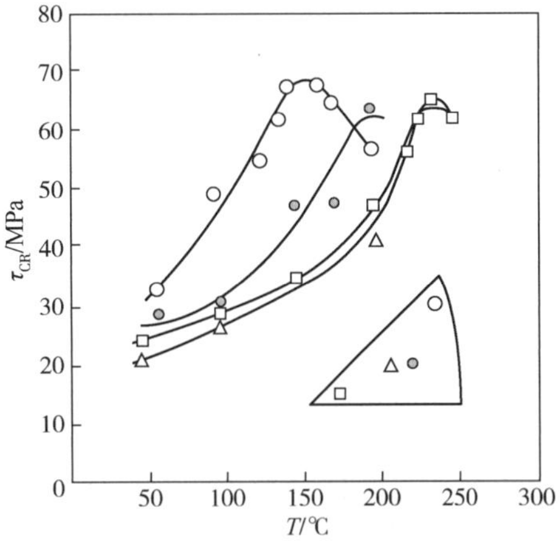

图 3.8-6 B_2 结构的 CuZn 化合物单晶的反常强化

关于反常强化的机制，目前已提出了几种模型，其中交滑移模型得到了最广泛的认同。Kear 和 Wilsdorf 首先提出交滑移模型，在{111}面上运动的螺位错的一部分位错段交滑移到能量上更为有利的{001}面，使整个螺位错的可动性降低。因为在中温范围内交滑移容易发生，因此，在中温区随温度升高流变应力显著提高。Takeuchi 和 Kuramoto 进一步改进了交

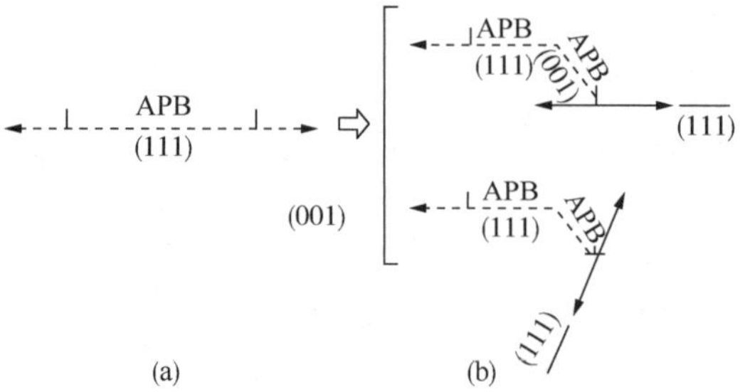

图 3.8-7　L_2 结构中〈110〉超位错的分解和交滑移

滑移模型，使之更清晰地解释临界切应力对晶体取向及温度的依赖性。在{111}面上运动的螺位错的一部分，通过热激活过程交滑移到{001}面，交滑移的位错段对整个螺位错起“拖曳点”的作用。有关位错芯结构的分析回答了为什么交滑移到{001}面后成为不可动位错。一方面，{111}面上 APB 后的一个$\frac{1}{2}$〈110〉超分位错具有完整的平面位错芯，并在{111}平面上扩展，所以这种位错容易在{111}面上运动，如图 3.8-7(a)所示。另一方面，交滑移到{001}面上带有 APB 的$\frac{1}{2}$〈110〉，超分位错的芯不在{001}面上扩展，而是在{111}面上扩展，如图 3.8-7(b)所示。因此，超分位错在{001}面上是不可动的，成为整个位错运动的拖曳点。交滑移是热激活过程，温度越高通过交滑移产生更多的拖曳点，位错克服拖曳点运动所需应力也越大，这就是流变应力反常温度依赖性的原因。另外，螺位错交滑移到{001}面上的驱动力是外应力在{001}面上的分切应力，晶体对应力轴的取向不同，{001}面上的分切应力也不同，发生上述交滑移的程度也不同。这就是反常强化与晶体取向有关的原因。

3.8.3　塑性与脆性

金属间化合物塑性变形的另一个显著特点是低温脆性，大多数金属间化合物在室温下延性很差，成为金属间化合物工程应用的主要障碍。以下简要介绍产生低温脆性的主要原因。

1. 结合键的特性

不同种类的原子构成晶体时，因其外层电子云分布不同形成不同类型的化学键，而结合键的方式和强度决定了晶体的各种物理力学性能。金属键使晶体具有良好的导电性和塑性而强度较低，共价键使晶体具有高的强度和熔点，但导电性和塑性较差。陶瓷以共价键为主，表现高的强度，但几乎没有塑性。金属间化合物因晶体结构的长程有序特性，其化学键为金属键和共价键的混合键，因此塑性和强度介于金属与陶瓷之间。

各种金属间化合物中，有序键合越强，P-N 力越大，越难以发生塑性变形。当断裂强度低于 P-N 力时，晶体在未产生明显塑性变形的情况下断裂，表现出脆性。

2. 晶体结构的对称性

晶体的对称性决定滑移系和位错类型。与无序点阵相比，有序点阵的滑移系和位错结构变得复杂，导致塑性降低。例如 B_2 型 FeCo 化合物在中温区有一个有序-无序转变，无序态室温延伸率达 15%，而其有序态的室温延伸率大大降低。晶体结构对称性作用的本质可能是对称性低的晶体可开动的滑移系数目少和位错可动性低，如滑移系数目少于 5 个(不满足 Von Mises 条件)，就会表现出脆性。但对金属间化合物而言，Von Mises 判据不是保证塑性的充分条件，NiAl 化合物具有很高的对称性，因而具有足够的独立滑移系数目，但仍很脆。因此，金属间化合物脆性的本质是复杂和多样化的，搞清脆性的本质还需进行大量的研究。

3. 晶界脆性

许多金属间化合物，如 Ni_3Al 的单晶表现良好的室温塑性，但多晶却很脆。从晶体结构上看，Ni_3Al 的晶体对称性应当有足够的独立滑移系以保证各晶粒的协调变形。这说明多晶合金室温脆性与晶界弱化有关。实际上，这类化合物的沿晶断裂方式也证实了晶界脆化。

晶界脆化的本质可能与晶界本身的结构和晶界上化学键合的特性有关。一般认为，组成化合物的元素具有相近的化学特性时，晶界处不会形成很强的极性键，使晶界具有较高的强度。几种 $L1_2$ 型化合物的宏观断裂方式和组成元素的化学特性，以及原子尺寸的关系见表 3. 8-1。

表 3. 8-1　影响 $L1_2$ 型 Ni_3X 化合物断裂方式的各种组成元素因素

化合物	化学价差	电负性差	原子尺寸比	断裂方式	
	未加硼	添加硼			
Ni_3Fe	0. 2	-0. 08	1. 02	塑断	—
Ni_3Al	3. 0	-0. 30	1. 135	脆断	塑断
Ni_3Ga	3. 0	-0. 10	1. 083	脆断	塑断
Ni_3Ge	4. 0	-0. 10	1. 132	脆断	塑断

由表 3. 8-1 可知，组成元素的原子化学价差和电负性差越大，化合物塑性越差；组成元素的原子尺寸越接近，晶界结合强度越高，塑性越好。

4. 氢脆

室温环境脆化现象在许多金属间化合物中都观察到了。例如 Ni_3Al 在空气中，特别是在湿润的空气中表现出对环境的敏感性。次化学计量比的多晶 Ni_3Al，在实验室环境下的室温延伸率约为 2. 5%，而在干燥氧环境中的室温延伸率则高达约 8%，这通常归因于空气中的水气与金属原子反应生成的氢原子引起的氢脆作用。通常应变速率越高，氢对延伸率和强度的影响越小，但屈服强度通常对应变速率和环境不很敏感。这表明氢脆是一个动态过程，是氢原子在裂纹尖端的运动和反应的结果，而不是原子在晶界偏析的静态作用。在单晶的 Co_3Ti 化合物中也观察到氢脆现象，表明位错和其他缺陷都可能在氢脆过程中起作用。

3. 8. 4　改善塑性措施

改善塑性的主要途径包括合金化、晶粒细化、提高晶体对称性（通过晶体结构转变）和显微组织控制。微合金化作用的最典型例证是在多晶的 Ni_3Al 中添加微量 B 后明显地消除了沿晶脆性断裂，大幅度提高室温塑性。这一由 Aoki 和 Izumi 在 20 世纪 70 年代末的发现大大刺激和推动了金属间化合物的研究。B 的作用机理得到了广泛的研究。俄歇电子谱仪的实验结果表明添加的 B 在晶界偏析导致晶界强化。B 在晶界偏析量受合金中 Al 含量的影响，同时 B 在晶界的偏析有助于 Ni 在晶界偏析。根据俄歇电子谱仪测得的结果估计 Ni_3Al 合金的成分正好为化学计量比时，晶界处 B 的摩尔分数含量约为 5%，但摩尔分数成分为

Ni-24%Al 时，晶界处 B 的摩尔分数含量约为 10%。B 在晶界处的偏析可能导致形成强原子键合，使晶界结合强度提高。

B 改善多晶 Ni_3Al 塑性的另一种解释基于晶界结构。在 Ni_3Al 中每一 Al 原子周围有 12 个近邻 Ni 原子。这种原子的有序排列关系在晶界处有了改变，会出现 Al-Al 键合，而一些 Ni-Al 键合消失。Al-Al 键合的出现会导致晶界处原子键合的不均匀性和减弱晶界结合力。添加 B 可能改善这种晶界结构，甚至可能会导致晶界处形成无序原子排列层。

类似晶体结构之间的相对稳定性的优化也是改善塑性的途径之一。在 A_3B 型化合物中，通过降低电子密度，可使立方有序结构相对六方有序结构更为稳定。用 Fe 部分替代具有 DO_{19}结构的 Co_3V 化合物中的 Co 可以形成具有良好塑性的 L_2 型 $(Fe, Co)_3V$ 化合物。增加独立滑移系数目，使多晶的滑移满足 von Mises 的独立滑移系数目条件也是提高塑性的途径之一。

应当指出的是，虽然在改善金属间化合物的塑性方面进行了大量研究，但室温脆性仍是金属间化合物工程应用的主要障碍之一，仍需做大量研究工作。

参 考 文 献

[1] Macmillan N H. Theoretical strength of solids[J]. Journal of Materials Science, 1972, 7: 39.

[3] Nabarro F R N. Dislocations in crystals[J]. Proceedings of the Physical Society, 1947, 59(1): 256.

[4] Peierls R. The size of a dislocation[J]. Proceedings of the Physical Society, 1940, 52(1): 34.

[6] Takeuchis and Suzuki T. Strength of Metals and Al-loys[M]. Oxford: Pergamon Press, 1989, 8(1): 161.

[7] G I Taylor. The mechanism of plastic deformation of crystals[J]. The Royal Society 1934, A145: 362.

[8] Seeger A. Dislocations and Mechanical Properties of Crystals[M]. New York : John Wiley, 1957.

[9] Seeger A. In: HIRTH JP, WEERTMANJ, ed. Work hardening[M]. NewYork: Gorden and Breach , 1968.

[10] Morris M A, Martin J L. Microstructural dependence of effective stresses and activation volumes during creep [J]. Acta Metall, 1984, 32(10): 1609-1623.

[11] Argon A S, Takeuchi S. Internal stresses in power-law creep[J]. Acta Metall, 1981, 29(11): 1877-1884.

[12] Carrincton We, Hale Kf, Melean D. Arrangement of dislocations in iron[J]. Pre. Roy. Soe, 1960, 259 (1297): 203-277.

[13] Schoeck A, Frydman R. The Contribution of the Dislocation Forest to the Flow Stress[J]. Phys Status Solidi (b), 1972, 53(2): 661-673.

[14] Rüsch W, Frydman R, Schoeck A. The Strength of the Dislocation Forest for 30° and 60° Dislocations [J]. Phys. Status Solidi(a), 1982, 74(1): 211-216.

[15] Seeger A. The generation of lattice defects by moving dislocations, and its application to the temperature dependence of the flow-stress of F. C. C. crystals[J]. Phil. Mag, 1955, 46(382): 1194-1217.

[16] Basinski Z S. Activation energy for creep of aluminium at sub-atmospheric temperatures[J]. Acta Metall, 1957, 5(11): 684-686.

[17] Basinski Z S. Thermally activated glide in face-centred cubic metals and its application to the theory of strain hardening[J]. Phil. Mag, 1959, 4(40): 393-432.

[18] Hirth Jp, Nix Wd. An Analysis of the Thermodynamics of Dislocation Glide[J]. Phys Status Solidi, 1969, 35 (1): 177-188.

[19] 高村仁一. 金属の力学的性质[M]. 东京：丸善株式会社，1975.
[20] Mitchell T E, Thornton P R. The work-hardening characteristics of Cu and α-brass single crystals between 4·2 and 500°K[J]. Phil. Mag, 1963, 8(91): 1127-1159.
[21] Lücke K, Masing G, Schröder K. Dehnversuche an Zink-Einkristallen[J]. International Journal of Materials Research, 1955, 46: 792-800.
[22] SestáK B. Conf. on the Strength of metals and Alloys[J]. Oxford: Pergamon Press, 1979. 5(3): 1461.
[23] Hansen N. Polycrystalline strengthening[J]. Metall. Trans, 1985, 16(12): 2167-2190.
[24] Siethoff H, Schroeter W. Work hardening and dynamical recovery in silicon and germanium at high temperatures and comparison with FCC metals[J]. Scripta Metall, 1983, 17: 393-398.
[25] Siethoff H. Cross-slip in the high-temperature deformation of germanium, silicon and indium antimonide [J]. Phil. Mag, 1983, 47: 657-669.
[26] 冯端. 金属物理学：第三卷金属力学性质[M]. 北京：科学出版社，1999，389.
[27] 哈宽富. 金属力学性质的微观理论[M]. 北京：科学出版社，1983，351.
[28] Fleishcher R L. Substitutional solution hardening[J]. Acta Metall, 1963, 11(3): 203-209.
[29] Stehle H, Seeger A. Elektronentheoretische Untersuchungen über Fehlstellen in Metallen[J]. Z. Phys, 1956, 146: 217-241.
[30] Portevin A, Le Chatelier F. Sur un phénomène observé lors de l' essai de traction d' alliages en cours de transformation[J]. C. R. Sci, 1923, 176: 507-510.
[31] Rãuchle W, Vöhringer O, Macherauch E. Der Portevin-Le Chatelier-effekt bei α-kupfer-zinn-legierungen [J]. Mater. Sei. Engineeving, 1973, 12(3-4): 147-161.
[32] Rãuchle W, Vöhringer O, Macherauch E. Zum Einfluß von Korngröße und Leerstellenausheilung auf den Portevin-Le Chatelier-Effekt[J]. Z. Metallkde, 1973, 64(1): 46-49.
[33] Kalk A, Schwink C. On Sequences of Alternate Stable and Unstable Regions along Tensile Deformation Curves [J]. Phys. Status Solidi(b), 1992, 172: 133-144.
[34] [法]普瓦里埃. 品体的高温塑性变形[M]. 关德林，译. 大连：大连理工大学出版社，1989.
[35] Weertman J. Steady-State Creep through Dislocation Climb[J]. J. Appl. Phis, 1957, 28: 362-364.
[36] Weertman J. Steady-State Creep of Crystals[J]. J. Appl. Phis, 1957, 28(10): 1185-1189.
[37] 哈宽富. 金属力学性质的微观理论[M]. 北京：科学出版社，1983，390.
[38] Hall E O. The Deformation and ageing of mild steel: Ⅲ discussion of results[J]. Prc. Phys. Soc. B, 1951, 64: 747-753.
[39] Petch N I. The Cleavage Strength of Polycrystals[J]. J. lron Steel Inst, 1953, 173: 25-28.
[40] Suits J C, Chalmers B. Plastic microstrain in silicon-iron[J]. Acta Metall, 1961, 9(9): 854-860.
[41] Taylor G I. Plastic strain in metals[J]. J. Inst. Metals, 1938. 62: 307-324.
[42] Rachinger W A, Cottrell A H. Slip in crystals of the caesium chloride type[J]. Acta Metall, 1956, 4(2): 109-113.
[43] Wee D M, Suzuki T. The Temperature Dependence of Hardness of $L1_2$ Ordered Alloys[J]. Japan Inst. Metals, 1979, 20(11): 634-646.
[44] Umakome Y, Boland J R, Pope D P, et al. The temperature and orientation dependence of the flow stress of ordered and disordered (Fe, Co)3V single crystals[J]. Mater. Sei. Engineering, 1984, 64(1): 27-35.
[45] Takeuchi S, Kumamoto E. Temperature and orientation dependence of the yield stress in Ni{in3}Ga single crystals[J]. Acta Metall, 1973, 21(4): 415-425.

[46] Kawabata T, Kanai T, Izumi O. Positive temperature dependence of the yield stress in TiAl L10 type superlattice intermetallic compound single crystals at 293–1273 K[J]. Acta Metall, 1985, 33(7): 1355–1366.

[47] Umakoshi Y, Yamaguchi M, Namba Y, et al. The effect of crlstal orientation on the strength anomall in β Culn at around 200℃[J]. Acta Metall, 1976, 24(1): 89–93.

[48] Kear B H. Dislocation configurations and work hardening in Cu_3Au crystals[J]. Acta Metallurgica, 1962, 12 (5): 555–569.

[49] Yamaguchi M, Paidar V, Pope D P. Dissociation and core structure of<110>screw dislocations in $L1_2$ ordered alloys I. Core structure in an unstressed crystal[J]. Phil. Mag. A, 1982, 45(5): 867–882.

[50] Paidar V, Yamaguchi M, Pope D P, et al. Dissociation and core structure of<110>screw dislocations in $L1_2$ ordered alloys Ⅱ. Effects of an applied shear stress[J]. Phil. Mag. A, 1982, 45(5): 883–894.

[51] Aoki K, Izum O. Improvement in Room Temperature Ductility of the $L1_2$Type Intermetallic Compound Ni_3Al by Boron Addition[J]. J. Jap. Inst. Metals, 1979, 43(12): 1190–1196.

[52] Liu C T, White C L, Horton J A. Effect of boron on grain–boundaries in Ni_3Al[J]. Acta Metall, 1985, 33 (2): 213–229.

[53] Baker I, Schulson E M, Horton J A. In – situ straining of Ni_3Al in a transmission electron microscope [J]. Acta Metall, 1987, 35(7): 1533–1541.

[54] King A H, Yoo M H. On the availability of dislocation reactions at grain boundaries in cubic ordered alloys [J]. Scripta Metall, 1987, 21(8): 1115–1119.

第 4 章　材料的断裂

4.1　断裂的分类

金属材料的破坏形态依赖于材料、加载条件、环境等因素。从宏观形态上来分，有拉伸断裂和剪切断裂；从塑性变形发生的难易程度来分，有脆性断裂(brittle fracture)和韧性断裂(ductile fracture)；从金属组织结构形式来分，有穿晶断裂(transgranular fracture)和沿晶断裂(intergranular fracture)；从外部加载方式来分，有静破坏、冲击破坏、疲劳、高温蠕变断裂等。

4.1.1　韧性断裂和脆性断裂

韧性断裂是指构件经过大量变形后发生的断裂，主要特征是发生了明显的宏观塑性变形(不包括压缩失稳)，如杆件的过量伸长或弯曲、容器的过量鼓胀。断口的尺寸(如直径、厚度)比原始尺寸也有明显变化。韧性断裂的断口一般能寻见纤维区和剪唇区。断口尺度较大时还出现放射形及人字形山脊状花纹。形成纤维区断口的断裂机制一般是"微孔聚合"，在电子显微镜中呈韧窝状花样。

韧性断裂一般由超载引起，而材料的塑性与韧性又很优良。纤维区一般是断裂源区。剪切唇总是在断口的边缘，并与构件的表面约成45°夹角，是在平面应力受力条件下发生剪切撕裂而形成的断口，剪切唇表面较光滑，断裂时的名义应力高于材料的屈服强度。

断口微观形貌通常有韧窝，韧窝是材料在微区范围内塑性变形产生的显微空洞，经形核、长大、聚集，最后相互连接而导致断裂后，在断口表面所留下的痕迹，如图 4.1-1 所示。

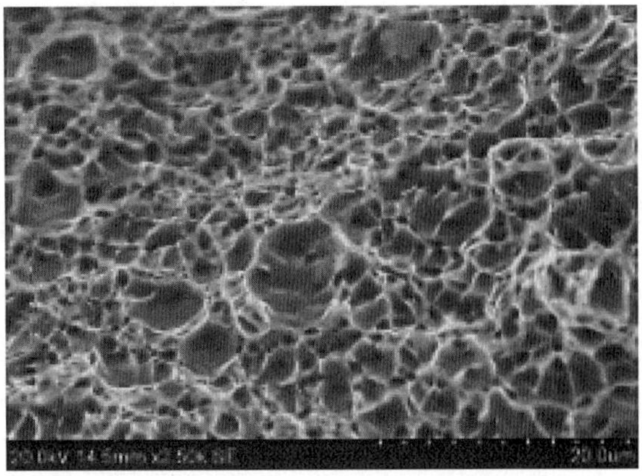

图 4.1-1　韧性断裂断口微观形貌 SEM 图

脆性断裂是指构件未经明显的变形而发生的断裂。断裂时材料几乎没有发生过塑性变形。如杆件脆断时没有明显的伸长或弯曲，更无缩颈，容器破裂时没有直径的增大及壁厚的减薄。脆断的构件常形成碎片。材料的脆性是引起构件脆断的重要原因。因构件中存在严重缺陷(如裂纹)发生低应力脆断时也具有脆性断裂的宏观特征，但此时材料不一定很脆。因材料脆性而发生的脆断断口"呈结晶状"，有金属光泽，断口与主应力垂直，也即与构件表面垂直，断口平齐。而脆性断裂可表现为以下三种方式。

(1) 单晶体：解理断裂，裂纹沿解理面扩展；

(2) 多晶体：沿晶断裂，裂纹走向沿着晶面，而并不在某一平面内运动；

(3) 穿晶(晶内)断裂，裂纹沿着多晶粒的易解理面穿过。

图 4.1-2 所示为断裂的四种基本类型。图 4.1-2(a)中，断面和拉力轴线垂直，材料无明显塑性变形，这种断裂属于脆性断裂。图 4.1-2(b)~(d)所示的断裂都属于韧性断裂。其中图 4.1-2(b)所示为剪切断裂，单晶体在拉力作用下沿着一组平行滑移面滑移，最终因剪切分离而断裂，其断裂面就是滑移面；图 4.1-2(c)所示为韧性非常好的金属(如金和锡)因拉伸而产生严重的塑性变形，直至拉细到一点才断开，这是完全的韧性断裂；图 4.1-2(d)所示为具有中等韧性的多晶体金属常见的断裂形式，在拉伸颈缩区中心部位首先产生裂纹或孔洞，然后沿横向扩展，最后试件在表层附近剪断，形成杯锥(cup-cone)状断口。

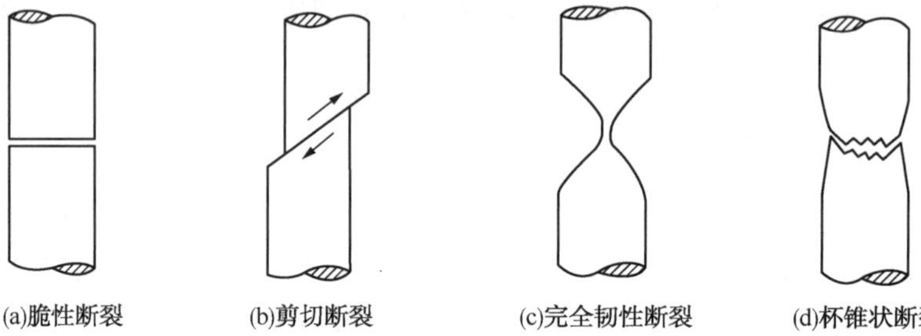

图 4.1-2　单轴拉伸断裂形式

4.1.2　沿晶断裂和穿晶断裂

如果根据裂纹扩展的途径来分类，可将多晶体金属的断裂分为穿晶断裂和沿晶断裂两种形式。沿晶断裂多数属于脆性断裂，其特点是裂纹沿晶界扩展[见图 4.1-3(a)]，断口呈颗粒状[见图 4.1-4(a)]。穿晶断裂的特点是裂纹穿过晶粒内部[见图 4.1-3(b)]，穿晶断裂可能是韧性的，也可能是脆性的。

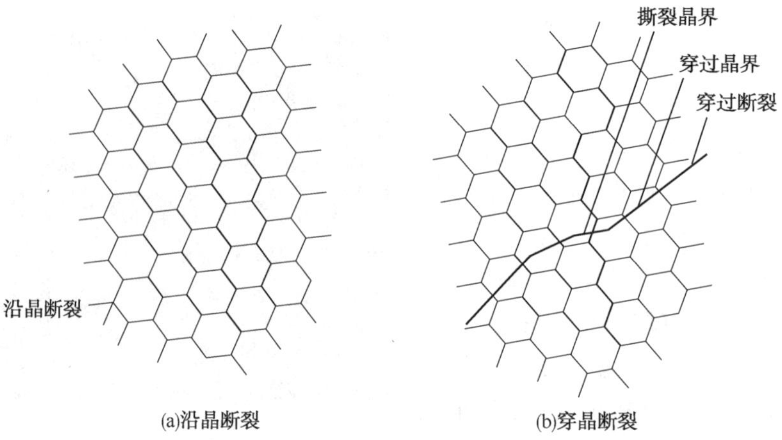

图 4.1-3　沿晶断裂和穿晶断裂

材料破坏后，对断面进行显微观察，可以发现其特有的破坏特征。不论是穿晶断裂还是沿晶断裂，解理断裂、微孔洞汇聚断裂、滑移面分离这三种破坏形态都可以同时出现。一般情况下，实际材料的破坏也是几种破坏形态共存，只不过某一形态占主导地位。图 4. 1-4(a) ~ (c)所示分别为沿晶断裂、解理断裂、微孔洞汇聚断裂破坏形态的显微照片。

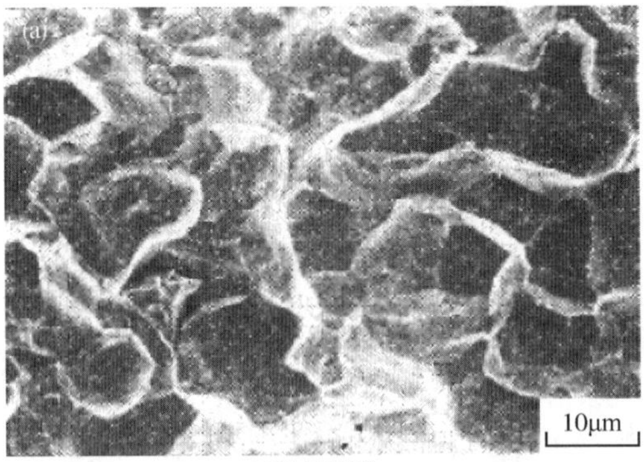

(a)沿晶断裂

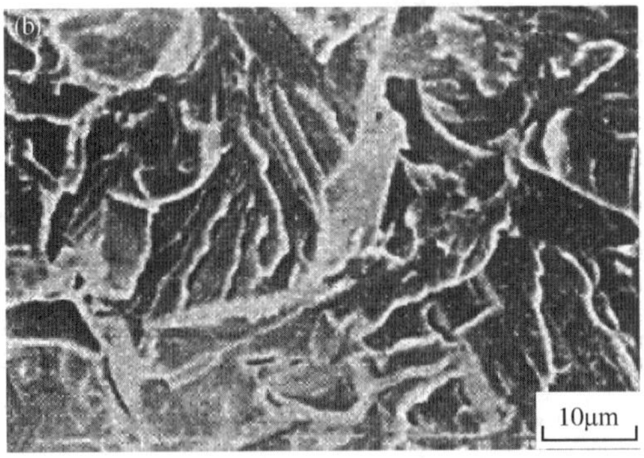

(b)解理断裂

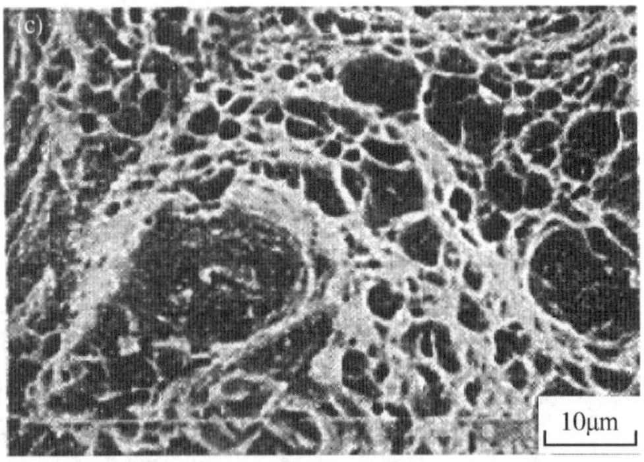

(c)微孔洞汇聚断裂

图 4. 1-4　破坏形态

4. 1. 3　解理断裂

解理断裂是指在拉应力的作用下，由于原子间的结合键被破坏，材料沿着一定的结晶学平面(解理面)劈开而导致的穿晶断裂。解理断裂是脆性断裂。体心立方、密排六方晶格金属在低温、应力集中及冲击加载条件下易发生解理断裂，面心立方晶格金属因为具有较好的塑性，一般不出现解理断裂。表 4. 1-1 所示为部分金属的解理面及解理断裂的临界正应力。

表 4. 1-1　金属晶体的解理面及解理临界正应力

金属	晶格类型	解理面	解理断裂的临界正应力/MPa	温度/℃
铁	体心立方	(001)	260	-100
		(001)	276	-185
钨	体心立方	(001)	—	—

续表

金属	品格类型	解理面	解理断裂的临界正应力/MPa	温度/℃
镁	密排六方	(0001), $(10\bar{1}1)$ $(10\bar{1}2)$, $(10\bar{1}0)$	—	—
锌	密排六方	(0001)	1.8~2.0	-185
锌(0.03%镉)	密排六方	(0001) (0001) $(10\bar{1}0)$	1.9 1.9 18.0	-80 -185 185
锌(0.13%镉)	密排六方	(0001)	3.0	-185
锌(0.53%镉)	密排六方	(0001)	12.0	-185
碲	六方	$(10\bar{1}0)$	4.3	+20
铋	菱方	(111) (111) $(11\bar{1})$	3.2 3.2 6.9	+20 -80 +20
锑	菱方	$(11\bar{1})$	6.6	+20

理想的解理断裂的断口形貌应是一个平坦完整的晶面，但由于晶体中存在各种缺陷，因此断裂并非沿单一的晶面，而是沿一族相互平行的晶面(均为解理面)发生。在高度不同的平行解理面之间存在解理台阶，在电子显微镜下观察解理断口，可看到由解理台阶的侧面汇合形成的“河流”状图形。解理断裂是沿特定的晶面发生的原子之间的拉伸分断，断口上留下解理痕迹，几乎不伴有塑性变形(见图 4.1-5)。对于多晶体受拉伸的情况，宏观断面与拉应力垂直。从微观上看，断面是由各晶粒的解理面(与宏观断口的断面并非完全一致)构成的。单个晶粒内的微小解理面称为小刻面，小刻面上往往存在解理台阶，是晶粒内两个沿高度不同的平行解理面扩展的解理裂纹相交时产生的。

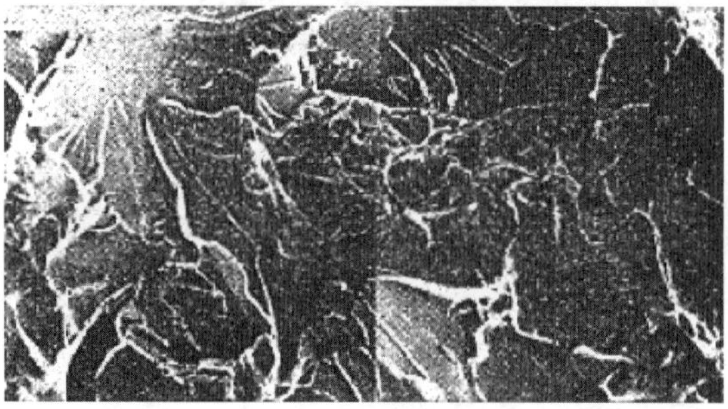

图 4.1-5　低碳钢解理断裂

如图 4.1-6 所示，断裂过程中，反方向的两个台阶可以合并而消失[见图 4.1-6(a)]，同方向的台阶合并形成较大的台阶[见图 4.1-6(b)]。沿裂纹的传播方向，裂纹与落差较小的段合流，逐步变为落差较大的段[见图 4.1-6(c)]。这类似于主干河流与支流的关系，断面的这种特征形貌称为河流形貌(river pattern，见图 4.1-7)。从断口的河流形貌可以判定破坏类别为解理断裂，还可判定破坏的起点以及裂纹的传播方向等。解理破坏大多以材料固有缺陷为起点而发生，此外，对于多晶体材料，当特定晶粒内的滑移在晶界受阻，产生严重的应力集中现象时，可以诱导相邻晶粒发生解理破坏。

解理断裂是在正应力作用下产生的一种穿晶断裂，即断裂面沿一定的晶面(解理面)分离。解理断裂常见于体心立方和密排六方晶格金属及合金，低温、冲击载荷和应力集中常促使解理断裂的发生。面心立方金属很少发生解理断裂。解理断裂通常是宏观脆性断裂，它的裂纹发展十分迅速，常常造成零件或构件灾难性的崩溃。

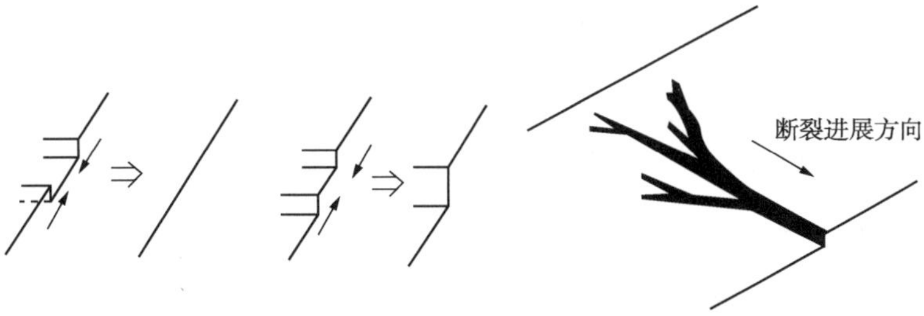

(a)反方向台阶合并　(b)同方向台阶合并　(c)合流示意

图 4.1-6　河流形貌产生机理

解理断裂断口的轮廓垂直于最大拉应力方向。新鲜的断口都是晶粒状的，有许多强烈反光的小平面(称为解理刻面)。解理断口电子图像的主要特征是“河流花样”，河流花样中的每条支流都对应着一个不同高度的相互平行的解理面之间的台阶(见图 4.1-8)。解理裂纹扩展过程中，众多的台阶相互汇合，便形成了河流花样。在河流的“上游”，许多较小的台阶汇合成较大的台阶，到“下游”，较大的台阶又汇合成更大的台阶。河流的流向恰好与裂纹扩展方向一致。所以人们可以根据河流花样的流向，判断解理裂纹在微观区域内的扩展方向。

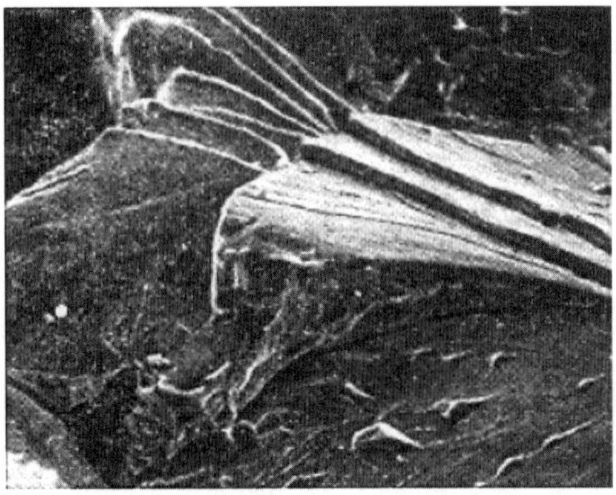

图 4.1-7　低碳钢断口的河流形貌

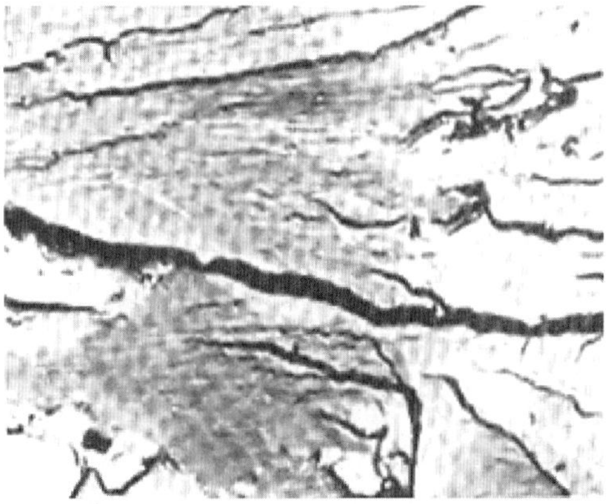

图 4.1-8　脆性断裂断口河流花样

对于解理断裂形成机理，现主要有两方面，一是位错塞积理论，二是位错反应理论。这两种理论都是基于裂纹的形成与位错运动有关这一观点而进行的阐述。

1. 位错塞积理论

甄纳(G. Zener)在 1948 年提出位错塞积理论。他认为，在切应力作用下，刃型位错在晶界前运动受阻而相互靠近从而形成位错塞积。当切应力达到某一临界值时，塞积在晶界处的位错形成高为 nb、长为 r 的楔形裂纹，这描述了裂纹的形成。实际解理断裂过程包括塑性变形产生裂纹；裂纹在同一晶粒内长大；裂纹穿过晶界扩展。

柯垂尔(A. H. Cottrell)推导出解理裂纹扩展的临界条件为：

$$\sigma nb=2\gamma \tag{4.1-1}$$

式中，σ 为外加正应力；n 为塞积位错数；b 为位错伯格斯矢量的模。这说明裂纹扩展施加正应力的功，必须等于产生裂纹新表面所需的能量。由位移关系可以得出：

$$\frac{(\tau-\tau_i)}{G}d=nb \tag{4.1-2}$$

将其带入式(4.1-1)得：

$$\sigma(\tau-\tau_i)d=2\gamma G \tag{4.1-3}$$

而屈服时($\tau=\tau_s$)，裂纹已经形成，根据霍尔-派奇关系式得：

$$\sigma_c=\frac{2G\gamma}{k_y\sqrt{d}} \tag{4.1-4}$$

式中，σ_c 为裂纹源面对直径为 d 的晶粒扩展所需的应力，也是屈服时是否发生解理断裂的判据。当晶粒直径 d 越小，σ_c 越高。

2. 位错反应理论

位错反应理论解释了晶内解理与 BCC 晶体的解理。在 BCC 晶体中，有两个相交滑移面$(10\bar{1})$和(101)与解理面(001)相交。沿着(101)面有伯格斯矢量为$\frac{a}{2}[\overline{11}1]$的刃型位错，$(10\bar{1})$面有伯格斯矢量为$\frac{a}{2}[111]$的刃型位错，两位错相遇发生下列反应：

$$\frac{a}{2}[\overline{11}1]+\frac{a}{2}[111]\rightarrow a[001] \tag{4.1-5}$$

新位错在(001)面上，然而(001)面不是 BCC 晶体的固有滑移面，故该位错为不动位错，结果两滑移面的位错群在附近产生塞积，从而产生裂纹。柯垂尔提出的位错反应是降低能量的过程，因此该过程是自动进行的。而 FCC 金属的位错反应过程并不是能量降低的过程，故 FCC 金属不会有该裂纹形成机理。

4.2 韧-脆转变

韧性脆性转变是指金属材料(特别是低强度结构钢)的韧性随温度降低而降低，由韧性断裂向脆性断裂转变。相应的特征转变点的温度称为韧脆转变温度。工程上用 V 型缺口冲击试样来测定吸收功和断口形貌与温度的关系，表征材料的韧-脆转变性能。

韧-脆转变特性与晶体结构和有序合金的成分有关，是评估有序化合金性能潜力的重要依据。通常应用缺口冲击试样测量金属材料的韧脆转变温度，典型的冲击试样的韧-脆转变曲线如图 4.2-1 所示。当温度较高时，冲击吸收功随温度缓慢变化，称为上平台区；当温度降低至某一很窄的温度范围内，冲击吸收功随温度降低而剧烈降低；当温度进一步降低时，冲击吸收功又随温度缓慢变化，称为下平台区。在上述韧脆转变过程中，相应的试样断口形貌也随之变化，由纤维断口向晶状或解理断口转变，根据冲击吸收功和断口形貌随温度的变化，定义了各种韧脆转变温度，主要有下列三种：

（1）NBTT——无脆性转变温度，相应于断口形貌由 100%纤维断口到开始出现晶状或解理断口所对应的温度。

（2）FATT——断裂形貌转变温度，相应于断口形貌为 50%纤维断口和 50%晶状或解理断口所对应的温度。

（3）NDTT——无延性转变温度，对应于断口形貌由纤维状和晶状（或解理）混合断口转变为 100%晶状或解理断口所对应的温度。

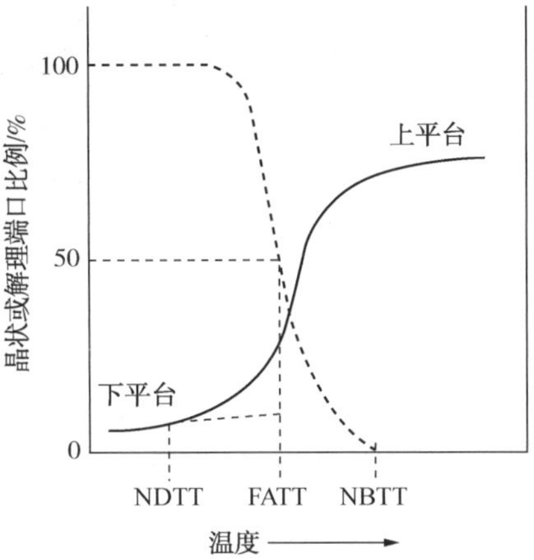

图 4.2-1　韧-脆转变温度曲线示意

在工程应用中，为防止构件脆断，应选择脆性转变温度低于构件下限工作温度的材料。对于那些含 N、P、As、Sb 和 Bi 等杂质元素较多，在长期运行过程中有可能发生时效脆化、回火脆性等现象的材料，其脆性转变温度会随运行时间而升高。因此，脆性转变温度以及脆性转变温度的增量已成为构件材料性能的考核指标之一。

4.2.1　温度与韧-脆转变的关系

材料会发生韧性断裂还是脆性断裂，除了与材料的自身因素（材料的成分、组织结构、杂质分布等）有关外，还与材料使用时的外部因素（应力状态、环境温度、形变速率和环境介质等）有关。因此，材料会发生韧性断裂还是脆性断裂并不是一定的。在某些条件下发生韧性断裂的材料，在另一些条件下可能会发生脆性断裂。增大材料厚度，使材料的受力状态由平面应力变为平面应变，提高应变速度，降低环境温度等，都可使材料变脆；此外，杂质在晶界偏析，以及尖锐切口的存在也会使材料变脆。

在室温条件下发生韧性断裂的材料，在低温环境下，或高应变速度加载，或处于复杂应力状态、存在力学约束等情况下，也会发生脆性断裂。这种现象称为韧-脆转变（ductile-to-brittle transition）。发生韧-脆转变时，既有可能发生断裂机理的改变，如由微孔洞汇聚断裂转变为解理断裂，也有可能不改变断裂机理，而仅仅是塑性变形大大减小。

温度对低碳钢韧-脆转变的影响如图 4.2-2 所示。图 4.2-2（a）所示为光滑试样的韧-脆转变示意图，图中 A 区是由于微孔洞汇聚而产生的韧性断裂区；C 区是几乎不发生塑性变形的解理脆性断裂区；B 区是转变区域。在 B 区，断裂应力、断面收缩率和韧性断裂的断面比率都发生急剧的变化。一般将韧性断裂的断面比率为 50%时的温度定义为裂纹扩展转变温度（Fracture Appearance Transition Temperature，FATT）。在 B 区，形成的解理裂纹越过最初障碍（晶界等）所需的应力就是相应的断裂强度。而 C 区的断裂强度取决于解理裂纹的成核条件。

缺口试样也有类似的韧-脆转变特性，如图 4.2-2（b）所示。缺口试样的转变温度较相同材料的光滑试样要高，即在某一温度条件下，光滑试样发生韧性断裂时，同一材料的缺口试样有可能发生脆性断裂。这是由于缺口根部的塑性约束效应使名义上的屈服应力增大了。在C区，缺口试样会在远低于σ_{ys}的应力下发生解理断裂，称为低应力脆断。

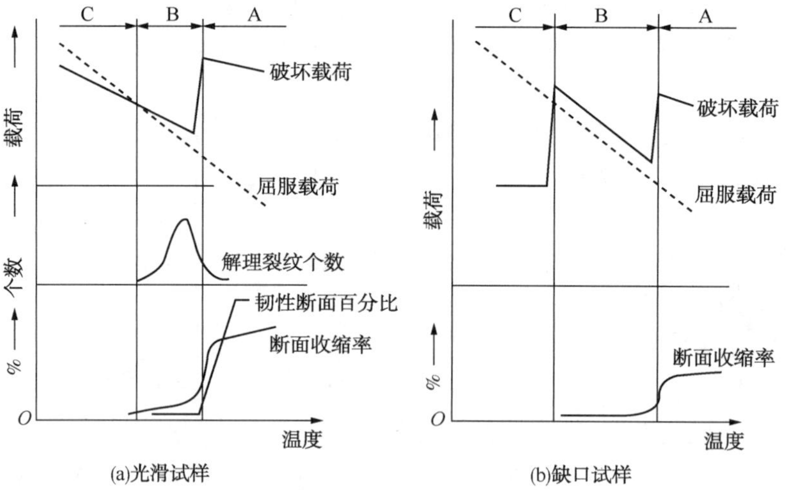

图 4.2-2　低碳钢韧-脆转变

4.2.2　缺口根部应力状态与韧-脆转变的关系

缺口并不完全等同于裂纹，缺口根部的应力分布如图4.2-3所示。对于弹性变形状态[见图4.2-3(a)]，σ_y从缺口根部起，随距离增加而降低；σ_x从零开始随距离增加而增大，达到最大值以后，又不断减小至零。所以，在离开缺口根部的某一位置，达到最强的三轴应力状态(平面应变假定)。对于弹塑性变形状态，应力分布如图4.2-3(b)所示。在相同的拉应力作用下，缺口根部的塑性区尺寸远大于裂纹尖端的塑性区尺寸。

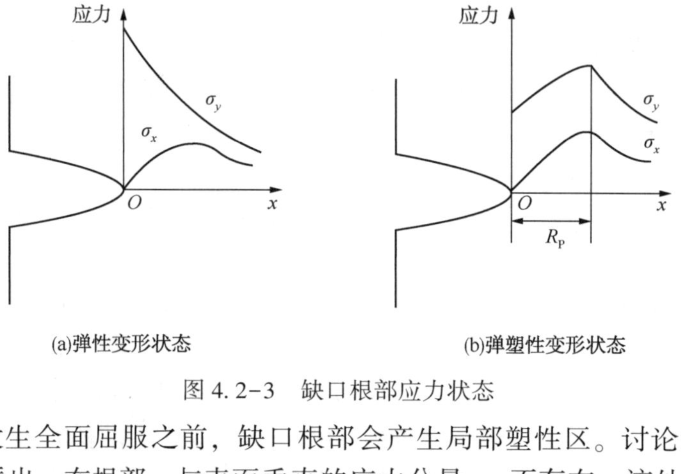

图 4.2-3　缺口根部应力状态

试样缺口在发生全面屈服之前，缺口根部会产生局部塑性区。讨论该塑性区的范围。由图4.2-3可以看出，在根部，与表面垂直的应力分量σ_x不存在。该处处于只有σ_y存在的单向应力状态，或处于同时存在σ_y和σ_z的二向应力状态。在离开根部后，σ_y随x单调减小，σ_x由零开始增加，而后再减小。因此，在离开根部的某一位置，应力状态达到最强的二向应力状态(平面应力假设)，或三向应力状态(平面应变假设)。当试样缺口根部产生塑性变形时，在塑性区内部，有如下分析结果：

$$\sigma_y=\sigma_{ys}\left\{1+\ln\left(1+\frac{x}{\rho}\right)\right\},\quad \sigma_x=\sigma_y-\sigma_{ys} \tag{4.2-1}$$

两者均随 x 的增大而增大，达到最大值的位置对应弹塑性的边界[见图 4.2-3(b)]，由此可以确定塑性区的大小(R_p)。

4.2.3　应力状态柔度系数和韧-脆转变的关系

在复杂的应力状态下，切应力和正应力分量对变形和断裂所起的作用是不同的。切应力使位错滑移，从而使材料产生塑性变形。位错在障碍物前的塞积则既可能激活位错源，引起新的塑性变形，又可能引起裂纹的萌生和发展。概括地讲，切应力会促进塑性变形产生和导致韧性断裂，拉伸应力则会导致脆性断裂。因此，研究金属在复杂应力状态下是发生脆性断裂还是发生韧性断裂，需要研究切应力和正应力的相对大小。复杂应力状态的柔度系数(或称为软性系数)定义为：

$$\alpha=\frac{\tau_{max}}{\sigma_{max}}=\frac{\sigma_1-\sigma_3}{2[\sigma_1-\mu(\sigma_2+\sigma_3)]} \tag{4.2-2}$$

式中，τ_{max} 为最大切应力，$\tau_{max}=(\sigma_1-\sigma_3)/2$；$\sigma_{max}$ 为按最大正应变条件计算得到的等效最大应力 $\sigma_{max}=\sigma_1-\mu(\sigma_2+\sigma_3)$。

一般来说，α 值越大，材料越易变形而不易开裂，即处于韧性状态；反过来，α 值越小，则越易产生脆性断裂。表 4.2-1 所示为几种典型加载方式下的柔度系数 α 的值。在三向等拉伸时，因为切应力分量为零，因而材料不易产生塑性变形，而易发生脆性断裂；单向压缩或多向压缩时，$\alpha\geqslant1$，材料处在一种柔度较大的应力状态。一个比较典型的实例是，当用某种压头在工件表面测布氏硬度时，其应力状态相当于三向不等压缩($\alpha>2$)，属于“软”应力状态。因此，在单向拉伸时呈现脆性的灰铸铁，在测硬度时却处于韧性状态，其表面可产生明显压痕而不断裂。

表 4.2-1　不同加载方式下的柔度系数 α 的值($\mu=0.25$)

加载方式	主应力			柔度系数 α
	σ_1	σ_2	σ_3	
三向等位伸	σ	σ	σ	0
单向位伸	σ	0	0	0.5
扭转	σ	0	$-\sigma$	0.8
两向压缩	0	$-\sigma$	$-\sigma$	1
单向压缩	0	0	σ	2
三向压缩	$-\sigma$	-2σ	-2σ	∞

图 4.2-4 所示为中碳钢 V 型缺口试样的冲击试验断面照片，缺口根部有韧窝，在与根部有一定距离的位置处，由于强三轴应力效果，试样发生准解理断裂。这种韧-脆转变非常普遍。

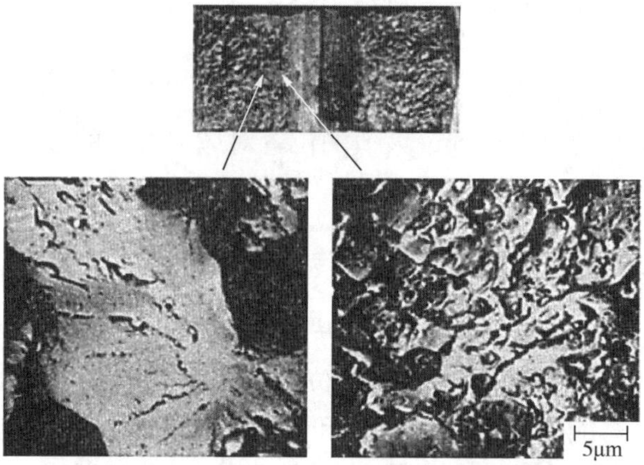

图 4.2-4　中碳钢 V 型缺口试样的冲击试验断面照片

对缺口试样进行冲击试验，既可利用高应变速度的影响，又可利用缺口效应(应力约束)，这两者均可使转变温度右移。与光滑试样相比，缺口试样能在较高的温度下发生急剧的韧-脆转变，这就非常便于评估材料的韧-脆转变特性。

4.3　格里菲斯断裂理论

材料断裂不仅使构件完全失效，还往往产生灾难性的后果，因此，人们从不同的角度广泛研究了断裂问题。不同的材料在不同的外部条件(载荷、温度、腐蚀环境等)下表现出不同的断裂方式，例如，在室温下韧性断裂和脆性断裂，高温下蠕变断裂，循环载荷作用下疲劳断裂，以及腐蚀介质和应力共同作用下应力腐蚀开裂等。本章首先介绍断裂力学基础和断裂的位错理论，然后讨论低温下断裂过程及其机制。

4.3.1　理论断裂强度

完整晶体在正应力作用下沿某一个垂直于应力轴的原子面拉断时的应力，称为理论断裂强度。设想图 4.3-1 中被 mn 解理面分开的上下两半晶体，解理面间距为 d，沿拉应力方向发生相对位移 x。原子间作用力如图 4.3-2 所示，开始时随 x 的增加而增加，达到峰值 σ_m 后逐渐下降，外应力达到 σ_m 才能断裂，故 σ_m 就是理论断裂强度。试样拉断后产生两个解理断面，设单位面积表面能用 γ 表示，拉断过程中应力所做的功，如图 4.3-2 中曲线下面的面积应等于 2γ。用正弦曲线近似表示原子间作用力曲线，即：

$$\sigma=\sigma_m\sin\frac{2\pi x}{\lambda} \tag{4.3-1}$$

于是：

$$2\gamma=\int_0^{\frac{\lambda}{2}}\sigma_m\sin\frac{2\pi x}{\lambda}dx=\frac{\lambda\sigma_m}{\pi} \tag{4.3-2}$$

对于很小的位移，式(4.3-1)可以简化为：

$$\sigma=\sigma_m\frac{2\pi x}{\lambda} \tag{4.3-3}$$

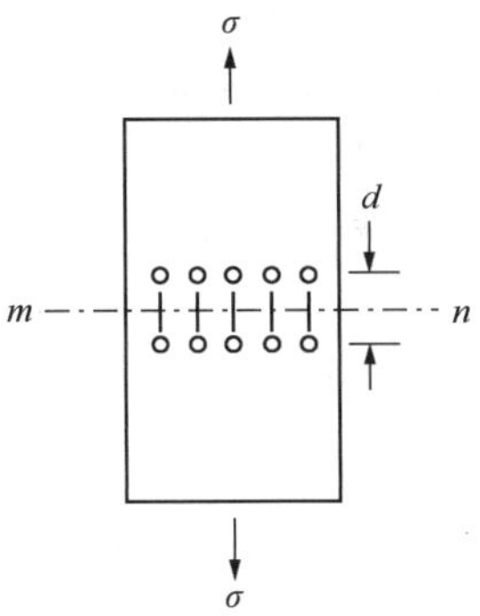

图 4.3-1 晶体拉断示意

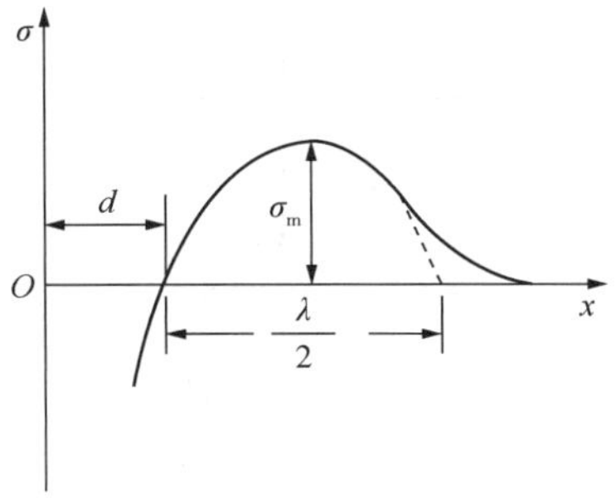

图 4.3-2 原子间作用力与距离的关系

根据胡克定律：

$$\sigma = E\frac{x}{d} \tag{4.3-4}$$

由式(4.3-3)和式(4.3-4)可得：

$$\lambda = \frac{2\pi\sigma_m d}{E} \tag{4.3-5}$$

将式(4.3-5)代入式(4.3-2)，得到理论断裂强度：

$$\sigma_m = \left(\frac{E\gamma}{d}\right)^{\frac{1}{2}} \tag{4.3-6}$$

对于 Fe，$\gamma \approx 2.0\mathrm{J/m^2}$，$E \approx 2\times10^{11}\mathrm{N/m^2}$，$d = 2.5\times10^{-10}\mathrm{m}$，$\sigma_m = 4\times10^{10}\mathrm{N/m^2} = E/5$。对于一般的固体材料理论断裂强度的数量级 E/5~E/10，但实际材料的断裂强度比这个理论估计值低 1~2 个数量级，只有没有任何缺陷的晶须的强度才能接近理论断裂强度。这说明实际材料中由于存在缺陷，使强度大大降低。

4.3.2 格里菲斯裂纹理论

1912 年，格里菲斯(Griffith)提出了一个断裂理论，其出发点为假定实际材料中已经存在裂纹(可视为裂纹体)，当名义应力很低时，在裂纹尖端的局部应力已经达到理论断裂强度，导致裂纹快速扩展，并导致材料最终断裂。

如图 4.3-3 所示，一个弹性体在外边界上受到外加荷载 P 作用，此时系统的总内能为 U_A。这时，在这个弹性体中引进一条长度为 $2c$ 的裂纹，系统变成如图 4.3-3(b)所示的状态：由于裂纹的引进，弹性体在外力作用下形状将发生微小变化。相比于图 4.3-3(a)所示状态，图 4.3-3(b)所示状态的系统总内能将发生以下变化：

(1) 裂纹的引进导致新表面形成，系统的表面能将增大 U_S；

(2) 弹性体形状发生变化，外加荷载的作用位置相应变化，这相当于外加荷载对弹性体做了总量为 W 的功；

(3) 由于裂纹的引进，弹性体中储存的弹性应变能将增加 U_E。

图 4.3-3(b)所示状态的系统总内能表达式如下：

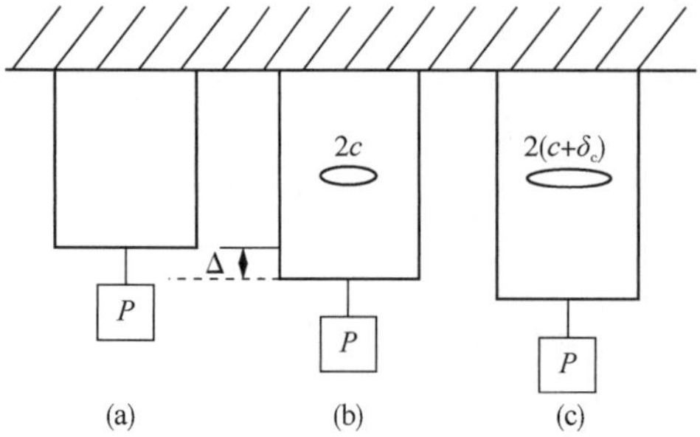

图 4.3-3　格里菲斯裂纹扩展条件的导出

$$U_B = U_A + (U_E - W) + U_S \tag{4.3-7}$$

W 前面的负号是因为对于真正可逆的热力学系统，外加荷载做功相当于系统势能的减小。式(4.3-7)中右边括号内的物理量($U_E - W$)通常称为系统的机械能。接下来，假定在外加荷载作用下，图 4.3-3(b)中的裂纹扩展了一段微小的距离 δ_c，成为如图 4.3-3(c)所示的状态。此时，系统的总内能为：

$$U_C = U_B + \frac{dU_B}{dc}\delta_c \tag{4.3-8}$$

根据热力学理论，能够使系统总内能降低的过程可以自发发生，同时裂纹的扩展也不可能导致系统内能的增加，因此就得到在外力作用下裂纹发生微小扩展的充分必要条件：

$$\frac{dU_B}{dc} \leqslant 0 \tag{4.3-9}$$

式(4.3-9)可以预测断裂行为的能量平衡准则。

为了验证能量平衡理论，格里菲斯考虑了均匀受力无限大薄平板中狭窄椭圆孔这一特殊情况，在这一特殊情况中，如果椭圆孔的短轴 $b \to 0$，则椭圆孔便可以视作一条裂纹。在比裂纹尺寸 $2c$ 大得多的范围内进行积分，在平面应力条件下则可以得到具有单位厚度的弹性体中弹性应变能的表达式：

$$U_E = \frac{\pi\sigma_a^2 c^2}{E} \tag{4.3-10}$$

对于线弹性材料，在外加荷载恒定的条件下，加载系统所做的功等于系统弹性应变能的 2 倍：

$$W = 2U_E \tag{4.3-11}$$

对于单位厚度薄平板中裂纹，有：

$$U_S = 4c\gamma_s \tag{4.3-12}$$

由此可以得到：

$$\frac{dU_B}{dc} = -\frac{2\pi\sigma_a^2 c}{E} + 4\gamma_s \tag{4.3-13}$$

由此推出要使图 4.3-4 所示的椭圆孔裂纹发生扩展所需的外加应力应该满足以下条件：

$$\sigma_a \geqslant \sqrt{\frac{2E\gamma_s}{\pi c}} \tag{4.3-14}$$

式中，E 为弹性模量；γ_s 为表面能；c 为裂纹半长。

20 世纪 50 年代，Orowan 基于格里菲斯的断裂理论，取得了关键性的突破。Orowan 认为：在裂纹受力发生扩展之前，由于裂纹尖端处高度的局部应力集中，裂纹尖端附近区域将产生一个塑性屈服区，因此，提供裂纹扩展所需的能量不仅应该包括用于形成新表面所需的能量，也应该包括用于引起这种塑性屈服所需的能量——塑性功。

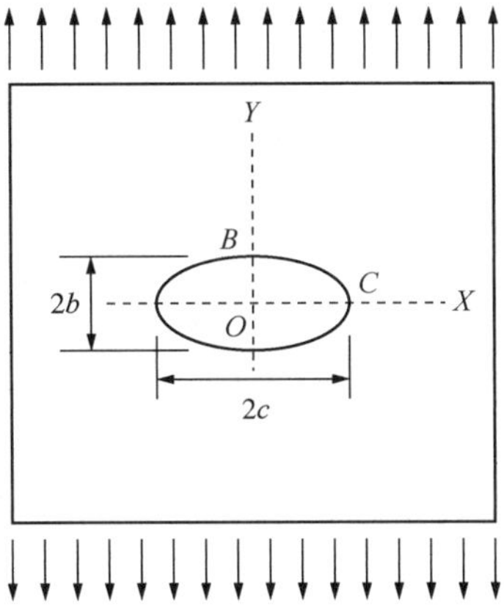

图 4.3-4 均匀受力无限大薄平板中的无限狭窄椭圆孔

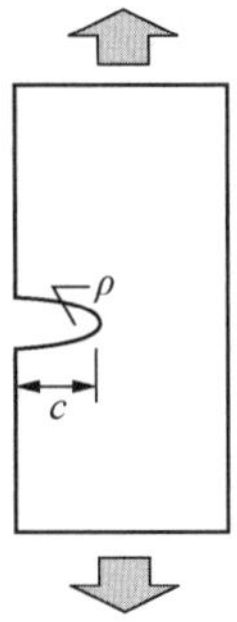

图 4.3-5 均匀受力半无限大薄平板中的表面裂纹

$$\sigma_{th}=\sqrt{\frac{2E(\gamma_s+\gamma_p)}{\pi c}} \tag{4.3-15}$$

式中，γ_p 表示塑性功。

理论断裂强度与弹性模量、表面能和晶格常数等材料性能有关。弹性模量 E 和表面能 γ_s 大而晶格常数 a 小的固体材料，其理论断裂强度高。

4.4 弹性断裂力学基础

线弹性断裂力学始于 1921 年英国的格里菲斯提出的裂纹失稳扩展准则。通过引入裂纹体能量释放率的概念、定义裂纹表面能的大小来判断裂缝是否能够扩展。1957 年，欧文通过分析裂缝尖端应力场，提出了应力强度因子的概念，完善了线弹性断裂理论。其核心思想为裂缝的扩展完全取决于裂缝尖端的应力场的分布，通过计算应力强度因子与材料韧度之间的大小，判断裂缝是否能够扩展。根据欧文提出的线弹性断裂力学理论，裂缝的受力和断裂特征可以分为三类：张开型、滑开型和撕开型(图 4.4-1)。

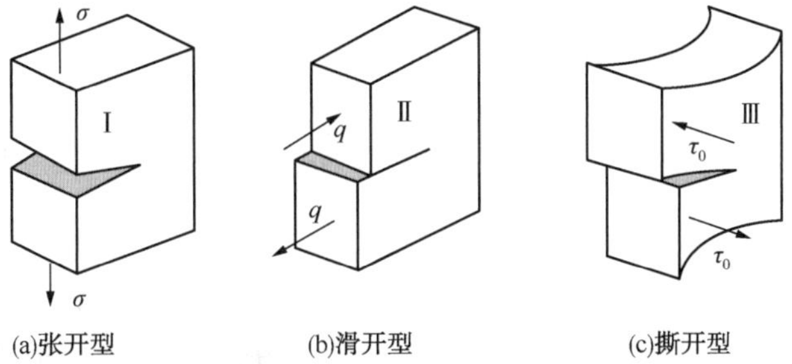

图 4.4-1 裂缝受力与断裂分类

(1) 张开型。I 型，其主要特征为：外力拉应力垂直于裂缝面，也垂直于裂缝扩展的前沿线。在外力的作用下，裂缝沿原裂缝开裂方向扩展。

（2）滑开型。Ⅱ型，其主要特征为：外加剪切力平行于裂纹面，但垂直于裂纹扩展的前沿线。在外力的作用下，裂缝沿裂缝开裂方向呈一定角度扩展。

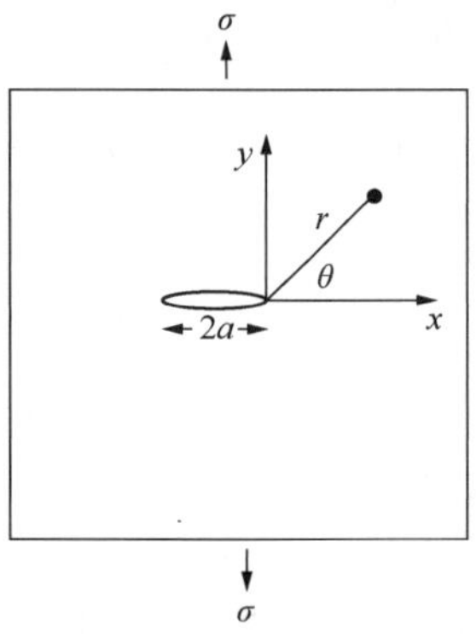

图 4.4-2　裂纹尖端应力场

（3）撕开型。Ⅲ型，其主要特征为：外加剪切力平行于裂缝面，也平行于裂缝扩展的前沿线。在外力作用下，裂缝面错开，裂缝沿裂缝开裂方向扩展。

在一般的工程结构中，张开型裂纹最危险，最容易引起低应力脆性断裂，在实际结构中的裂纹即使是复合型的，也会当作张开型裂纹来处理，以提高其安全性。

以下主要讨论张开型裂纹尖端应力场及其相关问题。对于如图 4.4-2 所示的中心贯穿裂纹，长为 $2a$，在远处均匀的拉应力 σ 作用下裂纹张开。当板状试样很薄时属平面应力问题，板状试样很厚时就是平面应变问题。

利用弹性力学方法可解出裂纹顶端附近各点(坐标为 γ 和 θ)的应力、应变和位移分量：

$$\begin{cases}\sigma_x=\dfrac{K_{\mathrm{I}}}{\sqrt{2\pi r}}\cos\dfrac{\theta}{2}\left[1-\sin\dfrac{\theta}{2}\sin\dfrac{3\theta}{2}\right]\\[2ex]\sigma_y=\dfrac{K_{\mathrm{I}}}{\sqrt{2\pi r}}\cos\dfrac{\theta}{2}\left[1+\sin\dfrac{\theta}{2}\sin\dfrac{3\theta}{2}\right]\\[2ex]\tau_{xy}=\dfrac{K_{\mathrm{I}}}{\sqrt{2\pi r}}\sin\dfrac{\theta}{2}\cos\dfrac{\theta}{2}\cos\dfrac{3\theta}{2}\\[2ex]\varepsilon_x=\dfrac{1}{2G(1+\nu')}\dfrac{K_{\mathrm{I}}}{\sqrt{2\pi r}}\cos\dfrac{\theta}{2}\left[(1-\nu')-(1+\nu')\sin\dfrac{\theta}{2}\sin\dfrac{3\theta}{2}\right]\\[2ex]\varepsilon_y=\dfrac{1}{2G(1+\nu')}\dfrac{K_{\mathrm{I}}}{\sqrt{2\pi r}}\cos\dfrac{\theta}{2}\left[(1-\nu')+(1+\nu')\sin\dfrac{\theta}{2}\sin\dfrac{3\theta}{2}\right]\\[2ex]\gamma_{xy}=\dfrac{1}{2G}\dfrac{K_{\mathrm{I}}}{\sqrt{2\pi r}}\cos\dfrac{\theta}{2}\cos\dfrac{3\theta}{2}\sin\dfrac{\theta}{2}\\[2ex]u_x=\dfrac{K_{\mathrm{I}}}{G(1+\nu')}\sqrt{\dfrac{r}{2\pi}}\cos\dfrac{\theta}{2}\left[(1-\nu')-(1+\nu')\sin^2\dfrac{\theta}{2}\right]\\[2ex]u_y=\dfrac{K_{\mathrm{I}}}{G(1+\nu')}\sqrt{\dfrac{r}{2\pi}}\sin\dfrac{\theta}{2}\left[2-(1+\nu')\cos^2\dfrac{\theta}{2}\right]\end{cases}\tag{4.4-1}$$

式中，

$$K_{\mathrm{I}}=\sigma\sqrt{\pi a}$$

$$\nu'=\begin{cases}\nu & \text{平面应力}\\ \dfrac{\nu}{1-\nu} & \text{平面应变}\end{cases}\tag{4.4-2}$$

式(4.4-1)是裂纹尖端附近应力场的近似表达式，愈接近裂纹尖端，精确度愈高，即式(4.4-2)适用于 $\gamma \ll a$ 的情况。

在裂纹延长上(x 轴上)，$\theta=0$，$\sin\theta=0$，故式(4.4-1)中的应力分量变为：

$$\sigma_y=\sigma_x=\frac{K_{\mathrm{I}}}{\sqrt{2\pi r}},\ \tau_{xy}=0 \tag{4.4-3}$$

由式(4.4-1)可知，裂纹前端应力、应变场都和 K_{I} 有关，裂纹前端任意一点$(r,\ \theta)$的应力分量和位移分量完全由 K_{I} 决定。K_{I} 控制了应力、应变场的“强度”，故称为应力强度因子。下标 I 表示 I 型裂纹(张开型裂纹)。式(4.4-1)是对无限大试样中心 I 型裂纹推导出来的，此时 $K_{\mathrm{I}}=\sigma\sqrt{\pi a}$。对于其他形状的试样和裂纹，式(4.4-1)也是成立的，但 K_{I} 有所不同，即：

$$K_{\mathrm{I}}=Y\sigma\sqrt{a} \tag{4.4-4}$$

式中，Y 为一个和裂纹形状、加载方式以及试样几何形状有关的量。裂纹前端存在应力集中，且当 r 趋于零时，全部应力分量都趋于无限大。这就表明裂纹尖端应力、应变场具有奇异性。K_{I} 是描述这个奇异性大小的力学参量。K_{I} 和外加应力以及裂纹长度有关。随外加应力 σ 增大或随裂纹长大，K_{I} 增大，当 K_{I} 增大到一定程度时裂纹失稳扩展。裂纹失稳扩展的临界状态的应力场强度因子称为断裂韧性，用 K_{I} 表示。材料的断裂判据为：

$$K_{\mathrm{I}}\geqslant K_{\mathrm{I}c}=Y\sigma_c\sqrt{a_c} \tag{4.4-5}$$

式中，σ_c 及 a_c 分别为临界状态的应力及裂纹尺寸。

当试样(或构件)内的 a 不变，而 σ 增大到 $\sigma=\sigma_c$，从而使 K_{I} 增大到 $K_{\mathrm{I}c}$ 而裂纹失稳扩展时，σ_c 代表断裂应力。如果外加工作应力 σ 不变，通过裂纹长大(如疲劳或应力腐蚀)到 $a=a_c$，从而使 K_{I} 增大到 $K_{\mathrm{I}c}$，而使裂纹失稳扩展时，a_c 代表临界裂纹尺寸。

4.5 弹塑性断裂力学基础

弹塑性断裂力学是断裂力学的一个新分支，它用弹性力学和塑性力学的理论研究变形体中裂纹的扩展规律。弹塑性断裂力学在焊接结构的缺陷评定、核电工程的安全性评定、压力容器的断裂控制以及结构物的低周疲劳和蠕变断裂的研究等方面起着重要的作用。

20 世纪中叶，由于韧性材料的广泛应用，原有的线弹性断裂力学已不能用来描述裂纹体内出现较大塑性区时裂纹的扩展规律，弹塑性断裂力学就是在此背景下发展起来的。60 年代初，美国欧文对线弹性断裂力学进行了塑性修正，把它推广应用于弹塑性裂纹体，并在小范围屈服的条件下得到较好的结果。随后，英国韦尔斯提出了在大范围屈服以至全面屈服条件下的裂纹张开位移理论。该理论用裂纹顶端的张开位移 δ 为控制参量来表示韧性断裂过程的特征，并以 δ 达到裂纹顶端张开位移的临界值 δ_c 为断裂准则进行断裂分析。韦尔斯的研究结果在某些缺陷评定标准中得到采用。1968 年美国赖斯提出了 J 积分。同年，哈钦森、赖斯和罗森格林用塑性全量理论分析了裂纹体在张开型断裂情况下裂纹顶端起裂前的应力场和应变场，并指出，在一定条件下，弹塑性体的裂纹顶端附近存在被称为 HRR 奇异场的应力、应变场，而 J 积分正是表征该奇异应力、应变场强度的主导参量。近年来

以 J 积分为特征参量的弹塑性断裂力学的工程方法得到了发展。

目前，弹塑性断裂力学的研究内容主要有：①确定表示韧性断裂过程中裂纹顶端场及其特征的控制参量；②发展确定裂纹扩展阻力特征的实验技术；③寻求弹塑性断裂准则。弹塑性断裂力学虽取得了一定的进展，但其理论迄今仍不成熟。

金属材料的裂纹前端存在屈服区(塑性区)。如果相对塑性区尺寸(塑性区与试样尺寸之比)很小，塑性区周围仍为广大的弹性区所包围，称为小范围屈服。这时对塑性区影响做适当修正后线弹性断裂力学的分析仍然适用。但相对塑性区尺寸很大，甚至裂纹扩展前韧带已经整体屈服，塑性区布满整个韧带(W-a 区域，为试样宽度)，称为大范围屈服。这种情况下线弹性断裂力学也已不再适用，不能用 $K_{\mathrm{I}}>K_{\mathrm{Ic}}$(或 $G_{\mathrm{I}}>G_{\mathrm{Ic}}$)作为断裂判据。对这类弹塑性裂纹的断裂问题，就要用弹塑性断裂力学来解决。目前应用最广的是 J 积分理论和裂纹张开位移(COD)理论，下面分别介绍这两种理论。

4.5.1 J 积分的定义

赖斯于 1968 年提出了 J 积分概念。如图 4.5-1 所示，在单位厚试样中有一个贯穿裂纹，设 w 是应变能密度(单位体积应变能)，则 $\mathrm{d}V$ 体积的应变能 $\mathrm{d}E=w\mathrm{d}V=w\mathrm{d}A$，总应变能为：

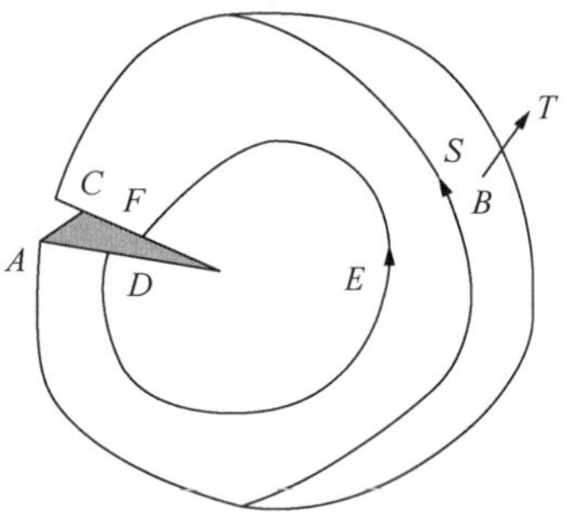

图 4.5-1 J 积分回路

$$E=\iint w\mathrm{d}A=\iint w\mathrm{d}x\mathrm{d}y \tag{4.5-1}$$

试样边界 Γ 上作用力为 T，试样侧面面积元 $\mathrm{d}F=\mathrm{d}S$(S 是周界弧长)上的外力为 $P=T\mathrm{d}S$。设边界 Γ 上各点位移是 u，则 $\mathrm{d}S$ 弧长上外力做功就等于位移矢量 u 和外力矢量的点积。整个试样边界上外力做功为：

$$W=\int_{\Gamma}u\cdot T\mathrm{d}S \tag{4.5-2}$$

由式(4.5-1)和式(4.5-2)可得：

$$U=E-W=\iint w\mathrm{d}x\mathrm{d}y-\int_{\Gamma}u\cdot T\mathrm{d}S \tag{4.5-3}$$

由此可以证明：

$$G=-\frac{\partial U}{\partial a}=\int_{\Gamma}(w\mathrm{d}y-T\cdot\frac{\partial u}{\partial x}\mathrm{d}S) \tag{4.5-4}$$

式中，Γ 为裂纹下表面走向上表面的任意一条路径(图 4.5-1 的 $\Gamma=ABC$)。

式(4.5-4)是在线弹性条件下得到的。但对于任何弹塑性体，包括大范围屈服或整体屈服条件，式(4.5-4)右边的积分总是存在的，称为“J 积分”，即：

$$J=\int_{\Gamma}\left(w\mathrm{d}y-T\cdot\frac{\partial u}{\partial x}\mathrm{d}S\right) \tag{4.5-5}$$

在线弹性条件下：

$$J=G_{\mathrm{I}}=\frac{K_{\mathrm{I}}^{2}}{E'} \tag{4.5-6}$$

在弹塑性体中，如果总的应变量(弹性应变和塑性应变之和)很小，就称为小应变条件。在小应变条件和其他几个条件满足时，可以证明 J 积分是与积分路径无关的，即 Γ 选取作 ABC 或 DEF(图 4.5-1)所得到的积分值相同。式(4.5-5)中的 Γ 可以是围绕裂纹尖端从下表面反时针走到上表面的任意一条回路。

在线弹性范围内 $J=G$。可以证明，在弹塑性小应变条件下这个关系式也是成立的，即：

$$J=G_{\mathrm{I}}=-\frac{\partial U}{\partial a} \tag{4.5-7}$$

式中，U 为单位厚度试样的势能。

4.5.2　*J* 积分和裂纹前端应力、应变场的关系

在线弹性条件下裂纹前端应力、应变场由应力强度因子 K_{I} 决定。在线弹性条件下，将式(4.5-6)变形后得 $K_{\mathrm{I}}=\sqrt{E'J}$，代入式(4.4-1)可得：

$$\sigma_{ij}=\sqrt{\frac{E'J}{2\pi r}}\cdot f_{ij}(\theta)$$

$$\varepsilon_{ij}=\frac{1}{2G}\cdot\sqrt{\frac{E'J}{2\pi r}}\cdot\varphi_{ij}(\theta) \tag{4.5-8}$$

式中，$f_{ij}(\theta)$、$\varphi_{ij}(\theta)$ 为相应的关于 θ 的函数。很明显，当 $r\to0$ 时，$e\to\infty$，裂纹尖端应力、应变场存在奇异性。这表明，在线弹性条件下，J 积分通过 $J=\frac{K_{\mathrm{I}}^2}{E'}$ 决定了裂纹前端应力、应变场的大小。当裂纹前端的 K_{I} 达到临界状态，即 $K_{\mathrm{I}}=K_{\mathrm{Ic}}$ 时裂纹失稳扩展，因此，$J_{\mathrm{I}}=J_{\mathrm{Ic}}$ 作为断裂判据在线弹性条件下仍然成立。

在大范围屈服的弹塑性条件下，K_{I} 已不能用来描述裂纹尖端应力、应变场。$K_{\mathrm{I}}=K_{\mathrm{Ic}}$ 也不能作为断裂判据。但可以证明：在小应变条件下，可用 J 积分来描述弹塑性裂纹尖端应力、应变场的奇异性。

通常用弹性-幂率塑性本构方程描述弹塑性变形。在裂纹尖端弹性应变与幂率项相比可忽略不计时本构关系就是 $\varepsilon\varepsilon_y=\alpha(\sigma\sigma_y)^n$，其中 $\sigma_y=E\varepsilon_y$。满足这种弹塑性本构关系和小应变条件下，裂纹尖端应力、应变场可用 J 积分来描述，即：

$$\begin{aligned}\sigma_{ij}&=\sigma_y\left(\frac{J}{\alpha\sigma_y\varepsilon_y I_n r}\right)^{\frac{1}{n+1}}F_{ij}(\theta)\\ \varepsilon_{ij}&=\alpha\varepsilon_y\left(\frac{J}{\alpha\sigma_y\varepsilon_y I_n r}\right)^{\frac{n}{n+1}}\Phi_{ij}(\theta)\end{aligned} \tag{4.5-9}$$

式中，n 和 α 为材料常数；对 Ⅰ 型裂纹 $\mathrm{I}_n=5$，$F_{ij}(\theta)$ 和 $\Phi_{ij}(\theta)$ 为角度 θ 的函数。由式(4.5-9)可知，弹塑性裂纹前端各点$(r,\ \theta)$的应力、应变场完全由 J 积分决定，J 积分是弹塑性应力场强度的度量。式(4.5-9)中应力和应变分别呈现 $r^{-\frac{1}{n+1}}$ 和 $r^{-\frac{n}{n+1}}$ 奇异性，称为“HRR 奇异性”或“HRR 场”，式(4.5-9)因由哈钦森、赖斯和罗森格林导出而得名。当 J 增大到某一临界值时裂纹就开始扩展。故 $J_{\mathrm{I}}=J_{\mathrm{Ic}}$。作为弹塑性裂纹开始扩展的判据至少

在小应变条件下是可行的。

应当指出，式(4.5-9)仅仅在小应变条件下才成立，但是在裂纹尖端附近($r \ll a$ 处)应变量较大，不满足小应变条件。因此 J 积分能否作为大范围屈服构件的断裂判据问题，目前在理论上并未完全解决。

按式(4.5-6)，在线弹性条件下 $J=G_{\mathrm{I}}=\frac{1}{E'}K_{\mathrm{I}}^2$ $\left(\text{平面应力条件下 } E'=E\text{，平面应变条件下 } E'=\frac{E}{1-\nu^2}\right)$，这在临界条件下也适用，即：

$$J_{\mathrm{Ic}}=\frac{1}{E'}K_{\mathrm{Ic}}^2 \tag{4.5-10}$$

在弹塑性条件下，理论上目前尚不能证明式(4.5-10)成立。但实验表明，如将裂纹开始扩展作为临界条件，用较小的试样所测得的 J_{Ic} 是稳定的，且按式(4.5-10)换算的 K，和大试样测得的 K 相一致。因此，可以用较小的试样测量 K_{Ic}。

4.5.3 裂纹顶端张开位移(COD)

把裂纹尖端由 O 移到 O'(见图 4.5-2)，裂纹长度从 a 变为等效裂纹长度 $a^*=a+\Delta a$，经这样修正后线弹性断裂力学仍然适用。当裂纹尖端由 O 移到 O' 时，原来的裂纹尖端 O 就要张开，其张开位移 $2u_y$，就是裂纹顶端张开位移，简称 COD，用 δ 表示。在裂纹开始失稳扩展的临界状态 COD 值用 δ_c 表示。

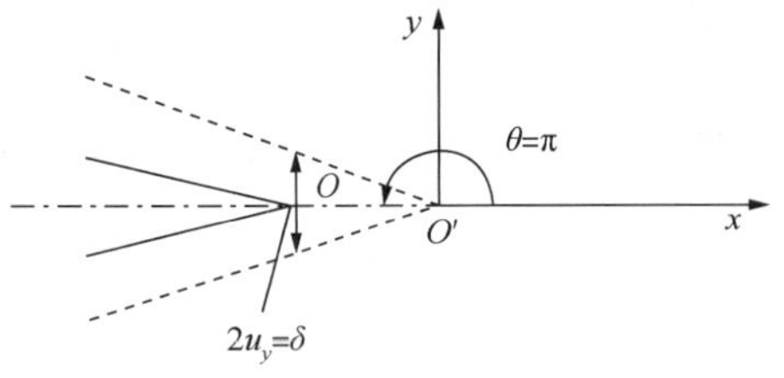

图 4.5-2　裂纹顶端张开位移

在平面应力条件下，O 点沿 y 方向的位移 u 由式(4.4-1)中的位移公式给出，即：

$$u_y=\frac{K_{\mathrm{I}}}{G(1+\nu)}\sqrt{\frac{r}{2\pi}}\sin\frac{\theta}{2}\left[2-(1+\nu')\cos^2\frac{\theta}{2}\right] \tag{4.5-11}$$

对坐标原点 O'，O 点坐标为 $\theta=\pi$，$r=\Delta a=\frac{1}{2\pi}\left(\frac{K_{\mathrm{I}}}{\sigma_s}\right)^2$，得到张开位移为：

$$\delta=2u_y=\frac{8K_{\mathrm{I}}}{E}\cdot\sqrt{\frac{1}{2\pi}\cdot\frac{1}{2\pi}\left(\frac{K_{\mathrm{I}}}{\sigma_s}\right)^2}=\frac{4}{\pi}\cdot\frac{G_{\mathrm{I}}}{\sigma_s} \tag{4.5-12}$$

临界条件下有：

$$\delta=\frac{4}{\pi}\cdot\frac{G_{\mathrm{Ic}}}{\sigma_s} \tag{4.5-13}$$

因为在小范围屈服条件下 $G_{\mathrm{I}}\geqslant G$，能作为断裂判据，因此，COD 也可以作为断裂判据，即 $\delta\geqslant\delta_s$ 构件就断裂。

在大范围屈服条件下，即使引进塑性区修正，线弹性断裂判据也不再适用，这时，COD 参量仍然有意义且可测出来。

4.6　断裂韧性测量原理

材料抵抗裂纹失稳扩展的能力和裂纹前端的应力状态有关。平面应力条件下裂纹前端只有二向应力，塑性区要比平面应变条件大，裂纹失稳扩展需要消耗的塑性变形功也大，故平面应力断裂韧性(用 K_c 表示)比平面应变断裂韧性 K_{Ic}要大。当试样厚度增加时，试样外表面是平面应力状态，内部是平面应变状态，其断裂韧性随试样厚度的增加而减小。断裂韧性的测量值和试样厚度的关系如图 4.6-1所示，只有当试样足够厚时，才能保证在平面应变条件下裂纹失稳扩展，测出来的断裂韧性才是一个材料常数而和试样厚度无关，它就叫作平面应变断裂韧性，用 K_{Ic}来表示。实验表明，当试样厚度 B 满足：

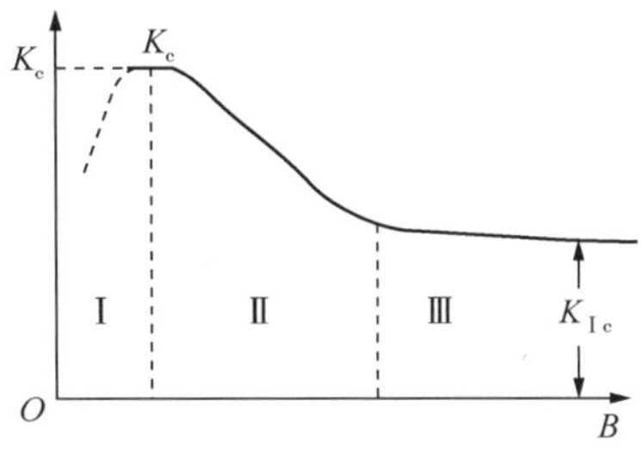

图 4.6-1　断裂韧性与试样厚度的关系

$$B \geqslant 2.5\left(\frac{K_{Ic}}{\sigma_s}\right)^2 \qquad (4.6-1)$$

时，就能获得稳定的平面应变断裂韧性 K_{Ic}值。

因为 K_{Ic}是材料常数，故可以用多种类型的试样测出 K_I。目前通用的是三点弯曲试样[见图 4.6-2(a)]和紧凑拉伸试样[见图 4.6-2(b)]。

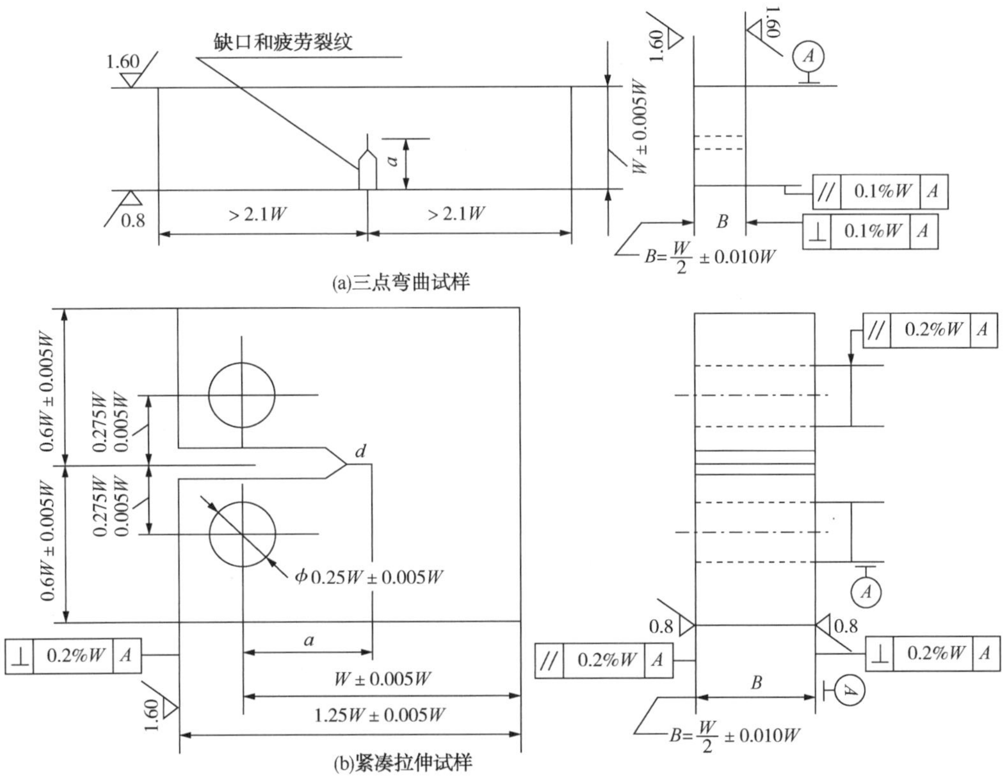

图 4.6-2　断裂韧性标准试样

裂纹前端的应力场强度因子为 $K_{\mathrm{I}}=Y\sigma\sqrt{a}$，其中 Y 是和裂纹形状、试样类型有关的量，对每一类试样需要具体计算。例如对于标准紧凑拉伸试样，有：

$$K_{\mathrm{I}}=\frac{P}{B\sqrt{W}}f\left(\frac{a}{W}\right)$$

其中

$$f\left(\frac{a}{W}\right)=29.6\left(\frac{a}{W}\right)^{\frac{1}{2}}-185.5\left(\frac{a}{W}\right)^{\frac{3}{2}}+655.7\left(\frac{a}{W}\right)^{\frac{5}{2}}-1017\left(\frac{a}{W}\right)^{\frac{7}{2}}+638.9\left(\frac{a}{W}\right)^{\frac{9}{2}} \quad (4.6-2)$$

随着外加载荷 P 的增加，K_{I} 不断增加，当 $K_{\mathrm{I}}=K_{\mathrm{Ic}}$ 时，裂纹开始失稳扩展。在此条件下的 K_{I} 即为平面应变断裂韧性 K_{Ic}：

$$K_{\mathrm{Ic}}=\frac{P_{\mathrm{c}}}{B\sqrt{W}}f\left(\frac{a}{W}\right) \quad (4.6-3)$$

式(4.6-3)就是实验测量 K_{Ic} 的基础。因为试样尺寸 B 和 W 是已知的，裂纹长度 a 可以从拉断试样的断口上精确地测出来，从而可求出 $\frac{a}{W}$，代入式(4.6-2)可获得相应的函数值 $f\left(\frac{a}{W}\right)$。因此，只要知道临界点负载 P_{c} 就可由式(4.6-3)算出 K_{Ic} 值。对于三点弯曲试样只是 $f\left(\frac{a}{W}\right)$ 值不同而已。

4.7 断裂的位错理论

本节讨论位错与裂纹的交互作用，裂纹尖端塑性区中位错的形成过程和分布，及其对裂尖应力场和断裂的影响。

4.7.1 位错与裂纹的交互作用

裂纹和位错的交互作用，是位错应力场和裂纹应力场的交互作用，也就是位错的存在对裂尖应力场的影响。

首先，考虑最简单的情形：裂尖前方有一个螺位错时裂纹与位错之间的相互作用。最一般的情形是在一个Ⅲ型半无限长裂纹尖端距离 ξ 处有一螺型位错，计算没有外加应力的条件下螺型位错在任意一点(x, y)处的应力场。如果没有裂纹，这个问题就是简单的螺型位错的应力场问题。

在这里只给出一个特殊情况：螺型位错位于亚型裂纹面的延长面上的情形($\theta=0$)，如图 4.7-1所示。若位错离裂尖的距离为 c，则此螺位错在平面上 x 处产生的切应力为：

$$\tau_{yz}=\frac{Gb}{2\pi}\cdot\frac{\sqrt{c}}{\sqrt{x}\,(x-c)} \quad (4.7-1)$$

在裂尖附近有 $x<c$，故：

$$\tau_{yz}<0 \quad (4.7-2)$$

式(4.7-2)表明，裂尖处存在位错时裂纹应力场强度将减小。因此，裂尖形成位错后将对裂尖产生一个回复力，相当于裂尖位错产生一个负的应力强度因子(利用 Rice 的符号)，即：

$$L_{\mathrm{III}}=\lim_{x\to 0}\{\sqrt{2\pi x}\cdot\tau_{yz}\}=-\frac{Gb}{\sqrt{2\pi c}} \tag{4.7-3}$$

式中，$L_{\mathrm{III}}<0$。如果外加应力强度因子为 K_{III}，则局域应力强度因子(Local Stress Intensity Factor)k_{III}为：

$$k_{\mathrm{III}}=K_{\mathrm{II}}+L_{\mathrm{III}}<K_{\mathrm{III}} \tag{4.7-4}$$

即位错的存在使局域应力强度因子减小。裂尖位错引起局域应力强度因子减小的现象，称为位错屏蔽。一个位错的屏蔽作用可能很小，但大量位错塞积引起的屏蔽作用能够对裂尖应力场产生重要的影响。位错对裂尖应力强度因子的屏蔽作用不仅存在于亚型裂纹。Rice 等研究表明，当一个坐标为$(r,\ \theta)$的位错沿着与裂纹面成角度 φ 的倾斜滑移面发射时(见图 4.7-2)，位错引起三类裂纹裂尖应力强度因子的变化分别为：

$$L_{\mathrm{I}}=\frac{-Eb_{\mathrm{e}}}{4(1-\nu^2)\sqrt{2\pi r}}\left[3\sin\varphi\cdot\cos\frac{\theta}{2}-\sin(\varphi-\theta)\cos\frac{3\theta}{2}\right]$$

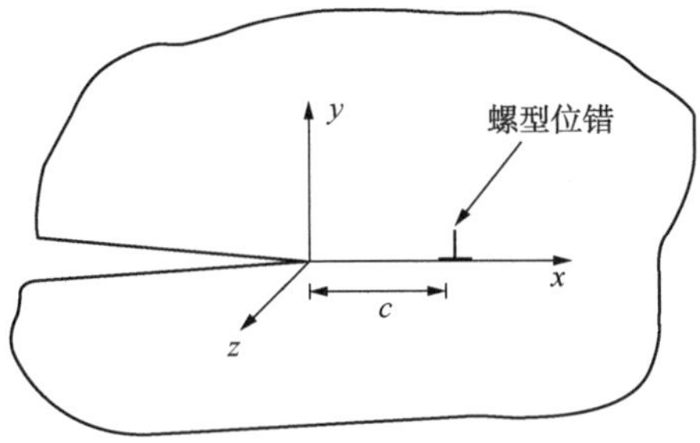

图 4.7-1 Ⅲ型裂纹附近的螺位错

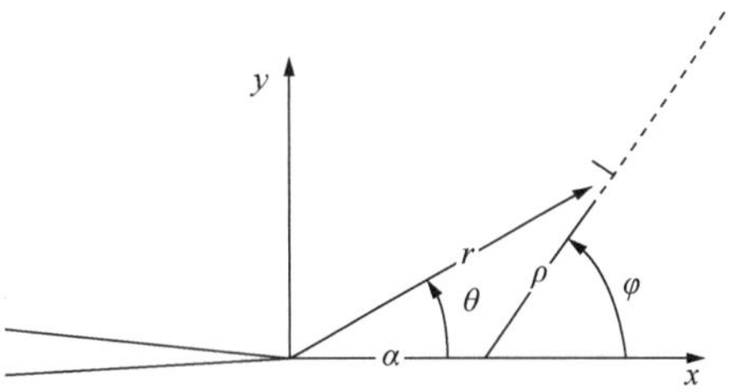

图 4.7-2 裂尖位错屏蔽

$$L_{\mathrm{II}}=\frac{-Eb_{\mathrm{e}}}{4(1-\nu^2)\sqrt{2\pi r}}\left[3\cos\varphi\cdot\cos\frac{\theta}{2}-\sin\varphi\cdot\sin\frac{\theta}{2}+\sin(\varphi-\theta)\sin\frac{3\theta}{2}\right]$$

$$L_{\mathrm{III}}=\frac{-Eb_{\mathrm{s}}}{2(1+\nu)\sqrt{2\pi r}}\cos\frac{\theta}{2} \tag{4.7-5}$$

式中，b_{e}、b_{s} 分别为位错伯格斯矢量的刃型和螺型分量。

由式(4.7-5)计算出的 L_{III} 为负时，位错屏蔽裂纹。而为正时，位错使裂尖应力强度因子增大，称为位错的反屏蔽，这类位错称为反屏蔽位错。

4.7.2 裂纹及裂尖塑性区的位错模型

Bilby 等用位错连续分布的模型描述裂纹，研究了塑性区尺寸和位错分布，得到裂尖塑性区中位错呈反塞积状态分布的结果。BCS 模型用刃型位错的双塞积群描述Ⅱ型裂纹，这群位错称为裂纹位错。设有一列刃型位错双塞积群分布于$-c<x<c$ 区间，如图 4.7-3 所示，在远处有一切应力。设分布于 x 和 $x+\mathrm{d}x$ 之间的位错数为$f(x)\mathrm{d}x$，其中，(x)为位错分布函

数。位于 x 处的位错线在外加应力和其他位错的作用下处于平衡。对单位长度的位错线，平衡时有：

$$A\int_{-c}^{c}\frac{f_1(x')\,\mathrm{d}x'}{x-x'}+\tau_{\mathrm{a}}=0\quad(-c<x<c)\tag{4.7-6}$$

式中，$A=Gb\pi(1-\nu)$，解此积分方程可得：

$$f_1(x)=\frac{2\tau_{\mathrm{a}}(1-\nu)}{Gb}\frac{x}{\sqrt{c^2-x^2}}\tag{4.7-7}$$

在 $(-c<x<c)$ 区间内的位错分布见图 4.7-4。

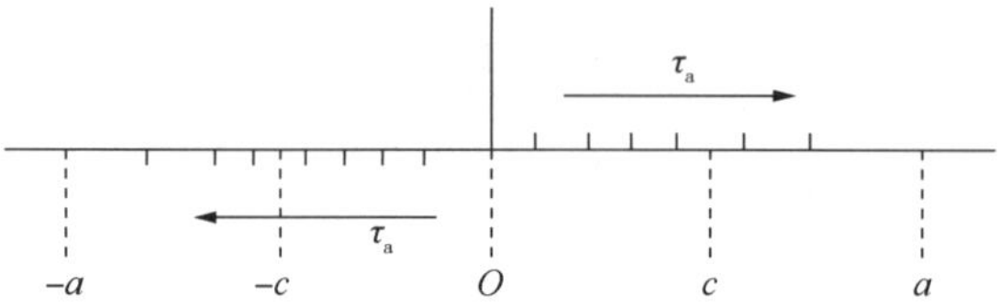

图 4.7-3 裂纹位错模型

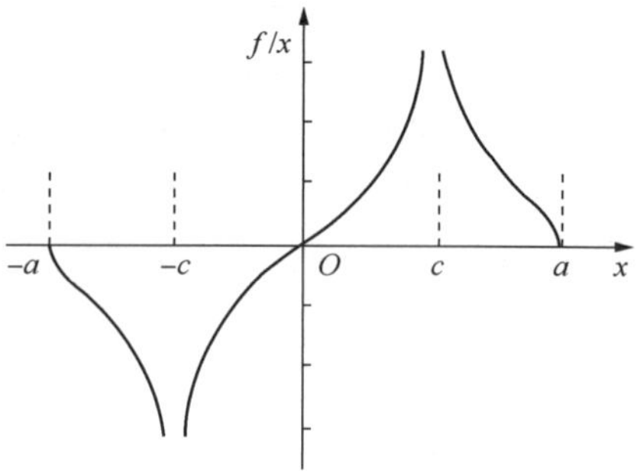

图 4.7-4 裂纹及塑性区位错分布

利用关于位错塞积群在领先位错前的应力计算方法，并考虑对称塞积的一半，可以求得位于 x 轴上 $(y=0)$ 位错双塞积群顶端的应力为：

$$\tau_{yx}=\tau_{\mathrm{a}}\left(1+\sqrt{\frac{c}{x}}\right)\approx\tau_{\mathrm{a}}\sqrt{\frac{c}{x}}\tag{4.7-8}$$

利用Ⅱ型裂纹的应力强度因子：

$$K_{\mathrm{II}}=\tau_{\mathrm{a}}\sqrt{\pi c}\tag{4.7-9}$$

式(4.7-8)可改写为：

$$\tau_{yx}=\alpha\frac{K_{\mathrm{II}}}{\sqrt{2\pi x}}\tag{4.7-10}$$

式(4.7-10)表明位错双塞积群顶端处的应力场与一个Ⅱ型裂纹的应力场(在 $\theta=0$)相同(仅差一个常数因子 $\alpha=1.4$)。因此，Ⅱ型裂纹完全可以用刃型位错的双塞积群来描述。设塑性区的范围为 $(-a,-c)$ 和 (c,a)，其中位错分布函数为 $f_2(x)$。塑性区位错不仅受到外加切应力 τ_{a} 的作用，而且受到材料对位错运动的阻力 τ_{f} 的作用(令阻力为屈服切应力)，在平衡时有：

$$A\int_{-a}^{a}\frac{f_2(x')\,\mathrm{d}x'}{x-x'}+\tau_a=\begin{cases}0 & -c<x<c\\ \tau_{\mathrm{f}} & c<|x|<a\end{cases}\tag{4.7-11}$$

式中，$A=Gb\pi(1-\nu)$，解此积分方程可求得塑性区内的位错分布函数。其分布见图 4.7-4，可见塑性区中的位错也呈倒塞积分布，在裂尖附近位错密度很高，随着距裂尖距离的增大，位错密度快速下降，至塑性区边界处降为零。

4.7.3 裂尖塑性区位错结构的观察

利用电子显微镜对拉伸试样的裂纹尖端处位错的产生分布和运动做了一系列细致的原位观察，总结了裂尖塑性区位错行为：

(1) 裂纹扩展的早期阶段，裂尖附近产生一列反塞积分布的位错，这些位错构成塑性区。

(2) 位错在裂纹尖端产生以后进入晶体中，形成塑性区，这个过程称为位错发射。

(3) 对Ⅲ型裂纹，低层错能金属的塑性区与裂纹面共面，塑性区中的位错大多是扩展的螺位错；而高层错能金属中位错容易交滑移而离开原滑移面(裂纹面)，从而形成较大范围的塑性区。

(4) 对Ⅰ型裂纹，塑性区中主要是刃型位错，其滑移面不在裂纹面上，刃型位错在与裂纹面呈一定角度的滑移面上运动导致裂纹张开，使裂纹钝化。

(5) 在延性金属的亚型裂纹的塑性区位错伯格斯矢量的总和约等于(或略小于)试样厚度，说明这些位错提供大部分裂纹张开位移。在半脆性金属中塑性区位错数较少，不能用塑性区位错数来说明裂纹张开位移。

(6) 晶界是裂纹扩展的障碍。

(7) 在大部分金属中观察到裂尖和塑性区之间存在无位错区 DFZ(Dislocation Free Zone)。

(8) 从裂尖发射的位错滑移穿过无位错区进入塑性区，与其他位错一起构成塑性区位错结构。

(9) 延性金属的无位错区宽度比半脆性金属小。

上述工作的重要贡献是发现了裂纹尖端存在无位错区。已经在多种面心立方金属(例如 Al、Cu 和 Ni)、体心立方金属(例如 Mo、Nb 和 W)和不锈钢中观察到无位错区。图 4.7-5 所示为 Mo 单晶中观察到的裂尖无位错区和塑性区的照片。可以看出，裂纹尖端处存在 DFZ，接着是很长的位错塞积群。

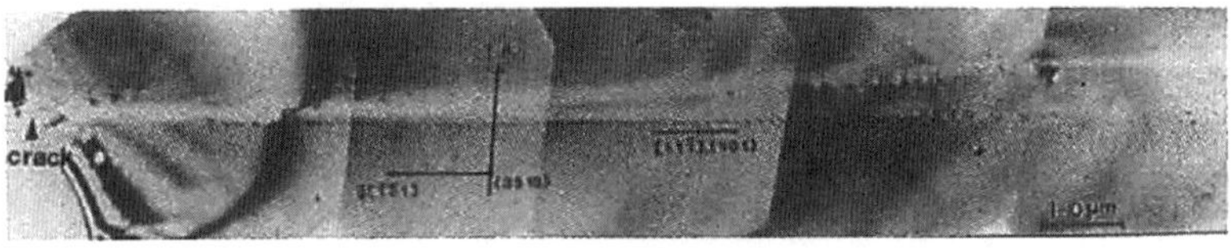

图 4.7-5 裂尖无位错区

参 考 文 献

[1] 刘孝敏．工程材料的微细观结构和力学性能[M]．合肥：中国科学技术大学出版社，2003.

[2] 哈宽富．金属力学性质的微观理论[M]．北京：科学出版社，1983.

[3] 中沢一，小林英男．固体の强度[M]．东京：共立出版株式会社，1976.

[4] 小林英男．破坏力学[M]．东京：共立出版株式会社，1993.

[5] 崔克清．安全工程大辞典[M]．北京：化学工业出版社．1995，165.

[6] 匡震邦，顾海澄，李中华．材料的力学行为[M]．北京：高等教育出版社，1998.

[7] Ohr S M. An electron microscope study of crack tip deformation and its impact on the dislocation theory of fracture[J]. Mater. Sci. Eng.，1985，59(1)：1-35.

[8] Orowan E. Fracture and Strength of Solids[J]. Reports on Progress in Physics，1949，12：185-232.

[9] Zielinski W，Lii M J，GerberichW W. Crack tip dislocation emission arrangements for equilibrium-I. in situ TEM observations of Fe-2wt%Si[J]. Acta Metallurgica et Materialia，1992，40(11)：2861-2871.

[10] 褚武杨．断裂力学基础[M]．北京：科学出版社，1979.

[11] Li Jc M. Dislocation modelling of physical system[M]. New York：Pergamon Press，1981.

[12] Thomson R M，Sinclair J E. Mechanics of cracks screened by dislocations[J]. Acta Metallurgica，1982，30(7)：1325-1334.

[13] Rice J R，Thomson R. Ductile versus brittle behaviour of crystals[J]. The Philosophical Magazine：A Journal of Theoretical Experimental and Applied Physics，1974，29(1)：73-97.

[14] Bilby B A，Cottrell A H，Swinden K H. The spread of plastic yield from a notch[J]. Proceedings of the Royal Society of London. Series A. Mathematical and Physical Sciences，1963，272(1350)：304-314.

[15] 余永宁，毛卫民．材料的结构[M]．北京：冶金工业出版社，2001.

[16] Cosslett V E. Radiation damage in the high resolution electron microscopy of biological materials：a review [J]. Journal of microscopy，1978，113(2)：113-129.

[17] Kobayashi S，Ohr S M. In situ fracture experiments in bcc metals[J]. Philosophical Magazine A，1980，42(6)：763-772.

[18] Kobayashi S，Ohr S M. In situ fracture experiments in bcc metals[J]. Philosophical Magazine A，1980，42(6)：763-772.

[19] Ganaha T，Pearce B P，Kerr H W. Grain structures in aluminum alloy GTA welds[J]. Metallurgical Transactions A，1980，11：1351-1359.

[20] Kobayashi S，Ohr S M. In situ observations of the formation of plastic zone ahead of a crack tip in copper [J]. Scripta Metallurgica，1981，15：343.

[21] Ohr S M，Chang S J. Dislocation-free zone model of fracture comparison with experiments[J]. Journal of Applied Physics，1982，53(8)：5645-5651.

第 5 章　蠕变损伤与断裂

5.1　概述

蠕变是指材料在力的作用下，经一定的时间后发生应变，且这样的应变量会随着服役的时间增加而出现连续累加的现象。蠕变损伤是指材料在蠕变变形过程中发生的损伤。当材料长时间处于中温或高温环境中，并受到恒定或不断增加的载荷时，会发生黏塑性应变，同时伴随着蠕变损伤。这种损伤也称为黏塑性损伤，它通常发生在较高温度下的金属材料和常温下的混凝土材料中。蠕变损伤是一个随时间而增大的过程，它会显著影响材料的性能和使用寿命。蠕变断裂是由蠕变变形最终导致材料断裂的现象。蠕变断裂分为韧性和脆性两种。韧性蠕变断裂通常表现为穿晶断裂，即裂纹沿着晶体内部扩展。在韧性蠕变断裂过程中，材料会发生显著的塑性变形，形成颈缩现象。这种断裂方式在金属等延性材料中较为常见。脆性蠕变断裂表现为沿晶断裂，即裂纹沿着晶粒边界扩展。在脆性蠕变断裂过程中，材料几乎不发生塑性变形，因此没有颈缩现象。这种断裂方式在玻璃等脆性材料中较为常见。

蠕变损伤机制是材料科学中一个重要的研究领域，它描述了材料在长时间恒温、恒应力(或恒应变)作用下，由于蠕变变形而逐渐发生的性能下降和损伤累积的过程。以下是蠕变损伤机制的主要方面：①微观结构缺陷。蠕变损伤起源于材料微观结构中的缺陷和分布不均。在高温和高应力的情况下，这些缺陷会引起材料内部的塑性变形和位错的大量运动。②塑性变形和位错运动。在高温和高应力作用下，材料内部的塑性变形和位错运动会导致晶格析出、开裂等损伤现象。这些变形包括晶间滑移、晶内滑移、晶界滑移等基本模式。③损伤累积。塑性变形和位错运动的持续进行会导致材料内部损伤的累积。随着时间的推移，这些损伤会逐渐累积并扩展，最终导致材料的性能下降和破坏。

蠕变断裂机制描述了材料在长时间恒温、恒应力(或恒应变)作用下，由于蠕变变形最终导致材料断裂的过程。这个过程涉及多个复杂的机制，主要的蠕变断裂机制如下：①空洞形核与长大。在蠕变过程中，材料内部可能会形成微小的空洞(或称为微孔洞)。这些空洞可能由材料内部的夹杂物、晶界上的析出物或位错堆积等引起。随着蠕变时间的增加，空洞会逐渐长大，并且可能通过空洞之间的连接而形成更大的孔洞或裂纹。②晶界滑移与裂纹形成。在高温蠕变过程中，晶界处的原子或离子由于热激活而容易发生滑移。这种晶界滑移可能导致晶界处的应力集中，进而形成裂纹。特别是在多晶材料中，不同晶粒之间的取向差异可能导致晶界处的应力状态更加复杂。③相变引起的蠕变断裂。在某些材料中，蠕变过程可能伴随着相变的发生。例如，某些合金在高温下可能会发生从一种晶体结构到另一种晶体结构的转变。这种相变可能导致体积变化、形状变化或应力状态的改变，进而促进裂纹的形成和扩展。④氧化与蠕变断裂。对于暴露在高温氧化环境中的金属材料，氧化作用可能显著影响蠕变断裂行为。氧化层可能形成在材料表面，导致材料的有效截面积减小，从而增加应力集中。此外，氧化层与基体之间的界面可能成为裂纹的萌生和扩展的通道。⑤蠕变-疲劳交互作用。在某些情况下，蠕变和疲劳可能会同时发生，并相互影响。例如，在循环载荷作用下，材料可能同时经历蠕变和疲劳损伤。这种交互作用可能导致材料性能加速下降，并促进裂纹的形成和扩展。⑥动态应变时效。在某些合金中，溶质原子(如 C、N 等)可能会与位错发生交互作用，形成柯氏气团。这些柯氏气团可能会阻碍位错的移动，导致材料在蠕变过程中出现应力集中和裂纹的形成。需要注意的是，不同的材料体系和实验条件下，蠕变断裂机制可能有所不同。因此，在实际应用中需要根据具体情况选择合适的蠕变断裂机制和模型来描述与分析材料的蠕变断裂行为。

通常来说，当有外力作用时，金属材料无论在任何温度下都将发生蠕变现象。区别在于当温度相对较小时，金属材料的蠕变应变量比较微小，几乎可以忽略不计。特别需要关注的是，当金属材料长时间在高温环境下工作时，蠕变应变量会累积到足以发生断裂，当温度在 $0.3T_m<T<T_m$(T_m 是材料开始熔化的温度，即熔点温度，T 为材料所处的环境温度)时蠕变变形更容易发生。影响金属材料蠕变行为的因素不仅是温度，还有时间和作用力，并且经过长时间服役的设备其整个蠕变变形是非常显著的。一般描述金属材料蠕变行为是用蠕变曲线进行描述的，通常情况下的金属材料发生蠕变时包括弹性应变，其蠕变曲线如图 5.1-1 所示。

由图 5.1-1 可以发现，图中 Oa 段是在加载阶段，金属材料发生瞬时弹性应变。通常研究人员将蠕变曲线分为三个阶段，从图中可以看出 ab 段是蠕变第一阶段，也称为减速蠕变阶段。bc 段是蠕变第二阶段，也称为蠕变稳态阶段。cd 段为蠕变第三阶段，也称为蠕变加速阶段。金属材料的应变随着时间的增加而增加。在蠕变曲线上任何一点做斜率，称此斜率为蠕变应变率，取蠕变应变率与时间关系得到图 5.1-2。

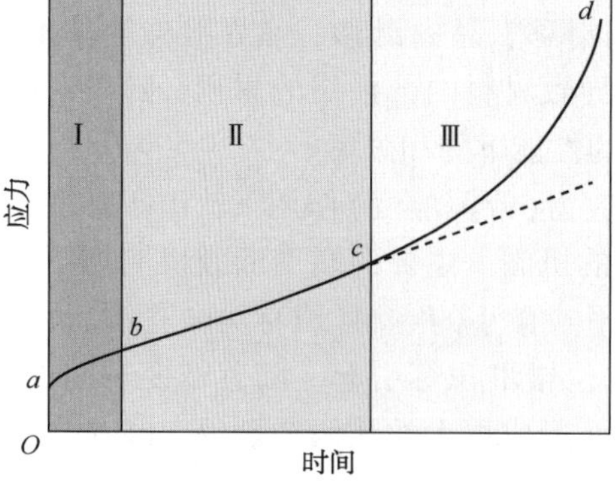

图 5.1-1　典型蠕变曲线

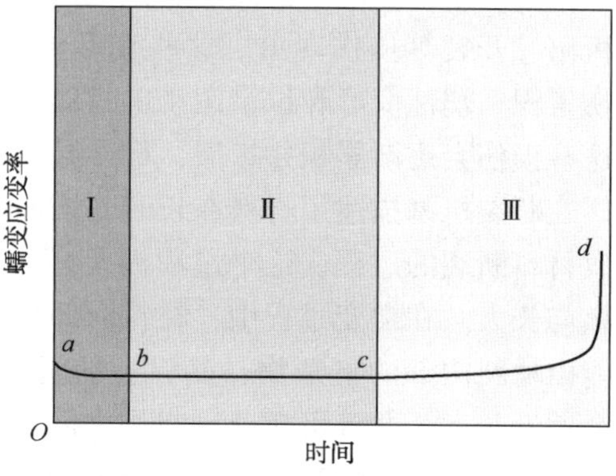

图 5.1-2　蠕变应变率曲线

由图 5.1-2 可知，蠕变应变率曲线相较于蠕变曲线更明显地突出蠕变三阶段特征。图 5.1-2可以发现，蠕变第一阶段的蠕变速率初始时很大，此时金属材料的加工硬化率远远大于回复软化速率，即在这一阶段是加工硬化占主导地位，所以随着时间的延长，蠕变速率会逐渐降低。对于奥氏体不锈钢来说，第一阶段持续时间相对其他两个阶段会较短，从蠕变应变量上看，相对于整个蠕变应变量来说是较小的。从图 5.1-2 可以发现，在蠕变第二阶段蠕变速率相对来说比较平稳，故这一阶段又称为稳态蠕变阶段。在这一阶段加工硬化速率和回复软化速率相持平，蠕变速率几乎处于一条直线上，且在这一阶段蠕变速率达到最小值。在蠕变第三阶段，金属材料内部的缺陷不断积累，如孔洞与微裂纹逐渐产生并随时间推移而长大，这时蠕变速率越来越大，会导致材料的有效承载截面积迅速减小，直至金属材料最终在 d 点发生失效并产生断裂。

金属在蠕变变形过程中其蠕变变形机理主要分为两大类：第一类是在扩散机理上形成的蠕变机理，第二类是在位错机理上形成的蠕变机理。对基于扩散的蠕变机理根据温度来划分，对应的有两种相应的变形机理，如图 5.1-3 所示。

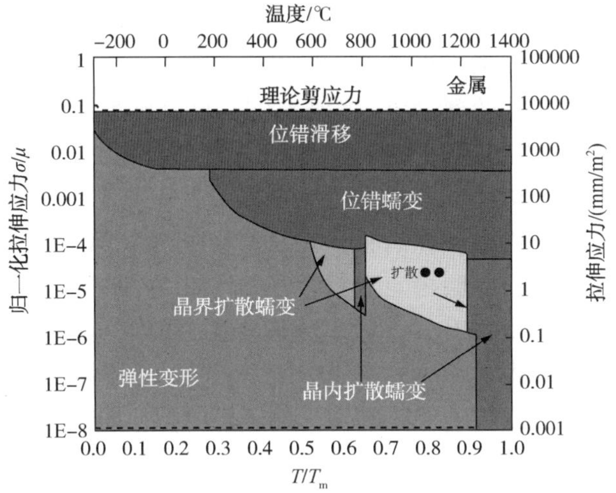

图 5.1-3　蠕变变形机理

5.2　蠕变空洞形核

空洞形核对材料的性能具有显著的影响。首先，空洞的形成和长大会导致材料的截面积减小，从而降低材料的承载能力。其次，空洞还可能成为裂纹的萌生和扩展的通道，促进裂纹的形成和扩展，导致材料的断裂失效。因此，空洞形核是蠕变损伤中需要重点关注和研究的损伤机制之一。自 1959 年 Hull 等提出他们的空洞生长模型以来，大量的文献从不同的角度研究了空洞的成核、生长和聚结，特别在 20 世纪 70-80 年代，空洞理论模型研究非常活跃，蠕变空洞的研究内涵也基本确定下来。空洞成核理论主要为应力诱导的非热空洞成核，空洞生长理论主要分为变形空洞生长、扩散空洞生长以及一些耦合模型。空洞通常在垂直于主应力方向的晶界上形核，且单位晶界上的空洞数量与蠕变应变近似成正比；空洞也可能在晶粒内形核，特别是在较高的外加应力条件下。此外，外加应力有助于蠕变空洞的形核，特别是在垂直于应力方向的晶界上。晶界上的不规则性，如硬的第二相粒子，也有利于空腔成核。尽管蠕变空洞往往与蠕变第三阶段变形有关，但实际上在蠕变的较早阶段空洞已经形核，且在整个蠕变过程中空洞一直在不断形核。

变形空洞生长由晶界滑移和晶粒的塑性变形引起。扩散空洞生长又分为限制性和非限制性空洞生长，限制性空洞生长空洞出现在孤立的晶界，空洞生长受周围蠕变流的限制；非限制性空洞生长空洞出现在所有晶界，自由生长直至断裂。这些理论模型对实际材料的显微结构作了简化，比如设想空洞大小相同且均匀地周期性地分布在晶界、空洞生长过程中数目不变、晶粒是规则的六方柱、晶界呈周期性以及不考虑空洞之间的相互作用等，能够定性或半定量地解释蠕变的一些现象，取得了一定的成功。

Raj 认为空洞和蠕变是力学上不同的过程，蠕变变形分为体积不发生变化的真蠕变和体积增加的空洞蠕变 2 个过程，实际上的单轴拉伸、压缩和弯曲蠕变，这种划分是没有意义的，因为通常是蠕变一开始就有空洞形成，而且空洞的成核遍及整个蠕变过程，不是所有的空洞都在蠕变开始成核。早期蠕变理论研究表明，空洞成核于应力集中容易得到释放的地方，这些位置是滑移带、亚晶界、晶界突起、第二相粒子与基体界面。对于单相多晶陶瓷材料，空洞主要成核于晶界和多晶界点。由于应力集中，使成核的应力大大减小。比如，拉伸应力下产生球形空洞所需的理论应力为 $E/100$，E 为弹性模量，这个应力至少比使用应力大 1 个数量级。这是因为在有利于空洞成核的位置应力集中产生了足够于空洞成核的应力。经典的非热空洞成核理论把成核机理分为两类，一是在应力诱导下的化学键断裂形成空位，空位凝聚成核；二是通过晶界滑移，在晶界突起、尖角处和多晶界点产生负压而使空洞成核。从热力学上考虑，空洞稳定成核存在一个临界尺寸，对于前者，空洞的临界半径与空洞的表面张力和作用应力有关，对于球形空洞，即 $R_c = 2\gamma_F/\sigma_a$；对于后者，空洞的临界半径取决于空洞的表面张力和晶界的滑移速率。从动力学上考虑，Raj 等认为某时刻的空洞成核速率是该时刻的可成核的位置数与成核概率的积，即：

$$n = \frac{4\pi\gamma_F}{\sigma_n \Omega^{\frac{4}{3}}} \rho_{max} \exp\left[-\frac{16\pi\gamma_F^3}{3\sigma_n^2 kT} \right] \qquad (5.2-1)$$

式中，γ_F 为空洞表面能；σ_n 为局部应力；Ω 为原子体积，ρ_{max} 为单位面积最大可成核位置数；kT 具有通常的意义。

根据空洞在晶界的分布把空洞成核分为均一空洞成核和非均一空洞成核。均一空洞成核模型认为空洞在晶界的分布呈一定的规律性，文献上采用图 5.2-1 所示的两种形式，以图 5.2-1(a) 的模型最为常见。不属于图 5.2-1 的空洞模型都称为非均一空洞模型。

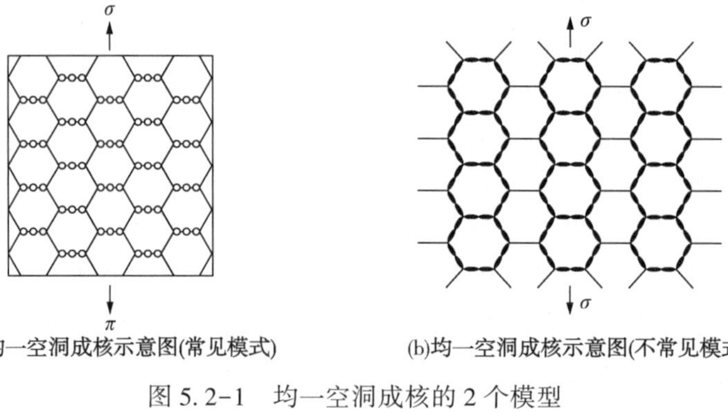

(a)均一空洞成核示意图(常见模式)　(b)均一空洞成核示意图(不常见模式)

图 5.2-1　均一空洞成核的 2 个模型

根据成核过程又把空洞成核分为瞬时空洞成核和持续空洞成核。瞬时空洞成核认为所有空洞在蠕变一开始就成核，即在蠕变过程中空洞数目不变。这种假设为多数的空洞生长理论所采用，因为数学处理上较为方便。持续空洞成核认为不是所有的空洞在蠕变一开始就成核。随着蠕变过程的进行，空洞的数目进一步增加，空洞成核或是持续到断裂，或是在蠕变断裂前空洞数目达到一个饱和值。早期空洞成核理论认为空洞数和应变成正比。

5.3 蠕变空洞的长大

蠕变空洞形核后通过吸收空位长大，其过程较为复杂。从微观上看，材料中总是存在一定的缺陷，如点缺陷(如空位)、线缺陷(如位错)、面缺陷(如晶界、相界)和体缺陷(如空洞、夹杂)。高温下韧性材料的破坏通常被认为是空洞绕夹杂或第二相粒子形成、长大和聚合的结果(图 5.3-1)。而根据 Cane 的研究，空洞的长大在材料蠕变失效中一般占据主导地位，即在高温构件失效的整个过程中，空洞长大经历的时间比另两者要长得多。

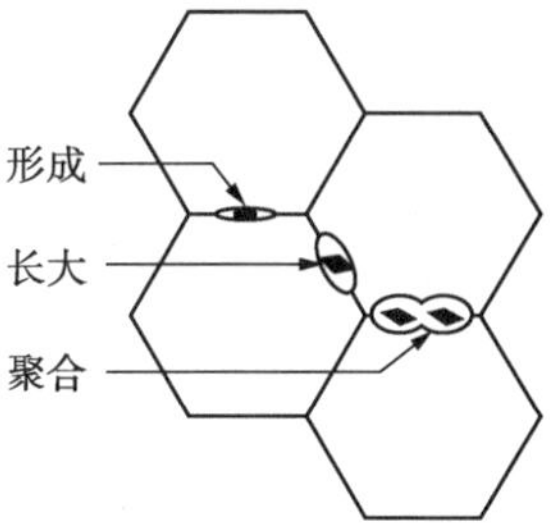

图 5.3-1 空洞的形成、长大与聚合

空洞长大的机理大致分为 3 类：①扩散控制空洞长大。此时的空洞增长率与扩散有关，在低的应变率或应力水平下及空洞尺寸比较小的时候(<1μm)，扩散控制空洞长大一般占据主导地位。②塑性控制空洞长大。当空洞尺寸增大时，扩散控制空洞长大的影响减弱很快，塑性控制空洞长大逐渐占据主导地位，此时空洞增长率与材料宏观黏塑性应变有关。在高应变率和高应变的情况下，空洞长大是由于空洞周围材料塑性变形引起的，因而从工程的观点来看，塑性控制的空洞长大比扩散控制的空洞长大更有意义。③受约束空洞长大。它与宏观黏塑性应变和扩散的耦合作用有关。在低应力的情况下，由于晶间空洞长大引起的局部变形率超过了周围材料的变形率，应力就会重新分布，直至空洞引起的局部应变率等于外加应力引起的较远处的应变率。在简单载荷作用下，3 种空洞长大机理作用下的空洞增长率和失效应变如表 5.3-1 所示。

表 5.3-1 不同空洞长大机理作用下的空洞增长率和失效应变

空洞长大方式	空洞增长率	失效应变
扩散控制空洞长大	$\dot{r}=B_1\dot{e}$	$\dot{\varepsilon}_f=\lambda/2B_1$
塑性控制空洞长大	$\dot{r}=B_1\sigma$	$\dot{\varepsilon}_f=(\lambda A/2B_2)\sigma^n$
受约束空洞长大	$\dot{r}=d\,\dot{\varepsilon}\lambda^2/4\pi r$	$\dot{\varepsilon}_f=\pi\lambda/6d$

5.4 蠕变裂纹扩展的空洞长大模型

Hull-Rimmer 模型是最早被提出并被广为引用的非限制性空洞生长模型。该理论的背景是 Mclean-Gifkins 模型中以晶界附近的晶格为空位扩散路径预言出的空洞生长速率与多种金属实验测定的结果差别很大，因而他们设想晶界是空位源并且空位扩散通过晶界进行。他们提出如图 5. 4-1 所示的空洞模型，并假设：空洞是球形的并呈立方阵列；空洞表面的化学位为 $2\gamma\Omega/R$ 并不受应力影响；空洞成核为瞬时成核；晶界为无穷尽的完美的空位源，即晶界相不存在位错、沉淀和杂质等缺陷，空位源均匀分布于空洞之间；空洞生长为平衡空洞生长，即空洞生长过程中仍保持球形；原子的迁移局限于距空洞表面为 W 的区域。

Speight 等首先对上述模型进行改进并获得了成功。更新之处主要是：空位源位于 $r=a/2$ 的圆周上而不是像 Hull-Rimmer 模型所叙述的位于空洞中间；纠正了 Hull-Rimmer 模型中的宽距离空洞长得快而近距离空洞长得慢的概念性错误，Speight-Harris 模型的缺陷是认为空洞之间中点的正应力等于施加应力，这说明横贯晶界的积分应力的平均值小于作用应力。

以上所讨论的非限制性扩散空洞生长对晶粒和空洞的几何尺寸和空间排列都假想是特定的并具有一定的周期性，这些假设和材料的实际显微结构相去甚远。Yu 等提出了不同尺寸无规分布的持续和瞬时成核空洞的晶界空洞的生长模型，该模型考虑了准平衡空洞、裂纹型空洞和复合空洞 3 种情形，图 5. 4-2 所示为准平衡空洞模型，处理的结果和一些金属的实验结果能很好地符合，但这些模型仍不能代表实际材料的显微结构，比如准平衡空洞模型考虑的是两种尺度的空洞的一维相间排列，只不过周期性复杂一点罢了。

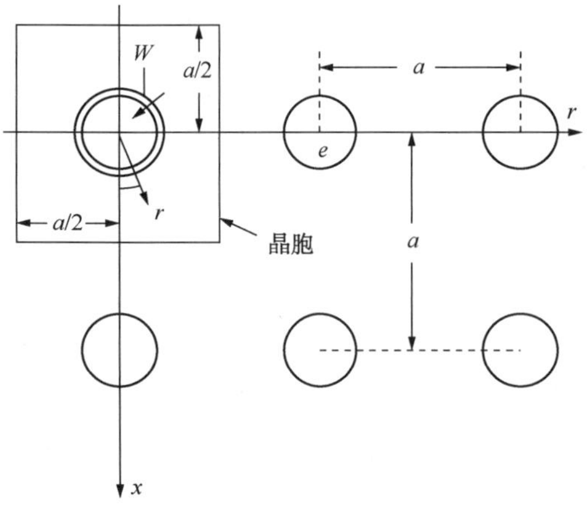

图 5. 4-1　Hull-Rimmer 模型

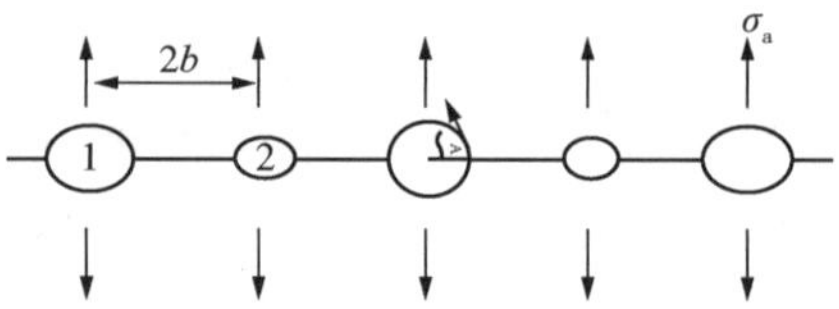

图 5. 4-2　准平衡空洞模型

5. 5　控制蠕变裂纹扩展的断裂力学参数

在蠕变范围内，材料的蠕变速度与载荷应力的关系，用 Norton 蠕变定律描述，即：

$$\dot{\varepsilon}=A(T)\sigma^{n} \tag{5. 5-1}$$

式中，n 为蠕变指数，是与材料性能有关的常数；$A(T)$ 为与材料和温度 T 有关的常数。对于承受均匀蠕变载荷的构件材料，条件失效判据已经提出，例如 1%蠕变极限。因此，可以通过试验或者计算的方法，确定构件的条件极限蠕变形变 ε_c。然后，根据应力和蠕变速度的关系，在获得蠕变速度后预测构件的寿命，即：

$$t_c=\varepsilon_c/\dot{\varepsilon} \tag{5. 5-2}$$

式中，t_c 为条件寿命时间。这表明，应力 σ 对承受均匀蠕变载荷的构件材料的形变和寿命起控制作用。

对于有裂纹的构件即裂纹体，Riedel 和 Rice 从裂纹尖端应力场的一般形式出发，对于当外力作用于裂纹体后很短的时间以及很长的时间这两种极端情况，推导出：

$$\sigma_{ij}=\left[\frac{C(t)}{\text{In}Ar}\right]^{\frac{1}{(n+1)}}\times\widetilde{\sigma_{ij}}(\theta) \tag{5.5-3}$$

式中，$C(t)$为与外力和时间有关的应力场幅值；r 和 θ 为极坐标；A 和蠕变指数 n 是 Norton 蠕变定律中的材料常数；其余两个值为与 n 和 θ 有关的、以列表形式给出数值的函数。

在平面应变状态下，式(5.5-3)可以写为：

$$K_{\text{I}}=\frac{F}{B\sqrt{W}}f\left(\frac{a}{W}\right) \tag{5.5-4}$$

式中，B 为试样厚度；W 为试样宽度；F 为加载力，$f\left(\frac{a}{W}\right)$为考虑缺陷和部件几何的函数；$K_{\text{I}}$ 为张开型加载条件下的应力强度因子。

5.6 基于蠕变损伤断裂的持久寿命预测

持久强度的定义为：在规定的试验温度和规定服役时间内试样不发生断裂所能承受的最大应力。由于实际服役条件下高温部件的使用时间很长，因此，通常的持久试验通过提高试验温度(相比于实际服役温度)以及提高服役应力(相比于实际服役应力)来加速进行，如图 5.6-1 所示。在进行蠕变持久试验的同时，可以记录试验过程中的蠕变信息。根据持久试验结果，按照适当的模型进行外推可以得到较长服役时间下的蠕变持久强度。在一定范围内合理外推一定服役时间下的持久强度可以为部件的使用条件提供参考。需要注意的是，在外推时间较长时，其外推结果由于蠕变机制的改变导致外推关系会偏离原来的直线关系。

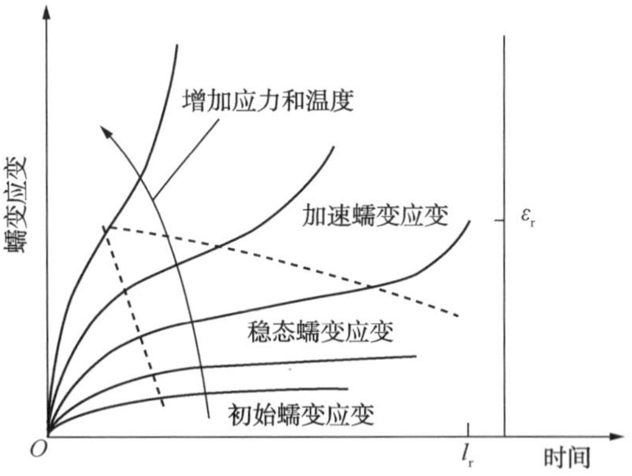

图 5.6-1 温度、应力对蠕变行为的影响

通常，对于在高温和一定应力下服役的高温材料，要求其满足一定的寿命要求，高温部件的意外失效会带来重大的经济损失，严重时，会造成人员伤亡。对乙烯裂解炉管而言，要求其在服役条件下的使用寿命大于 105h，为了保证企业的安全生产，防止意外的发生，可以挖掘高温材料的潜能，做到物尽其用，节约能源和资源，对能够准确地进行寿命评估显得尤为重要。目前，已经提出了多种基于不同理论、假设的外推方法，通常的预测方法是进行蠕变持久试验。显然，在实际服役条件下进行持久试验来进行参考，长达 105h，是不合理的。目前，通过提高一定的试验温度和应力的方法来加速试验，再通过一定处理，

预测其在服役条件下的持久寿命，以达到预估裂解炉管寿命的目的。

TTP 参数法是在工程中，为综合考虑服役应力、服役温度和蠕变持久断裂时间之间的关系，将蠕变断裂时间 t_r 和试验温度 T 综合表示为一个时间-温度(Time-Temperature Parameter，TTP)参数，并建立起 TTP 参数与应力 σ 之间的关系：

$$f(t_r, T)=P(\sigma) \tag{5.6-1}$$

常用的 TTP 参数法有拉森-米勒参数法(亦称 Larson-Miller 参数法，LM 参数法)、曼森-哈佛参数法(亦称 Manson-Haferd 参数法，MH 参数法)及 OSD 参数法(亦称葛庭燧-顿恩参数法、KD 参数法)等。

通过处理短时持久寿命数据预测构件实际服役寿命存在一定局限性，若应力与 TTP 参数之间的关系是非线性的，则使用 TTP 方法进行外推预估的寿命不可靠。高温部件在实际服役过程中，其蠕变寿命通常在几年甚至十几年，通过试验获得完整的蠕变曲线几乎不可能，即使得到也会消耗大量的金钱，降低产品投产的效率，且仅利用持久数据进行预测忽略了蠕变过程的很多信息，如若能结合蠕变过程中的信息，加以整合分析，进行预估，可以为蠕变寿命预测提供新的思路。20 世纪后期，依据蠕变数据进行寿命评估的方法有了一定发展，学者们提出了许多描述蠕变曲线的模型，通过一定的模型外推在特定服役条件下的蠕变曲线，设定一定的断裂变形，进而求得服役条件下的持久寿命，达到评估高温部件持久寿命的目的。

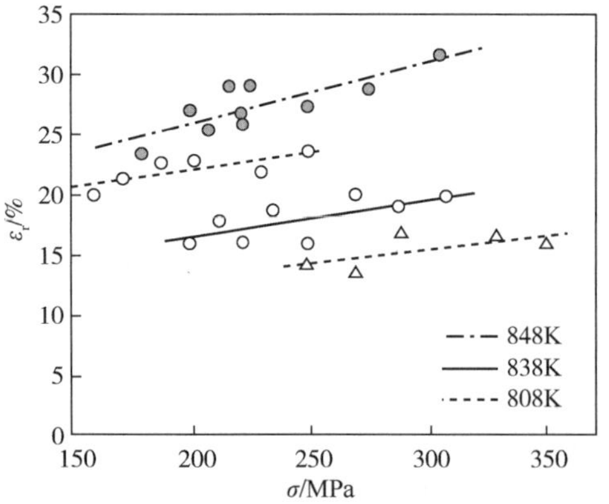

图 5.6-2　蠕变断裂应变与应力之间的关系

Brown 等、Wilshire 等和 Evan 等，于 1982 年提出 θ 投影法，其基本思想是根据蠕变曲线的三个阶段选择适当方程对蠕变曲线进行拟合，进而根据高应力短时试验得到的蠕变曲线外推实际服役应力条件下的蠕变曲线(图 5.6-2)。蠕变断裂伸长率随试验应力的增加而增加，蠕变断裂伸长率与试验温度 T、应力 σ 之间的关系可用式(5.6-2)表示：

$$\varepsilon_r=a+b\sigma+cT+\mathrm{d}T\sigma \tag{5.6-2}$$

式中，a、b、c、d 为材料常数。

基于预测得到的蠕变曲线，以及根据式(5.6-2)求得的一定试验条件下的断裂应变，可以在预测蠕变曲线中截取断裂应变所对应的时间，即为通过 θ 法计算预测得到的高温持久寿命。

1986 年，Parger 提出一种基于蠕变变形速率对蠕变持久寿命进行评估的方法——Ω 法，此方法在耐热钢的部分领域得到了广泛应用。该模型的核心思想是基于材料抵抗蠕变变形的能力会随着蠕变变形的增加而减少，因此，蠕变应变速率 $\dot{\varepsilon}$ 不仅与剩余寿命相关，同时，也是服役时间的函数，Ω 法中规定蠕变速率的表达式为：

$$\dot{\varepsilon}=\dot{\varepsilon}_0 e^{\Omega_\varepsilon} \tag{5.6-3}$$

式中，$\dot{\varepsilon}$ 为蠕变应变速率；$\dot{\varepsilon}_0$ 为初始蠕变速率；Ω 为与温度和应力相关的变量，表征了随服役时间的增加蠕变速率的发展趋势；e 为当前的蠕变变形。

对其积分，可以得出：

$$\frac{1}{\dot{\varepsilon}_0 \Omega}(1-e^{\Omega_\varepsilon})=t \tag{5.6-4}$$

对于蠕变初始阶段很短的情况，最小蠕变速率和初始蠕变速率接近，初始蠕变速率 $\dot{\varepsilon}_0$ 可以用最小蠕变速率 $\dot{\varepsilon}_{min}$ 替换；当 Ω_ε 的值很大时，指数部分$(1-e^{\Omega_\varepsilon})$就可以忽略不计，可粗略表达为：$1/(\varepsilon_0\Omega)$，就可以根据蠕变曲线得到初始蠕变速率（最小蠕变速率）和 Ω 的值求得该试验条件下的蠕变持久寿命，进行寿命预测。

参 考 文 献

[1] 穆霞英. 蠕变力学[M]. 西安：西安交通大学出版社，1990.

[2] Guguloth K, Roy N. Creep deformation behavior of 9Cr1MoVNb(ASME Grade 91) steel[J]. Materials Science and Engineering: A, 2017, 680(5): 388-404.

[3] 张琦. P91钢高温蠕变行为模拟[D]. 西安：西北大学，2018.

[4] Bhaduri A. Mechanical properties and working of metals and alloys[M]. Singapore: Springer Singapore, 2018.

[5] Hull D, Rimmer D E. The growth of grain boundary voids un-der stress[J]. Phil. Mag., 1959, 4(42): 673-687.

[6] Raj R. Separation cavity-strain and creep-strain during deformation[J]. Am. Ceram. Soc., 1982, 65(1): C-463.

[7] Evans H E. Mechanisms of creep rupture[M]. London: Elsevier Applied Science Publishers, 1984.

[8] Riedel H. Fracture at high-temperatures[M]. Berlin Heidberg: Springer-Verlag, 1987.

[9] Raj R, Ashby M E. Intergranular fracture at elevated temperature[J]. Acta Metall., 1975, 23(6): 653-664.

[10] Dyson B F. Continuous cavity nucleation and creep rupture[J]. Scripta Metall., 1983, 17(1): 31-37.

[11] Kasser M E, Hayes T A. Creep cavitation in metals[J]. International Journal of Plascity, 2003, 19: 1715-1748.

[12] Cane B J. Creep damage accumulation and failure criteria in creep brittle ferritic weldment structures[A]. in: Proceedings of International Conference on Welding Technology for Energy Applications[C]//Gatlingburg, Tennessee: American Welding Society, 1982, 623.

[13] Hales R. The role of cavity growth mechanisms in determining creep rupture under multi-axial stresses[J]. Fatigue and Fracture of Engineering Materials and Structures, 1994, 17: 579-591.

[14] Michel B. Formulation of a new intergranular creep damage model for austeniticstainless steels[J]. Nuclear Engineering and Design, 2004, 227: 161-174.

[15] Nicolaou P D, Semiatin S L, Ghosh A K. An analysis of the effect of cavity nucleation rate and cavity coalescence on the tensile behaviour of superplastic materials[J]. Metallurgical and Materials Transactions, 2000, 31(5): 1425-1434.

[16] Evans H E. Mechanisms of creep rupture[M]. London: ElsevierApplied Science Publishers, 1984, 102.

[17] Speight M V, Harris J E. The kinetics of stress-induced growth of grain boundary voids[J]. Met. Sci., 1967, 1(5): 83-85.

[18] Yu J, Chung J O. Creep rupture by diffusion growth of randomly distributed cavities-Ⅰ. instaneous cavity nucleation[J]. Actametall, 1990, 38(8): 1423-1434.

[19] Yu J, Chung J O. Creep rupture by diffusion growth of randomly distributed cavities-Ⅱ. continual cavity nucleation[J]. Actametall, 1990, 38(8): 1435-1443.
[20] 刘薪月. Zc 方法评价耐热钢蠕变变形与持久寿命关系[D]. 大连：大连理工大学，2018.
[21] 赵杰. 耐热钢持久性能的统计分析及可靠性预测[M]. 北京：科学出版社，2011.
[22] Šeruga D, Nagode M. Unification of the most commonly used time-temperature creep parameters[J]. Materials Science & Engineering A, 2011, 528(6): 2804-2811.
[23] 涂善东. 高温结构完整性原理[M]. 北京：科学出版社，2003.
[24] Brown S G R, Evans R W, Wilshire B. A comparison of extrapolation techniques for long-term creep strain and creep life prediction based on equations designed to represent creep curve shape[J]. International Journal of Pressure Vessels & Piping, 1986, 24(3): 251-268.
[25] Wilshire B, Owen D R J. Recent advances in creep and fracture of engineering materials and structures [M]. Swansea: Pineridge, 1982.
[26] Evans R W, Wilshire B. Creep of metals and alloys[J]. Zeitschrift Für Metallkunde, 1985, 96(6).
[27] Yeom J T, Kim J Y, Na Y S, et al. Creep strain and creep-life prediction for alloy 718 using the omega method[J]. Metals & Materials International, 2003, 9(6): 555-560.
[28] Prager M. The omega method-an engineering approach to life assessment[J]. Journal of Pressure Vessel Technology, 2000, 122(3): 273.

第 6 章　循环变形与疲劳断裂

6.1　单晶体金属的循环变形

金属在低周疲劳过程中，由于交变应力的作用会出现循环硬化或软化现象。这种性能的变化对动强度设计十分重要。沉淀强化的材料普遍会发生循环软化。一种原因认为交变载荷作用下局部区域共格或半共格，第二相粒子的重新溶解可以引起软化。这种机制在低温回火马氏体钢、时效铝合金及铜合金中得到实验证明。

经过充分退火的单晶体受到对称循环应变作用时，在最初的几十周会表现出快速的循环硬化现象，单晶体的循环硬化快慢与晶体取向及所施加的塑性应变幅有关。随着应变的连续作用，硬化速率逐渐降低，最后达到一种称为饱和的准稳态形变状态，随后循环应力基本不再变化。对于单滑移取向铜单晶体，采用其主滑移系的 Schmid 因子 Ω 计算出饱和分解切应力及塑性分解切应变，Mughrabi 建立了著名的铜单晶体循环应力-应变(CSS)曲线。如图 6.1-1 所示，单滑移取向铜单晶体的 CSS 曲线分别为 A、B 及 C 三个区域。在 A 区，饱和分解切应力值 τ_{as} 随施加的塑性切应变幅增加而升高。其后的 B 区，饱和分解切应力与施加的塑性分解切应变幅无关，呈现出平台性质，B 区一直延伸到塑性分解切应力切应变 γ_{pLPC} 处。塑性切应变幅进一步增加会使饱和分解切应力 τ_{as} 再次增加，该区即为 CSS 曲线的 C 区。即 A 区是饱和应力随应变幅的增加而增加，表现出加工硬化的区域；当处于 B 区时，饱和应力对塑性应变幅值不敏感；在 C 区时，饱和应力随塑性应变幅的增加而急剧增加。

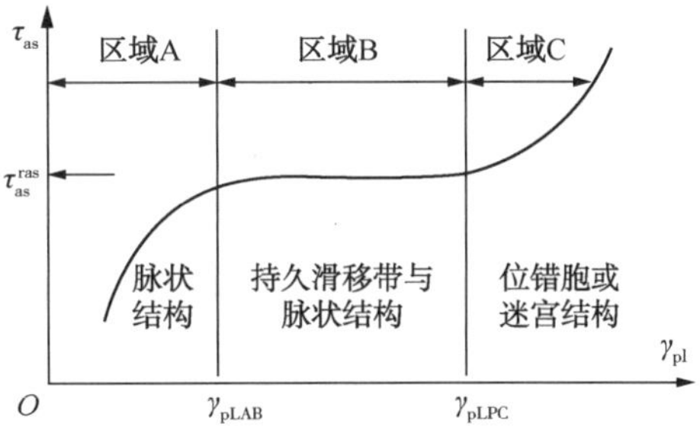

图 6.1-1　单滑移取向铜单晶体的 CSS 曲线与循环饱和位错组态对应关系示意

对于双滑移及多滑移取向铜单晶体循环形变方面的研究相对较少，但共同的特点是晶体的相对取向，即晶体的应力轴在标准极射三角形三条边上的位置对其循环变形行为影响较大。目前，国内外不同研究者已对典型的双滑移及多滑移取向铜单晶体进行了研究，其中研究相对细致和深入的为[001]取向铜单晶体。

当承受了一定量的拉伸塑性变形的延性金属再受到反向载荷时，压缩的初始屈服应力值低于拉伸变形的屈服应力值，这个现象称为包辛格效应。包辛格效应与材料的内应力有关。例如，在拉伸变形中形成的塞积群在滑移面上产生反应力，阻碍位错运动，反向加载时这个反应力就成了位错运动的驱动力，因此反向屈服所需的外应力就会减小。

6.2 循环变形中位错亚结构的变化

当应变幅较小时，会形成束状构造的位错，随着循环变形的持续进行，位错束数量增加。这些位错束对主滑移系统上的位错运动起阻碍作用，导致快速的循环硬化。这些位错束对应于图 6.2-1 中 I 区，即较小的应变幅下因位错的增殖而快速硬化。

当应变幅达到图 6.2-1 中Ⅱ区时，会形成驻留滑移带(Persistent Slip Bands，PSB)，带内呈现出“梯状”，即形成了位错墙和位错通道，如图 6.2-2 所示。由于滑移集中在 PSB 内进展，PSB 内统一滑移面上位错都是同方向运动的平行位错，滑移阻力较小，表现为在循环 $\sigma-\varepsilon$ 曲线Ⅱ区内几乎不发生硬化。

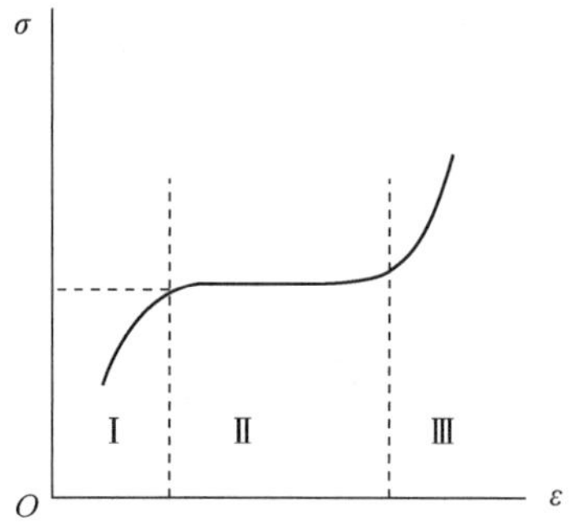

图 6.2-1　循环 $\sigma-\varepsilon$ 曲线

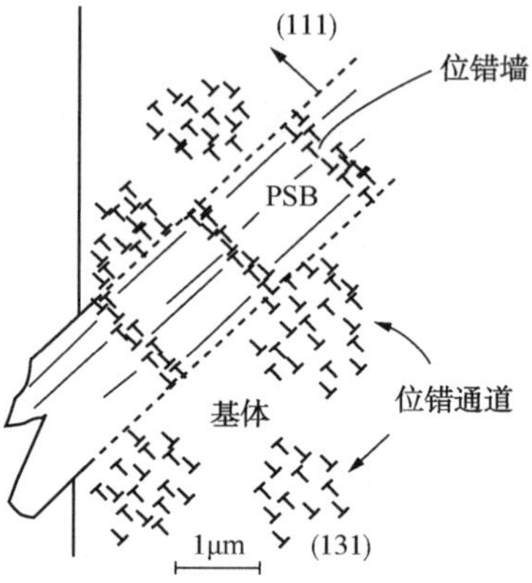

图 6.2-2　驻留滑移带示意

当应变幅增加到Ⅲ区，出现胞状结构或亚晶，这与二次滑移系统的开动有关。

位错结构由束状结构→PSB→亚结构的变化过程受许多因素的影响。一般来说，温度越高，循环次数越多，塑性应变幅越大，结构变化越快。固溶体合金在循环变形中位错亚结构形成规律与纯金属相同，但固溶原子一般降低层错能，促进平面滑移，使亚结构形成时间变长。弥散分布的第二相使位错分布更加均匀，减少变形集中在 PSB 的倾向。

循环变形初期位错结构和单向变形相似，位错密度迅速增加并形成不均匀位错结构，循环变形的位错束类似于单向变形的位错缠结。但在 PSB 形成过程中，循环变形呈现出差异性。循环变形和单向变形的区别主要有：

（1）循环变形的位错密度明显高于单向变形；

（2）PSB 的产生和它的位错墙结构是循环变形所特有的；

（3）单向拉伸在试样外表上产生“台阶”状的滑移痕迹，而循环变形的粗糙外表由“峰”和“谷”构成，它们是 PSB 在自由外表的出口，分别被称为“挤出”和“侵入”；

（4）应力-应变曲线存在饱和区段，在此区段内分切应力峰值与塑性切应变幅无关，这也是循环变形中所特有的。

6.3　实际材料的循环变形

材料在对称应变控制循环加载下响应应力幅值随循环周次的增加逐渐增大的现象叫作循环硬化行为，随循环周次的增加而降低的现象叫循环软化行为。与循环硬化和循环软化不同，材料的响应应力幅值随循环周次增加而基本保持不变的现象叫作循环稳定现象，该类材料称为循环稳定材料。一些学者对铝合金摩擦搅拌焊、铝合金激光-电弧复合焊和钛铝合金摩擦焊焊接接头在应变控制下的循环软/硬化行为进行了研究。

而非对称应力循环载荷作用下，材料会产生一种循环塑性应变累积的现象，即棘轮效应，棘轮变形往往导致结构件变形过大，从而发生失效破坏。

Miyazaki 等研究了循环变形对镍钛形状记忆合金的超弹性的影响，结果显示：在循环变形过程中，应力-应变滞回环的面积和相变应力随着循环周次的增加而减小，而残余应变随着循环周次的增加而增加，且这种影响会随着加载应力水平的提高而增大；循环变形对镍钛合金超弹性性能的影响主要来源于马氏体相变产生的位错滑移；热力耦合循环训练有助于材料超弹性性能的影响。

6.4　疲劳裂纹萌生

20 世纪五六十年代，位错理论的提出和发展为解释疲劳裂纹的萌生和扩展奠定了基础。位错的重要作用在于它能够同塑性变形中材料的滑移相联系。早期对疲劳裂纹萌生的研究主要是通过一些假设的模型来进行。随着显微观察技术的进步，Finey 等用实验的方法测出了铜单晶在疲劳过程中形成的滑移台阶的高度，指出台阶的高度与塑性应变幅成正比。1981 年，Cheng 等研究表明，裂纹会优先在最高滑移不均匀性和最大应变局部化的 PSB 处形核。图 6.4-1 所示为在材料塑性变形中，材料表面形貌发生的不同变化示意。图 6.4-1(a) 所示为单向加载过程中产生的类似于楼梯形状的滑移台阶，图 6.4-1(b) 所示为循环变形过程中产生的滑移带的“挤出”和“侵入”。此外，研究人员还对试样表面状况、环境及循环滑移不可逆性等对裂纹萌生的影响进行了深入研究。

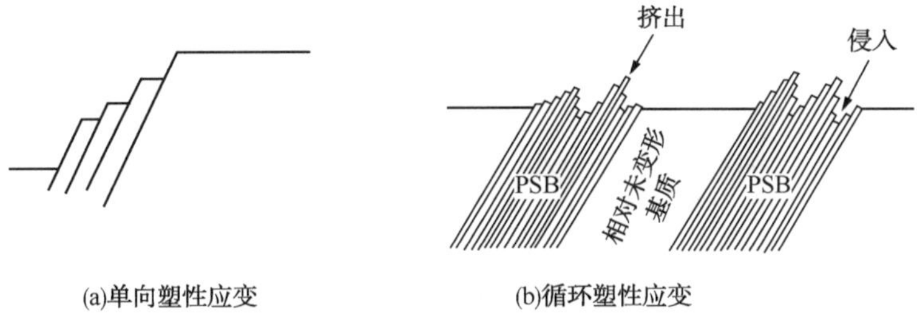

图 6.4-1　材料表面在塑性变形过程中发生的不同变化

PSB 与基体间的界面是不连续面，此面的两侧位错密度和分布会有一个突变。这些界面也可能成为疲劳裂纹萌生的有利地点。

由于疲劳裂纹一般在表面萌生，所以对环境非常敏感。在空气或腐蚀性环境中，拉伸半周期产生的滑移台阶会被氧化或吸附氧、氢等物质；载荷反向时氧化物或吸附物将会沿着 PSB 进入材料内部，促进裂纹形核，或者使反向滑移难以进行，促进表面粗糙化。并且如果材料表面发生了局部腐蚀，那么腐蚀坑可能直接成为疲劳裂纹形核点。在疲劳循环过程中，局部腐蚀通常发生在以下部位：

（1）表面“挤出”和“侵入”的部位。该部位通常为新生表面，没有钝化膜，容易发生局部腐蚀；

（2）表面钝化膜局部破裂处裸露的新鲜表面；

（3）表面的夹杂物，如硫化物颗粒。

6.5 疲劳裂纹扩展

疲劳研究领域的另一个方面是疲劳裂纹的扩展。在循环加载条件下，大多数金属材料在发生断裂失效之前都要经历一段裂纹的稳态扩展，而裂纹的快速扩展无疑会缩短构件的使用寿命。因此，需要研究带裂纹或者缺陷构件在不同条件下的裂纹扩展速率，弄清裂纹扩展机制。

大多数金属材料的 da/dN-$\lg\Delta K$ 曲线呈现如图 6.5-1 所示的 S 形变化规律。曲线分为三个区域，即典型的疲劳裂纹扩展的三个阶段：近门槛区、Paris 区和高速扩展区。在高速扩展区，ΔK 接近于材料的断裂韧性 K_c（平面应变条件下为 K_{Ic}），因而扩展速率很大，占疲劳寿命的比重可以忽略。疲劳裂纹扩展寿命大部分消耗在近门槛区和 Paris 区。对于金属材料，上述各阶段的疲劳裂纹扩展具有不同的特征，表 6.5-1 所示为这三个疲劳裂纹扩展区段的特征。

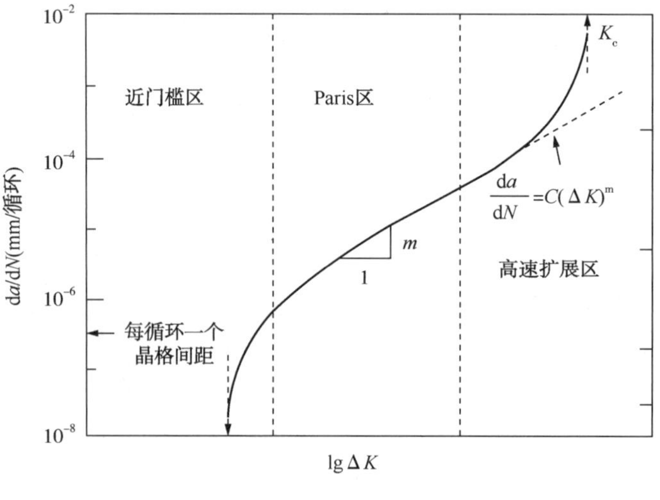

图 6.5-1 疲劳裂纹扩展不同区段的示意

表 6.5-1 三个疲劳裂纹扩展区段的特征

区段	A	B	C
术语	低扩展速率区(近门槛区)	中速稳定扩展区(Paris 区)	高速扩展区
微观失效模式	第Ⅰ阶段，单剪切	第Ⅱ阶段，辉纹或双滑移	附加静态模式
断口形貌特征	小平面或锯齿形	带小波纹的平面形	解理、准解理或微孔洞聚集
裂纹闭合程度	高	低	中
微观组织的影响	大	小	大
应力比的影响	大	小	大
环境的影响	大	复杂	小
应力状态的影响	小	大	大
近顶端塑性区	小于或等于晶粒尺寸	大于或等于晶粒尺寸	远大于晶粒尺寸

6.6 疲劳裂纹扩展的断裂力学问题

钢构件在生产和加工过程中会不可避免地造成初始缺陷，如采用焊接引起的夹杂、气孔和裂纹等缺陷，这些缺陷会导致应力集中，从而引起疲劳断裂。断裂力学理论可以计算出初始缺陷发展多久会产生构件脆性断裂以及在多大的应力状态下会导致构件疲劳破坏。初始裂纹从构件制造之初就存在，要想在结构发生疲劳断裂之前就采取相应措施维修加固，避免突发事故的发生，就需要预测结构初始裂纹的扩展规律和最终破坏断裂时间。基于断裂力学的疲劳分析方法假定焊接构件一开始就存在初始缺陷，由缺陷处萌生裂纹并扩展。该方法主要研究疲劳裂纹，定义裂纹尖端的应力强度因子为疲劳控制参量来分析裂纹的扩展规律，并由此预测结构的疲劳寿命。目前工程上最常用的描述裂纹扩展规律的公式是 Paris 公式：

$$\frac{\mathrm{d}a}{\mathrm{d}N}=C(\Delta K)^{m}$$
$$N=\int_{a_0}^{a_c}\frac{\mathrm{d}a}{C(\Delta K)^{m}} \tag{6.6-1}$$

式中，a 为裂纹长度；N 为循环次数；C、m 为材料相关参数；ΔK 为应力强度因子。由此，可以计算出裂纹从初始萌发到完全破坏经历的循环作用次数。

基于 S-N 曲线的传统疲劳分析方法在分析疲劳性能和预测疲劳寿命具有许多不足，并且该方法需要进行大量实验，结果受很多客观因素影响导致对于分析复杂结构失效。基于断裂力学的疲劳分析结果较安全保守，在桥梁、船舶、航天等工程领域均应用广泛。

6.7 裂纹闭合

1971 年，Elber 通过大量实验研究发现即使在拉伸载荷作用下裂纹上下表面也会出现接触现象，并基于这一现象提出了塑性诱导裂纹闭合理论(图 6.7-1)。该理论认为在循环载荷作用下，裂纹尖端发生塑性变形，而在塑性区外的材料只发生弹性变形，裂纹扩展过程中裂纹尖端穿过塑性区，并在后方留下塑性变形区(塑性尾迹区)，在卸载过程中，发生弹性变形的材料开始恢复变形，在这个过程中对塑性尾迹区形成了压应力，导致裂纹面提前闭合。塑性诱导裂纹闭合理论表明裂纹面在完全张开之前，外加载荷对裂纹扩展没有贡献。于是 Elber 修正了 Paris 公式，并将有效应力强度因子范围 ΔK_{eff} 作为裂纹扩展驱动力，即：

$$\Delta K_{eff} = K_{max} - K_{op}$$

式中，K_{op} 为裂纹张开应力强度因子；K_{max} 为最大应力强度因子。

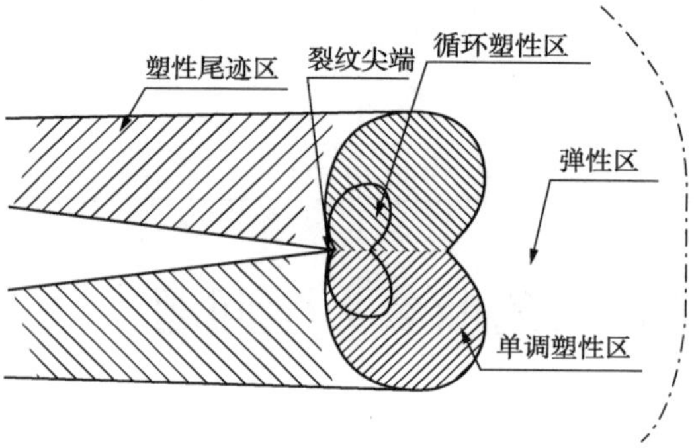

图 6.7-1　裂纹尖端区示意

由于裂纹闭合试验检测难度较大，裂纹闭合之初备受争议，随着科技的发展，多位学者通过实验研究证明了裂纹闭合现象的存在，闭合理论开始被众人接受，在这之后，大量的研究者又根据裂纹闭合的诱因不同，提出了表面粗糙度诱导裂纹闭合、氧化物诱导裂纹闭合、相变诱导裂纹闭合等，具体诱导方式如图 6.7-2 所示，就目前看来，塑性诱导裂纹闭合仍然是被众人最认可的理论。

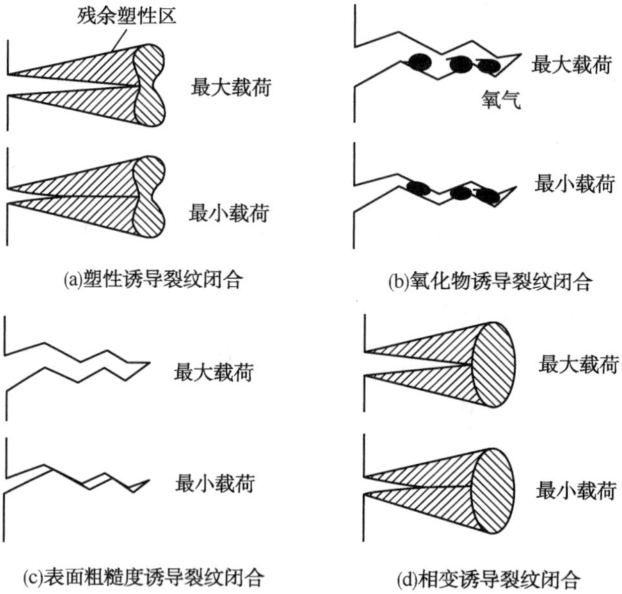

图 6.7-2　几种常见的疲劳裂纹闭合效应诱发机制

裂纹闭合现象对疲劳裂纹扩展有着十分重要的影响，由于裂纹面的提前接触，减弱了裂纹尖端的应力应变场，降低了疲劳扩展速率，大大延长了裂纹件的使用寿命，并且塑性诱导裂纹闭合理论能够很好地解释裂纹过载后的迟滞现象。一般认为，当施加过载后，裂纹尖端发生钝化，此时裂纹完全张开，闭合现象消失，导致疲劳裂纹扩展速度短暂瞬时上升，随着裂纹的扩展，过载造成的尾迹区残余压应力加剧了裂纹闭合效应，增大了张开载荷，使得裂纹扩展的速率下降，随着裂纹扩展并逐渐远离残余应力区，裂纹开始慢慢恢复正常状态。

6.8 高温低周疲劳

疲劳失效是指材料在循环交变载荷下发生破坏的现象。根据施加轴向载荷的大小，疲劳可以分为高周疲劳(HCF)和低周疲劳(LCF)。高周疲劳的载荷应力一般小于材料的屈服强度，材料在弹性变形阶段循环响应，疲劳寿命一般超过 10^4周次，断裂方式以脆性断裂为主；而低周疲劳的载荷应力超过了材料的屈服强度，金属在循环交变载荷下产生塑性变形，因此低周疲劳的寿命较短，一般不超过 10^4周次。根据服役环境的不同，疲劳又可以分为腐蚀疲劳(CF)、热疲劳(TF)、高温疲劳(HTF)等。高温疲劳是使热机械失效的特殊机理，破坏机制复杂，在火力发电机组、飞机发动机涡轮叶片等部件中最为常见。

随着科学技术的发展与长足进步，对于高温部件的服役条件提出更加苛刻的要求，对高周疲劳的研究已无法适应更高效率、更为复杂工程部件的应用。在 20 世纪 60 年代以后，对高温疲劳的研究逐渐转向高温低周疲劳行为的研究。低周疲劳允许载荷峰值接近或超过材料屈服强度，应变会出现在塑性应变范围内，一般而言承受的循环次数在 10^5以下。

高温下的疲劳裂纹形核机制有下述几类：

(1) 在蠕变变形显著的高温下，许多纯金属与合金甚至陶瓷在较低的外加应力下就会通过蠕变变形产生晶界空洞。空洞在三叉晶界、晶界上的第二相质点或晶界坎处形核。晶界滑动对空洞形核也有促进作用。

(2) 在循环载荷作用下，应力波形对空洞形核影响很大。如果波形由慢拉伸和快压缩组成，或拉应力载荷保持一定时间，就比对称载荷或压应力保持更容易形成晶界空洞。因为晶界空洞属拉应力作用下的蠕变损伤，拉伸时间越长空洞形核越多。同样可以预计快-慢疲劳的晶界空洞形核就会比对称加载少。

(3) 在高温下，夹杂和第二相粒子与周围基体的结合力下降，因此疲劳裂纹可能在相界面处形核。在某些铝合金中，空洞可能在晶界沉淀相周围形核，因此在低温下也会产生晶界空洞。此外，在高温疲劳过程中，沉淀相的数量逐渐增多，提供了大量的空洞形核地点。

氧化环境也以多种方式影响高温疲劳裂纹的萌生：

(1) 氧化环境的存在可能防止空洞表面在高温下烧结在一起或闭合；

(2) 氧或者其他致脆物质可能沿着晶界扩散并与晶界沉淀物起反应。在外加应力的作用下，在晶界沉淀物周围可能萌生出空洞。

随着疲劳行为不断进行，裂纹源形成的裂纹逐渐向试样内部扩展，一般以穿晶机制为主，在扩展过程中会沿着疲劳辉纹方向产生二次裂纹，该区域被称为裂纹扩展区。最终，处于薄弱连接的试样快速发生断裂，称为瞬断区。

6.9 蠕变疲劳交互作用

蠕变一般发生在较高的温度水平下，一般来说当温度大于 0.3 倍的熔点时，就不能忽略蠕变的作用，蠕变是一种与时间相关的失效形式，温度和应力大小对材料的蠕变具有很大的影响。从材料蠕变曲线可以发现，蠕变过程由三个阶段组成：第一阶段是蠕变初始阶段，又称过渡蠕变阶段，这一阶段开始时的蠕变速率很大，随时间延长蠕变速率逐渐减小，到此阶段终了时，蠕变速率达到最小值；第二阶段是稳态蠕变阶段，其特征是蠕变速率基本保持恒定，这一阶段材料高温软化和受力产生的硬化效应相互抵消从而保持恒定的蠕变速率，一般所指的蠕变速率就是此阶段的蠕变速率值，它是衡量材料抗蠕变性能的重要指标；第三阶段是蠕变加速阶段，随时间延长蠕变应变迅速增大并最终破断。蠕变变形的主要机制包括位错运动（滑移、攀移）、点缺陷（原子、空位）扩散、晶界滑动等，蠕变断裂一般为沿晶断裂方式，其最突出的特点是在断口上可以发现蠕变空洞。蠕变空洞大体可以分为两种类型，一种是由晶界滑移产生的空穴长大而形成，另一种是由晶界滑移在三个晶粒交叉处受阻，从而引起应力集中使晶界撕裂而形成。蠕变损伤主要体现为晶界处微空洞的形核、长大、合并与聚集。

蠕变-疲劳交互作用是指蠕变和疲劳同时存在情况下，两者损伤间的相互促进或者抑制的现象，其失效形式介于单纯蠕变和单纯疲劳之间。疲劳损伤主要表现为材料局部产生的微裂纹，蠕变损伤主要表现为材料内部的微孔洞，两类损伤的物理机制完全不同。疲劳裂纹一般呈穿晶形式，蠕变空洞一般产生在晶界上，但两者在材料内部相遇时，疲劳裂纹与蠕变空洞会相互作用，形成蠕变-疲劳的交互作用，一般情况下，交互作用的结果会使疲劳裂纹扩展速率加快且蠕变空洞数量会增加。在有的蠕变-疲劳断口上，蠕变空洞壁上会发现一些疲劳条纹，这充分证明了疲劳损伤会促进蠕变损伤的发展。

材料的疲劳强度和抗蠕变强度对其蠕变-疲劳交互性能有很大影响，一般来说，抗疲劳性能和抗蠕变性能优良的材料在承受蠕变-疲劳交互载荷时具有更长的寿命。塑性延性参数和蠕变延性断裂参数对蠕变-疲劳交互性能有很大影响，两个参数的大小分别表征材料的抗疲劳性能与抗蠕变性能，研究表明两者数值的大小影响材料最终的断裂模式。根据延性耗竭理论，当蠕变延性断裂参数相对较大时，塑性延性会早于蠕变延性耗竭完，这时材料中占主导地位的是疲劳损伤，疲劳损伤主要是发生在晶内，以微裂纹的形式存在，随着损伤的发展，最终一般呈穿晶断裂的方式；当塑性延性参数相对较大时，塑性延性会晚于蠕变延性耗竭完，这时材料中占主导地位的是蠕变损伤，蠕变损伤一般产生在晶界上，以晶界微空洞的形式存在，最终的失效形式一般为沿晶断裂；当塑性延性参数和蠕变延性断裂参数相差不大时，蠕变损伤和疲劳损伤对材料最终失效的贡献程度相当，损伤在晶界和晶内同时存在，最终的失效形式一般是穿晶和沿晶的混合断裂。

外界环境对材料蠕变-疲劳性能的影响很大，所处环境的温度和所处的介质(空气、真空或其他气体环境)都会对材料的蠕变-疲劳寿命产生影响。材料的蠕变性能对温度是非常敏感的，蠕变强度与持久强度一般随着温度的升高而迅速降低；对于抗疲劳性能方面，部分材料抗疲劳性能随着温度的升高逐渐降低，但也存在部分材料在一定的温度范围其疲劳强度会随着温度的升高而增强，例如 2.25Cr-Mo 钢在 427℃左右、316L 钢在 400℃左右，都会产生这种现象，这主要是材料在该温度范围内的动态应变时效强化作用的原因。

工程构件的蠕变或疲劳的设计寿命一般都很长，在实验室条件下不可能进行与实际寿命相当的实验来评估材料的蠕变或疲劳性能，或预测已经服役材料的剩余寿命。为此，人们提出了多种寿命预测方法，以下介绍应用比较广泛的累积损伤法。

累积损伤法是利用线性损伤求和模型来预测蠕变疲劳寿命的一种最为简单的方法。这种模型把机械疲劳和蠕变所造成的损伤线性叠加求和，即：

$$F_f + F_c = 1$$

式中，F_f和F_c分别为由疲劳造成的损伤和由蠕变造成的损伤在总损伤中所占的分数，总损伤分数为 1 时材料断裂。如果材料在应力幅 $\Delta\sigma_i$下承受了n_i个循环，在这个应力幅下的寿命是N_{fi}，则疲劳损伤累积所占的分数由表达式$\sum n_i/N_{fi}$给出，式中的求和是对具有不同应力幅的所有应力块求和。同样，如果t_j是外加应力σ_j的作用时间，t_{Rj}是该应力下的持久寿命，那么$\sum t_j/t_{Rj}$表示蠕变累积损伤所占的分数。对于高温下的变幅加载，断裂时的累积损伤可写作：

$$\sum n_i/N_{fi} + \sum t_j/t_{Rj} = d \tag{6.9-1}$$

式中，d 为累积损伤总量，当 $d=1$ 时达到材料的极限损伤量而发生断裂。

6.10　金属材料疲劳寿命的仿真预测

6.10.1　低、高周疲劳寿命预测

以 Paris 公式为理论基础，现有有限元软件可以较好地实现低周疲劳裂纹扩展。何龙龙等基于 Abaqus 中 XFEM 模块，实现了二维板和三维板的低周疲劳裂纹扩展路径的数值模拟。现有软件如 ANSYS、Abaqus、MSC FATIGUE 等未能实现，需要在软件基础上或是独立开发相关的裂纹扩展程序。利用有限元法进行高周疲劳裂纹扩展数值分析难点之一在于疲劳裂纹每扩展一步就需要重新划分网格，大大增加了计算成本。遂有学者基于有限元法采用不变网格的方法来解决这一问题，在裂纹扩展轨迹上设置零厚度接触单元实现裂纹跟踪，但必须事先确定裂纹扩展轨迹。1999 年，Belytschko 和 Black 提出一种用最小重构网格的有限元法模拟弹性裂纹扩展。随后，Moes 等完善了该方法，采用阶跃函数加强裂纹贯穿单元，用裂尖 Westerggard 函数加强裂尖单元。2000 年，Daux 等引入连续函数考虑多分支裂纹，并正式将该方法命名为扩展有限元法(Extended Finite Element Method，XFEM)。

Nikfam 等基于 Abaqus 二次开发，在 T 形焊接接头中插入半椭圆形 XFEM 裂纹，模拟了高周疲劳载荷作用下裂纹扩展过程，并展现了裂纹切口断面上疲劳裂纹扩展路径。高明星

则基于 XFEM，考虑过载迟滞效应下的疲劳裂纹扩展，以 Abaqus 为平台建立了过载作用下疲劳裂纹扩展数值仿真系统。然而，通过 Abaqus/XFEM 获取应力强度因子时需采用准静态的方法，即无法实现裂纹扩展的同时计算应力强度因子。汪必升等基于相互作用积分法，通过开发 Abaqus URDFIL 子程序实现了随着裂纹开展动态计算裂纹尖端应力强度因子。Pandey 等建立了新的损伤力学模型，将连续介质损伤力学和扩展有限元相结合，通过模拟 CT 型板高周疲劳裂纹扩展验证了这一方法的有效性。

除扩展有限元法外，边界元法、虚拟裂纹闭合法、向量式有限元等方法也可用于疲劳裂纹扩展数值分析的研究。

6.10.2 拉压疲劳寿命预测

理论基础为 Paris 公式，倪向贵等阐述了 Paris 表达式在不同应用领域中的修正表达式，并介绍了弹塑性断裂力学的修正表达式(6.10-1)和连续损伤力学的修正表达式(6.10-2)。在弹塑性断裂力学中分别以 J 积分幅值作为控制参量和裂尖张开 $\Delta\delta$ 为变量的修正表达式：

$$\begin{gathered}\frac{\mathrm{d}a}{\mathrm{d}N}=C_J(\Delta J)^{m_J}\\ \frac{\mathrm{d}a}{\mathrm{d}N}=C_\delta(\Delta\delta)^{m_\delta}\end{gathered}\tag{6.10-1}$$

式中，C_δ、m_δ是以 J 积分为控制参量时的材料常数；C_J、m_J 为以裂尖张开位移(CTOD)幅为控制参量时的材料常数。在连续损伤力学中的修正表达式为：

$$\frac{\mathrm{d}L}{\mathrm{d}N}=C_\mathrm{d}(\Delta K)^\gamma\tag{6.10-2}$$

式中，C_d为以标量损伤因子表征的材料常数；γ 为疲劳损伤演化常数；L 为表面裂纹在某一方向上的尺寸。

仿真方法：有限元法和无网格法。近年来，在疲劳问题中应用数值模拟技术不断深入和范围更加广泛。国内外许多学者也进行了大量的研究，吴志学等研究了疲劳裂纹扩展过程中裂纹尖端应力强度因子的分布和裂纹尖端单元网格密度对计算应力强度因子的影响。贾超等模拟了周期张力载荷作用下孔边角裂纹扩展和圆柱形部件表面疲劳裂纹的扩展，发现疲劳裂纹扩展路径有一定的稳定性。同时，基于数值分析方法的数值模拟技术中的有限元法和边界元法等都受到网格划分技术的严重制约，高效实用的网格划分技术尤为重要，目前常用的主要有三种：节点释放技术、自适应网格技术以及单元失效技术。

6.10.3 热疲劳寿命预测模型

(1) Chaboche 疲劳模型。

1974 年，Chaboche 针对损伤问题提出了下列模型：

$$\frac{\mathrm{d}D}{\mathrm{d}N}=[1-(1-D)^{B+1}]^{A(\sigma_\mathrm{M},\bar{\sigma})}\left[\frac{\sigma_\mathrm{M}-\bar{\sigma}}{M(\bar{\sigma})(1-D)}\right]\tag{6.10-3}$$

式中，σ_M为最大应力，MPa；$\bar{\sigma}$为平均应力，MPa，且系数 B 和函数 $A(\sigma_\mathrm{M},\ \bar{\sigma})$与$M(\bar{\sigma})$均

与材料属性和温度有关。根据式(6.10-3)积分，并且设置初始疲劳损伤 $D_0=0$，发生疲劳断裂时疲劳损伤 $D_c=1$，可以得到疲劳寿命为：

$$N_f=\frac{1}{(B+1)[1-A(\sigma_M, \bar{\sigma})]}\left[\frac{\sigma_M-\bar{\sigma}}{M(\bar{\sigma})}\right]^{-B} \tag{6.10-4}$$

其中

$$\begin{cases} A(\sigma_M, \bar{\sigma})=1-a\left(\frac{[\sigma_M-\sigma_1(\bar{\sigma})]}{\sigma_u-\sigma_M}\right) \\ \sigma_1(\bar{\sigma})=\bar{\sigma}+\sigma_1\left(1-\frac{b\bar{\sigma}}{\sigma_u}\right) \\ M(\bar{\sigma})=M_0\left(1-\frac{b\bar{\sigma}}{\sigma_u}\right) \end{cases} \tag{6.10-5}$$

式中，σ_u为材料的拉伸强度极限，MPa；σ_1为拉压对称疲劳极限，MPa；a、b、M_0为材料常数。

（2）Manson-Coffin 疲劳模型。

在大量试验基础上，美国国家航天宇航局的 Manson 和 Coffin 提出了低周疲劳寿命 N_f 与塑性应变范围 $\Delta\varepsilon_p$的幂次关系，即著名的 Manson-Coffin 公式：

$$\Delta\varepsilon_p(N_f)^a=C \tag{6.10-6}$$

式中，a 为与材料类型关系不大的一个材料参数，一般为 0.5~0.7，并且温度越高，取值越高；C 为与材料的断裂延性有关的一个材料参数。对于在给定控制条件 $\Delta\varepsilon_p$或 σ_s的情况下，根据一次拉伸断裂性能测试求得 $\Delta\varepsilon_p$、σ_f和应变硬化参数 n，即可预测其疲劳寿命，如下式所示：

$$\lg\Delta\varepsilon_p=\lg\Delta\varepsilon_f-\frac{1}{1+5n}\lg(2N_f) \tag{6.10-7}$$

公式对于常温下的恒应变循环较精确，但对于高温热疲劳，由于 a 是随温度升高而增大的，且塑性变形不再稳定，计算精度较差。而高温下的疲劳寿命与总应变范围 Δa 有较确定的关系，总应变范围表达式如式(6.10-8)所示：

$$\Delta\varepsilon_r=\Delta\varepsilon_e+\Delta\varepsilon_p=\frac{\sigma_f}{E}N_f^b+\varepsilon_f N_f^c \tag{6.10-8}$$

式中，$\Delta\varepsilon_e$为弹性应变范围；$\Delta\varepsilon_p$为塑性应变范围；b 为疲劳强度指数；σ_f为疲劳强度系数；c 为疲劳延性指数；ε_f为疲劳延性系数。此时，疲劳特征应选择 $\Delta\varepsilon_T$，式(6.10-8)即是 Manson 提出的通用斜率方程，并根据大量的疲劳试验得出 $b=-0.12$，$c=-0.6$，$\sigma_f=3.56\sigma_b$，$\varepsilon_f=\varepsilon_f^{0.6}$，其中 σ_b为强度极限，$\varepsilon_f^{0.6}$为材料的断裂延性。

但随着温度的进一步提高，通过通用斜率方程计算的结果也变得不可信。需要采用新的方法来快速计算一定加热条件下活塞的热疲劳寿命。

（3）Wang 疲劳模型。

王军针对 Chaboche 疲劳模型中与载荷应力比有密切关系的系数 B 被假定为常数这一缺

点做出改进，提出了新的疲劳损伤模型：

$$\frac{\mathrm{d}D}{\mathrm{d}N}=\left[\frac{\alpha\sigma_a+(1-\alpha)\bar{\sigma}}{M(R)(1-D)}\right]^{n(R)} \tag{6.10-9}$$

$$\sigma_a=\sigma_M-\bar{\sigma}$$

$$R=\frac{\sigma_m}{\sigma_M}$$

式中，σ_a为应力幅；R 为应力比；α、$M(R)$、$n(R)$与材料和温度有关。又定义一个新变量等效应力：

$$\sigma_{ed}=\alpha\sigma_a+(1-\alpha)\bar{\sigma} \tag{6.10-10}$$

则式(6.10-9)可写为：

$$\frac{\mathrm{d}D}{\mathrm{d}N}=\left[\frac{\sigma_{ed}}{M(R)(1-D)}\right]^{n(R)} \tag{6.10-11}$$

假设材料初始疲劳损伤 $D_0=0$，断裂时疲劳损伤 $D_c=1$，对式(6.10-11)求取积分可以获得疲劳寿命为：

$$N_f=\frac{1}{n(R)+1}\left[\frac{\sigma_{ed}}{M(R)}\right]^{-n(R)} \tag{6.10-12}$$

可得损伤值为：

$$D=1-\left[1-\frac{N}{N_f}\right]^{\frac{1}{n(R)+1}} \tag{6.10-13}$$

（4）Lemaitre 疲劳模型。

Lemaitre 断定在每一次疲劳循环周期过程中产生微塑性损伤 D，D 的累积便会形成疲劳损伤，存在微塑性应变 P，所以其表达式为：

$$\dot{D}=G_F(\sigma, D, T)\dot{\sigma} \tag{6.10-14}$$

或者对疲劳循环周期过程积分：

$$\frac{\mathrm{d}D}{\mathrm{d}N}=2\int_{\sigma_m}^{\sigma_M}G_F(\sigma, D, T)\,\mathrm{d}\sigma \tag{6.10-15}$$

又根据弹塑性损伤模型：

$$\mathrm{d}D=\begin{cases}B_0\sigma-b\widetilde{\sigma_p^B}\,|d\,\widetilde{\sigma_p}| & \widetilde{\sigma_p}\,\widetilde{\sigma}>\sigma_1\\ 0 & \widetilde{\sigma_p}\,\widetilde{\sigma}\leqslant\sigma_1\end{cases} \tag{6.10-16}$$

式中：

$$\widetilde{\sigma}=\frac{2}{3}(1+\nu)+3(1-2\nu)\left(\frac{\sigma_m}{\sigma_p}\right) \tag{6.10-17}$$

假设比例加载，且在一个循环内近似取(1−D)为常数，代入积分式(6.10−15)，得：

$$\frac{\mathrm{d}D}{\mathrm{d}N}=\frac{2B_0\sigma^h}{(B+1)(1-D)^{B+1}}(\sigma_{\mathrm{pM}}^{B+1}-\sigma_{\mathrm{pm}}^{B+1}) \tag{6.10-18}$$

对式(6.10−18)积分，可得疲劳寿命表达式为：

$$N_{\mathrm{f}}=\frac{(B+1)(\sigma_{\mathrm{pM}}^{B+1}-\sigma_{\mathrm{pm}}^{B+1})^{-1}}{2B_0(B+2)\bar{\sigma}^b} \tag{6.10-19}$$

参　考　文　献

[1] 俞德刚，谈育煦．钢的组织强度学[M]．上海：上海科学技术出版社，1983，30.

[2] Basinski S J，Basinski Z B. Dislocation distributions in deformed copper single crystals[J]. Philosophical Magazine，1969，19：899.

[3] Hancock J R，Grosskreutz J C. Mechanisms of fatigue hardening in copper single crystals[J]. Acta Metall，1969，17：77.

[4] Mughrabi H. The cyclic hardening and saturation behaviour of copper single crystals[J]. Materials Science and Engineering，1978，33：207.

[5] 金能韫．面心立方晶体的循环形变及其位错反应模型 I Cu 晶体的循环形变[J]．金属学报，1988，(5)：299−310.

[6] 金能韫．面心立方晶体的循环形变及其位错反应模型 II 循环形变的位错反应模型[J]．金属学报，1988，(5)：311−316.

[7] 康国政，阚前华．工程材料的棘轮行为和棘轮−疲劳交互作用[M]．成都：西南交通大学出版社，2014.

[8] Xu W F，Liu J H，Chen D L，et al. Change of microstructure and cyclic deformation behavior along the thickness in a friction−stir−welded aluminum alloy [J]. Scripta Materialia，2012，66(1)：5−8.

[9] He C，Huang C，Liu Y，et al. Effects of mechanical heterogeneity on the tensile and fatigue behaviors in a laser−arc hybrid welded aluminum alloy joint[J]. Materials & Design (1980—2015)，2015，65：289−296.

[10] Stinville J C，Bridier F，Ponsen D，et al. High and low cycle fatigue behavior of linear friction welded Ti−6Al−4V[J]. International Journal of Fatigue，2015，70(70)：278−288.

[11] Miyazaki S，Imai T，Lgo Y，et al. Effect of cyclic deformation on the pseudoelasticity characteristics of Ti−Ni alloys[J]. Metallurgical Transactions A，1986，17：115−120.

[12] Wood W A. Formation of fatigue cracks[J]. Philosophical Magazine，1958，3(31)：692−699.

[13] Finey J M，Laird C. Strain localization in cyclic deformation of copper single crystals[J]. Philosophical Magazine，1975，31(2)：339−366.

[14] Cheng A S，Larid C. Fatigue life behavior of copper single crystal. part Ⅰ：observations of crack nucleation [J]. Fatigue of Engineering Materials and Structures，1981，4：331−341.

[15] Thompson N，Wadsworth N J，Louat N. The origin of fatigue fracture in copper[J]. Philosophical Magazine，1956，1：113−126.

[16] Figueroa J C，Laird C. Crack initiation mechanisms in copper polycrystals cycled under constant strain amplitude and in step tests[J]. Materials Science and Engineering，1983，60(83)：45−58.

[17] 黄向红．断裂力学在焊接结构疲劳裂纹扩展研究中的应用[J]．应用与试验，2011(3)：80−82.

[18] Rokhlin S I, Kim J Y. In situ ultrasonic measurement of crack closure[J]. International Journal of Fatigue, 2003, 25: 51-58.
[19] Aguilar E A A, FEllows N A, Durodola J F. Experimental measurement of crack opening and closure loads for 6082 T6 aluminium subjected to periodic, single and block overloads and underloads. [J]International journal of fatigue, 2013, 47: 71-82.
[20] 张磊. 常幅及过载下疲劳裂纹闭合行为数值模拟[D]. 南昌：南昌大学，2021.
[21] 吴鹏. 管道用Cr-Mo钢高温低周疲劳特性研究[D]. 西安：西安石油大学，2021.
[22] 李聪成. 基于有限元模拟方法的蠕变疲劳交互作用下裂纹萌生研究[D]. 天津：天津大学，2014.
[23] 刘涛，李志成，谢梓铿，等. 基于有限元仿真技术的某型发射车承力部件应力分析[J]. 现代防御技术，2022，50(3)：103-108.
[24] 韩观林. 某通航飞机襟翼的有限元模拟及静强度校核[D]. 南昌：南昌航空大学，2019.
[25] 黄勇. 民用飞机结构强度设计中的全机精细有限元分析技术及其应用[J]. 计算机辅助工程，2018，27(3)：35-38.
[26] 范舟，程小全，张纪奎. 某支线客机复合材料舵面结构静强度分析[J]. 航空制造技术，2010(17)：89-91.
[27] Kim S, Burns J T, Gangloff R P. Fatigue crack formation and growth from localized corrosion in Al-Zn-Mg-Cu[J]. Engineering Fracture Mechanics, 2009, 76(5): 651-677.
[28] Belytschko T, Black T. Elastic crack growth in finite elements with minimal remeshing[J]. International Journal for Numerical Methods in Engineering, 1999, 45(5): 601-620.
[29] 何龙龙，刘志芳，顾俊杰，等. 基于XFEM的疲劳裂纹扩展路径和寿命预测[J]. 西北工业大学学报，2019，37(4)：737-743.
[30] 余天堂. 扩展有限单元法：理论、应用及程序[M]. 北京：科学出版社，2014：1-2.
[31] Moes, Nicolas, Dolbow J, et al. A finite element method for crack growth without remeshing[J]. International Journal for Numerical Methods in Engineering, 2015, 46(1): 131-150.
[32] Daux C, Moes N, Dolbow J, et al. Ted Arbitrary branched and intersecting cracks with the extended finite element Belytschko. method[J]. International Journal for Numerical Methods in Engineering, 2000, 48(12): 1741-1760.
[33] Nikfam M R, Zeinoddini M, Aghebati F, et al. Experimental and XFEM modelling of high cycle fatigue crack growth in steel welded T joints[J]. International Journal of Mechanical Sciences, 2019, 153/154: 178-193.
[34] 高明星. 基于XFEM考虑过载迟滞效应的疲劳裂纹扩展研究[D]. 大连：大连理工大学，2019.
[35] 汪必升，李毅波，廖雅诗，等. 基于扩展有限元模型的动态应力强度因子计算[J]. 中国机械工程，2019，30(11)：1294-1301.
[36] Pandey V B, Singly L V, Mishra B K, et al. A new framework based on continuum damage mechanics and XFEM for high cycle fatigue crack growth simulations[J]. Engineering Fracture Mechanics, 2019, 206: 172-200.
[37] 石涌超. 裂纹扩展数值仿真与疲劳寿命预测的方法研究[D]. 武汉：武汉理工大学，2017.
[38] 倪向贵，李新亮，王秀喜. 疲劳裂纹扩展规律Paris公式的一般修正及应用[J]. 压力容器，2006，23(12)：8-17.
[39] 温建锋. 基于应变的损伤力学模型及其在蠕变裂纹扩展数值模拟中的应用[D]. 上海：华东理工大学，2014.

[40] Chaboche J L, Lesne P M A. Linear continuous fatigue damage model[J]. Fatigue and Fracture of Engineering Materials Structure, 1988, 11(1): 1-17.

[41] Manson S S. Fatigue: a complex subject-some simple approximation[J]. Exp Mech, 1965, 5: 193-226.

[42] Coffin L F. A study of the effect of cyclic thermal stresses on a ductile metal[J]. Trans ASME, 1954, 76(6): 931-949.

[43] 王军. 损伤力学的理论与应用[M]. 北京：科学出版社，1997.

[44] Lemaitre J. A course on damage mechanics[M]. Berlin: Springer-Verlag, 1992: 121-142.

[45] Kang G, Liu Y, Ding J, et al. Uniaxial ratcheting and fatigue failure of tempered 42CrMo steel: Damage evolution and damage-coupled visco-plastic constitutive model[J]. International Journal of Plasticity, 2009, 25(5): 838-860.

[46] He H, Liu H, Zhu C, et al. Study of rolling contact fatigue behavior of a wind turbine gear based on damage-coupled elastic-plastic model[J]. International Journal of Mechanical Sciences, 2018, 141: 512-519.

[47] 吴志学. 表面裂纹疲劳扩展的数值模拟[J]. 应用力学学报，2006，(4)：563-567，695.

[48] 贾超，张树壮. 孔边角疲劳裂纹的扩展仿真及分析[J]. 计算机仿真，2006，(11)：247-249，262.

第7章　环境导致的断裂

环境诱发断裂(Environmentally Induced Cracking，EIC)是指在拉应力和腐蚀性环境的共同作用下材料发生脆性断裂的现象。无应力条件下腐蚀速度一般比较慢，而应力一般低于材料的屈服应力，当两者共同作用时发生 EIC。环境诱发破坏有三种形式：应力腐蚀开裂(Stress Corrosion Cracking，SCC)、腐蚀疲劳开裂(Corrosion Fatigue Cracking，CFC)和氢脆或氢致开裂(Hydrogen Induced Cracking，HIC)。准确地说，HIC 应归类于氢致损伤，但应力腐蚀条件下也会发生 HIC，因此在此一起讨论。

随着设计和工艺的发展，材料在更为苛刻的应力、温度及腐蚀条件下服役，因此对材料性能的要求越来越高。但是，强度高、耐腐蚀性好的材料常常对 EIC 更敏感，所以近年来 EIC 事故的发生越来越频繁，由于对 SCC、CFC 和 HIC 的机理尚不甚清楚，而其发生往往是没有预兆的，因此，EIC 可能是最致命的腐蚀损伤形式。

7.1　氢致开裂

由于氢原子半径很小，氢很容易在各种金属与合金的晶格中移动。氢的渗入对金属与合金的性能产生若干有害的影响。这些有害作用包括：氢的少量溶解降低合金延性并导致脆性断裂；氢的溶解量增加到一定程度后在合金内析出氢气，形成内部空洞或表面“白点”；对于有些金属，如 Ti 和 Nb，形成氢的化合物。本节将着重讨论氢脆或氢致脆性断裂问题。

7.1.1　金属中的氢

在腐蚀介质中氢可以通过阴极反应产生，如 $2H^+ + 2e^- \longrightarrow H_2$，$2H_2O + 2e^- \longrightarrow H_2 + 2OH^-$。氢以原子态进入金属，这种原子态是上述阴极析氢过程的过渡态。某些物质能够延迟分子氢的形成，延长原子氢在合金表面存在的时间，从而促进氢向合金渗入。这些物质有 P、As、S、Se、Sb 以及 CN^-等，其中，工程上最重要的是硫化物，如 HS 不仅可形成 H^+，还提供 S 以促进氢渗入。氢还可以在热处理、焊接以及其他加工过程中从含氢的环境渗入金属。

氢可以溶解在金属中形成固溶体。在室温下氢在一般金属中的溶解度很低，为 10^{-10} ~ 10^{-9}量级。在某些能够形成氢化物的金属(如 V、Nb、Ti、Zr、Hf 等)中氢浓度可达 10^{-4}量级。

氢在固溶体中的分布是不均匀的，晶体中的各种缺陷，如空位、位错、晶界等可以和氢发生交互作用，从而将氢吸引到这些缺陷处，使这些缺陷成为氢陷阱。材料中存在不均匀应力场时，氢向高拉应力区富集，这与应力作用下空位扩散类似。裂纹尖端存在应力集中，因此氢会向裂尖集中。计算表明，最大氢富集可达 $C/C_0=200$。但是，金属材料的裂尖总存在塑性区，塑性区中 $\sigma_{max} \leqslant (5\sim6)\sigma_s$，因此氢富集也不会超过平均浓度的 10 倍。

7.1.2　氢致开裂的类型

氢溶解在金属晶体中引起金属脆化，称为氢脆。氢脆最重要的形式是在应力作用下氢致脆性断裂。HIC 裂纹可以是穿晶的，也可以是沿晶的。裂纹顶端很尖锐，断口呈脆性解理特征。氢致开裂有多种表现形式。

（1）H_2 压力引起的开裂。

溶解在材料中的氢原子在某些缺陷部位析出气态 H_2(或与氢有关的其他气体)，当 H_2压力大于材料的屈服强度时产生局部塑性变形；当 H_2压力大于原子间结合力时就会产生局部开裂。某些钢材表面酸洗后能看到像头发丝一样的裂纹，在断口上则观察到银白色椭圆形斑点，称为“白点”。

白点是 H_2 压力造成的，当钢中的 H_2 压力超过断裂强度时，就导致裂纹形核和发展。钢的化学成分和组织结构对白点形成有很大的影响，奥氏体钢对白点不敏感，而合金结构钢和合金工具钢中容易形成白点。钢中存在内应力时会加剧白点倾向。钢中含氢量是产生白点的决定性因素，防止形成白点最根本的方法是降低钢中的含氢量。焊接件冷却后有时也能观察到氢致裂纹。焊接是局部冶炼过程，潮湿的焊条及大气中的水分会促使氢进入焊接熔池，随后冷却时可能在焊肉中析出气态 H_2，导致微裂纹。焊接前烘烤焊条就是为了防止氢致裂纹。

关于氢引发钢铁材料延迟开裂的作用，已有四种理论：氢压理论、氢降低键合力(HEDE)理论、氢降低表面能理论、氢促进塑性变形(HELP)理论，到目前为止尚没有一种理论能够完全解释所有延迟开裂现象。

（2）氢化物催化。

许多金属(如 Ti、Zr、Hf、V、Nb、Ta、稀土等)能够形成稳定的氢化物。氢化物属于一种脆性相，金属中析出较多的氢化物会使金属的韧性降低，引起金属与合金的脆化。

（3）氢致滞后断裂。

材料受到载荷作用时，原子氢向拉应力高的部位扩散形成氢的富集区。当氢的富集达到临界值时就引起氢致裂纹形核和扩展，导致断裂。由于氢的扩散需要一定的时间，加载后要经过一定时间才断裂，所以称为滞后断裂。氢致滞后断裂的外应力低于正常的抗拉强度，裂纹试样中外加应力强度因子也小于断裂韧性，即 $K_{\mathrm{I}}<K_{\mathrm{Ic}}$。氢致滞后断裂是可逆的，除去材料中的氢就不会发生滞后断裂。

即使在均匀的单向外加应力下，材料中的夹杂和第二相等结构不均匀处也会产生应力集中，导致氢的富集。设应力集中系数为 α，则 $\sigma_h=\alpha\sigma$，相应的氢浓度为：

$$C=C_H\exp\frac{\alpha\sigma V_H}{RT} \tag{7.1-1}$$

式中，C_H为无应力时合金中的氢浓度；V_H为氢在该合金中的偏摩尔体积(在恒温、恒压下加入 1mol 氢所引起的金属体积的变化)；R 为气体常数；T 为绝对温度。

若氢的浓度达到临界值 C_{th}时断裂，对应的外应力即为氢致滞后断裂的门槛应力 σ_{th}，即：

$$\sigma_{th}=\frac{RT}{\alpha V_H}(\ln C_{th}-\ln C_H) \tag{7.1-2}$$

若 $\sigma<\sigma_{th}$，即使经过长时间扩散也达不到临界氢浓度，不会发生氢致滞后断裂。如果 $\sigma>\sigma_{th}$，经过时间 t_f后就发生断裂，且应力越大，滞后断裂时间 t_f越短。

7.1.3 氢致开裂机制

经过多年理论研究，目前已经提出了很多关于 HIC 机制模型，主流的氢致开裂机制有：

(1) 氢压理论。材料内部存在空腔(空洞、两相界面裂纹等)，当溶解在金属晶格中的氢进入空腔就会在此处生成 H_2。由于 H_2是气体，就会产生压力，随着进入该缺陷的氢浓度增加，氢压增大，同时此处周围的氢浓度降低，远处的氢向此处扩散，源源不断地提供氢原子，当局部氢压足够大时，即当氢压力超过材料的抗拉强度时，就会形成微裂纹。氢压理论可以很好地解释焊接冷裂纹、搪瓷钢鳞爆、钢中的白点、酸洗电镀裂纹、白点和纯铁中的氢鼓泡等现象，但是无法解释氢致滞后断裂的可逆性，且无法解释通过原子氢应力诱导扩散、富集引起的氢致可逆塑性损失。

(2) 氢降低键合力(HEDE)理论。HEDE 理论也称弱键理论，由 Troiano 提出，他认为氢原子的 1s 电子会进入过渡金属中未填充的 d 电子带，增加了原子间的排斥力，导致原子间键合力由 σ_{th}下降到 σ_{th}(H)，且下降量与氢浓度 c_σ成正比，即 $\sigma_{th}(H)=\sigma_{th}-Kc_\sigma$，其中 K 为比例系数，c_σ为通过应力诱导扩散、富集在裂尖的氢浓度。在受到正拉应力时，局部应力集中，当裂尖最大正应力 σ_y达到或超过原子键合力 σ_{th}(H)时，原子键发生断裂，产生微裂纹，裂纹扩展直至发生断裂。第一性原理的计算表明，氢会降低原子间键合力，虽然当前缺乏直接的实验来证明，但是，只要氢能降低原子键合力，就会促进材料内裂纹的形核和扩展，从而引发延迟开裂。

(3) 氢降低表面能理论。Petch 等首先提出该理论，他们认为，氢原子会吸附在金属表面或任何一个可以当作表面的内部缺陷部位(如裂纹、空穴等)，使金属表面的化学位发生变化，导致其表面能由 γ 降低到 γ(H)，根据格里菲斯断裂理论，当裂纹长度为定值时，裂纹失稳扩展的临界应力与表面能成正比，γ 越小，临界断裂应力就越小，因而使得裂纹在较低的应力水平下易于失稳而扩展。然而，研究表明，表面吸附气体(如 H_2、SO_2、CO_2、CO、O_2等)均能使表面能下降。但材料吸附 SO_2、CO、O_2等并不发生延迟开裂。由此可知，吸附虽然能降低表面能，但不一定引起延迟开裂。

(4) 氢促进塑性变形(HELP)理论。以上几种氢致延迟开裂机制均存在一定的局限性。目前，人们在几种机制的基础上提出了一种新的机制，即氢会促进钢中位错发射和运动。氢诱导局部塑性变形达到临界状态，由氢引起的局部应力集中达到门槛值，并在该处引发氢致微裂纹；原子态氢进入微裂纹中复合成 H_2，在该处形成压力，使裂纹稳定化，同时协调局部应力使之解理扩展。HELP 理论认为氢的确会促进位错的运动，产生局部塑性变形，很好地解释了延迟开裂断口中产生韧性断裂形貌的原因，但是无法解释沿晶断口和准解理等脆性断口的产生。

7.2　应力腐蚀开裂的一般特性

7.2.1　应力腐蚀体系

拉应力与腐蚀介质的共同作用使材料发生脆性断裂的现象称为应力腐蚀开裂(Stress Corrosion Cracking，SCC)，SCC 最早在黄铜弹壳中发现，因其易发生在夏季故被称为季裂(season cracking)。19 世纪 20 年代，蒸汽机锅炉用碳钢的“碱脆”成为严重而危险的问题。后来又陆续发现奥氏体不锈钢在氯化物水溶液中，高强铝合金在海水中均发生类似的脆性断裂现象。对这些现象的深入研究发现，应力腐蚀开裂的发生需要同时满足两个条件：

(1) 材料中存在拉应力，拉应力越大，断裂时间越短。SCC 所需拉应力一般低于材料的屈服强度。

(2) 只有特定的腐蚀介质和特定的合金组合才能引发 SCC。一种合金在特定介质中发生 SCC，而在其他介质中可能不发生 SCC。同样，一种腐蚀介质对某些合金引发 SCC，而对另一些合金则不起作用。

应力环境和材料三者的关系如图 7.2-1 所示。有时虽然开始不满足图 7.2-1 所示的三个因素共存的条件，但在服役过程中可能产生必要的介质/合金组合及拉应力。例如，锅炉水在通常条件下并不引发碳钢的 SCC，但服役中反复蒸发和凝聚使某些结构缝隙中的锅炉水的碱浓度提高到足以引发 SCC 的浓度。在使用中产生的热应力，以及焊接或热处理残余应力也会使没有外应力作用的材料中发生 SCC。

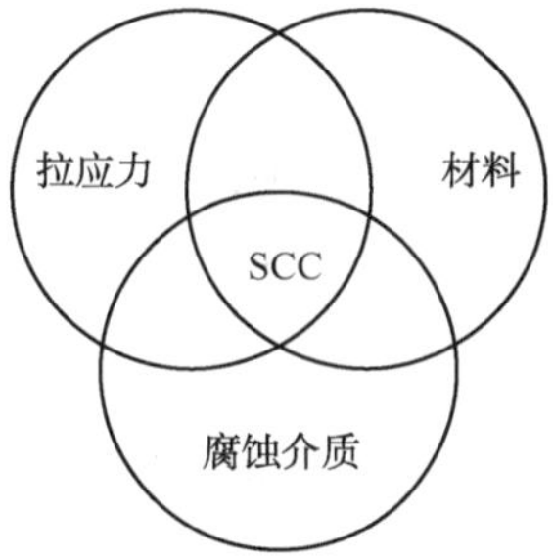

图 7.2-1　SCC 条件

应明确区分 SCC 和一般脆性断裂。如果构件不和特定腐蚀介质相接触，则只有当构件内存在临界尺寸的裂纹时才能在低应力下脆断，当裂纹小于临界尺寸时，即使工作应力持久作用，裂纹也不会扩展。裂纹构件中 SCC 一般是在静态拉应力下发生，但轻微的长周期的载荷变动(如一周一次变动)也会加速引发 SCC。应力腐蚀裂纹一般起源于表面点蚀坑，随着所受应力时间的延长，应力腐蚀裂纹在晶界处萌生，裂纹尖端在侵蚀性离子与应力共同作用下不断扩展，裂纹宽度也随之增加，最终造成材料的脆性断裂。与其他腐蚀形式相比，应力腐蚀的可控性及不可预料性较难掌握，每年因应力腐蚀导致设备失效所造成的经济损失较大。应力腐蚀与材料、介质、应力状态密切相关，图 7.2-2 总结了金属材料应力腐蚀开裂的影响因素及调控方法。

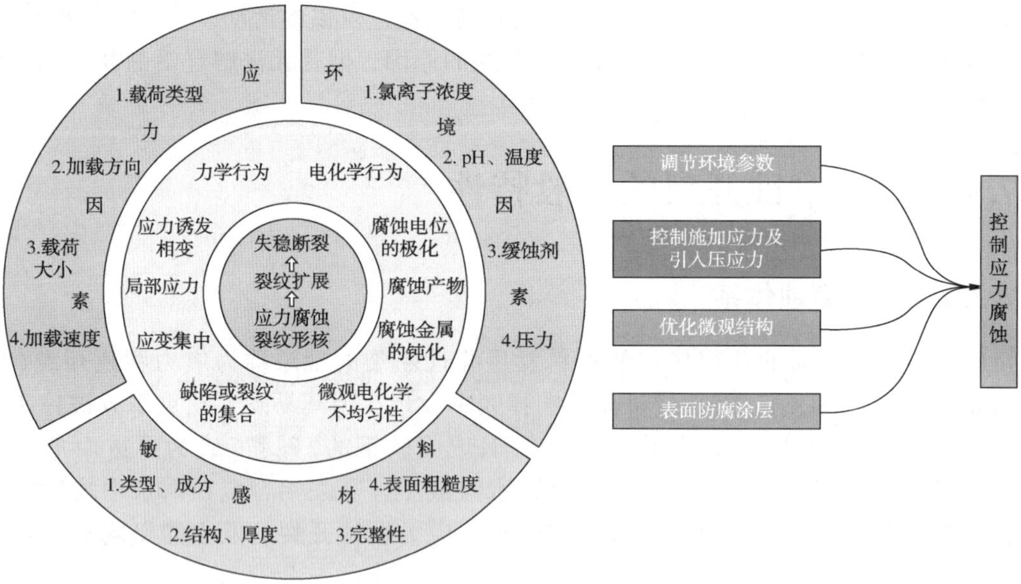

图 7.2-2　金属材料应力腐蚀开裂的影响因素及调控方法

7.2.2　应力腐蚀开裂的材料因素

钢的化学成分直接影响钢材的力学性能、韧性和抗腐蚀性能。一般来说，钢中 C 含量越低，SCC 敏感性越低。Mn 是用来提高钢的强度与韧性的合金元素，它能显著降低韧脆转变温度。但是 Mn 含量也不是越高越好，这主要是因为随着钢中 Mn 含量增加，形成的夹杂也增加，而 MnS 作为夹杂的主要成分，是产生氢致开裂的最危险来源。但是在钢中适当提高 $\omega(\mathrm{Ca})/\omega(\mathrm{S})$，能改变 MnS 夹杂物的形状，使 MnS 由板条状变成颗粒状，使 MnS 夹杂物的粒径降到最小值。大的球化夹杂物与穿晶断裂相关联，而小的球化夹杂物则促成沿晶开裂。P 形成的夹杂能引起钢的红脆性和塑性降低，增强金属的增氢效果，从而降低钢在酸性介质和 H_2S 介质中的稳定性。这是因为 Cu、Ni 能够在酸性浓度较大的环境中形成致密的氧化膜，减少了氢原子进入钢的基体，减缓 H_2S 腐蚀，提高了抗 HIC 能力。

纯金属虽然也有 SCC 倾向，但与同金属为基的合金相比对 SCC 的敏感性要小。例如，纯铜在低应变速率 SCC 试验中产生裂纹，但产生裂纹的条件相当苛刻，而铜合金则比纯铜对 SCC 更敏感。同一合金系中的合金对 SCC 的敏感性随金属强度的增大而增加。

SCC 可以是穿晶的也可以是沿晶的。而两种裂纹的宏观路径总是垂直于拉应力分量。穿晶断裂时裂纹沿特定的晶面扩展，通常是那些低指数平面，如{100}、{110}和{210}。穿晶裂纹不如沿晶裂纹普遍，但两种断裂方式都可以在同一系统(同一介质/合金系统)中出现，甚至在同一个部件中同时出现。两种断裂的剖面形貌如图 7.2-3 所示。无论是穿晶断裂还是沿晶断裂，刚断裂的一对共轭断口常常可以精确吻合，说明 SCC 主要是力学断裂，而断裂过程中电化学溶解或腐蚀程度很小。虽然如此，以后将会看到阳极溶解对 SCC 起很重要的作用。

沿晶断裂还与晶界的某些不均匀性有关。S 和 P 在晶界的偏聚是低合金钢沿晶 SCC 的主要原因。事实上沿晶 SCC 可能是应力帮助下的晶界腐蚀的结果，因为大多数沿晶 SCC 敏感的合金在无应力下具有晶界腐蚀倾向。

(a)SCC沿晶裂纹

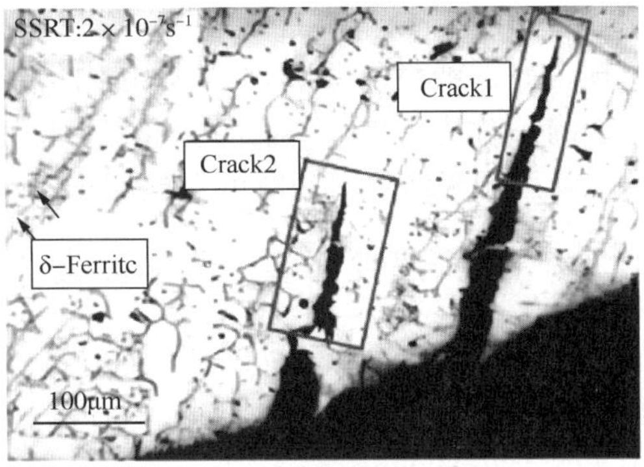

(b)SCC穿晶裂纹

图 7.2-3 SCC 沿晶裂纹和 SCC 穿晶裂纹剖面形貌

钢最终性能的好坏一般是由其显微组织决定的。在高 pH 值环境中，不同的组织对 IGSCC 敏感性不同，有实验证明，均匀的组织比混合组织更抗 SCC；在近中性 pH 值环境中，显微组织对 SCC 敏感性按贝氏体铁素体(BF)、贝氏体(B)、铁素体+珠光体(F+P)依次减弱。对于 F+P 钢，由于 F 较软而 P 较硬，当应力比较高时，SCC 敏感性增加，而对显微组织为 BF 的钢，当应力比 R 较低时，SCC 敏感性增加。研究表明，淬火组织具有最大的腐蚀速率和最高的 SCC 敏感性，回火组织具有最好的耐 SCC 特性。焊接接头是失效事故的多发部位，其原因主要是在焊缝及热影响区内组织不均匀。热处理时，裂纹优先在夹杂和硬质点处(如晶界处的细小碳化物和珠光体区域)发展。在焊接热影响区，晶粒粗大、组织偏析、夹杂多、远离平衡状态。在焊缝区，焊缝本身为铸造组织，铸造组织经常出现的缺陷也同样存在于焊缝，如偏析和缩松，增加 SCC 敏感性。

7.2.3 应力腐蚀开裂的电化学因素

电化学因素对 SCC 具有决定性作用。图 7.2-4 所示为典型活化-钝化腐蚀行为合金的阳极极化曲线及 SCC 敏感电位。图中斜线区是敏感的介质/合金组合发生 SCC 的电位范围。其中Ⅰ区处于钝化区和孔蚀区的交界处，而Ⅱ区处于钝化区和活化区的交界处。这一结果表明合金表面形成钝化膜是发生 SCC 的前提。另外，发生 SCC 的两个电位区的钝化膜是不稳定的，说明 SCC 和钝化膜的破坏有一定关系。奥氏体不锈钢在 $MgCl_2$ 溶液中发生的是典型的Ⅰ区 SCC。有人认为在该区域，SCC 可能在孔蚀处产生裂纹，但也有研究认为，孔蚀不是Ⅰ区 SCC 的必不可少的条件。在Ⅱ区的阳极电位下勉强能形成钝化膜，因而钝化膜比较弱且不稳定。碳钢在热碳酸盐溶液中发生典型的Ⅰ区 SCC。

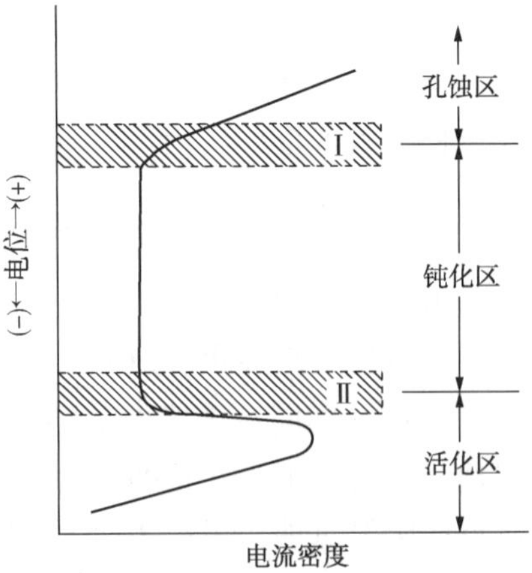

图 7.2-4 极化曲线及 SCC 敏感电位

大量实验结果表明，SCC 实验中裂纹扩展速度与阳极溶解电流成正比。除奥氏体不锈钢/热 $MgCl_2$ 溶液和黄铜/NH_4^+组合略微偏离直线外，其余大多数合金/介质组合的裂纹扩展速率和阳极电流之间呈现良好的线性关系。这表明电化学阳极溶解在 SCC 中起着重要作用。前已指出，SCC 断裂的一对共轭断口一般都吻合得很好，说明断裂过程中断面并未受到大量腐蚀。因此，可以认为阳极溶解对裂纹的形核起重要作用，而对裂纹扩展影响不大。

7.2.4 应力腐蚀开裂的力学因素

应力尤其是拉应力的增加对应力腐蚀开裂有明显的促进作用。一般材料所受的应力包括热应力、结构应力、残余应力和工作应力。这些应力的大小、性质及分布等对金属材料的 SCC 影响很大。

发生 SCC 需要一个最小应力(或应力强度)，即阈值应力 σ_{th}(或阈值应力强度因子 $K_{\mathrm{I\,SCC}}$)，只有当应力超过 σ_{th}(或 $K_{\mathrm{I\,SCC}}$)时 SCC 才能发生。阈值应力并不是形成裂纹所需的应力，而是使裂纹能够继续扩展的应力。应力高于阈值应力时，裂纹扩展也不是连续发生的；应力低于阈值应力时裂纹萌生但最终停止扩展。σ_{th}受多种因素影响，包括波动应力、SCC 环境、管线表面的电化学电位以及管线的使用经历等。

应变速率(SR)对 SCC 的影响比实际应力更重要，应变速率反映了压力或径向应力的变化速率，大部分情况下的应变速率相对恒定，均值为 10^{-9}/s 或更低，极少数情况下可能更高。较高的应变速率使裂尖局部屈服，新鲜金属将暴露于环境中，从而使 SCC 继续。

恒载荷条件下，在应力低于门槛值时，裂纹萌生并会扩展到一定程度，但随着时间的增加，裂尖应变速率降低，当其低于临界值时，裂纹停止扩展。对于管线钢，循环载荷通过降低裂纹扩展门槛值而增加其 SCC 敏感性，随着加载频率的降低，裂纹扩展仍表现出强烈的门槛值特征。这是因为裂纹开裂的门槛值随应力强度因子的降低略有下降，而裂纹扩展系数随加载频率降低而迅速上升。当高应力比 $R=0.9$($R=P_{min}/P_{max}$，P 是管线运行压力)时，静载荷拉伸力学因素在断裂机制中占主导地位，环境介质对裂纹扩展的门槛值没有明显影响；而当应力比较小($R=0.1$)时，裂纹扩展主要以疲劳断裂来进行。慢应变速率拉伸试验时，SCC 敏感性与外加应变速率关系密切，当外加应变速率较高时，裂尖溶液不能及时进入金属内部，因此没有足够的时间与金属原子作用，溶液未能起到足够的作用，因此 SCC 受到抑制，此时力学因素占主导地位。而当外加应变速率较低时，裂尖溶液有足够的时间与金属原子作用，裂尖的电化学反应能够顺利进行，SCC 容易进行。因此，动载荷在 SCC 过程中起着重要作用。

7.2.5 应力腐蚀开裂的环境因素

应力腐蚀开裂受温度、硫化物、氯离子、pH 值等多种环境因素的影响。例如，镁合金只有在湿空气、高纯水、$KCl+K_2CrO_4$溶液等环境中才会发生应力腐蚀开裂，且影响其开裂的机理也不尽相同；土壤中硫酸盐还原菌不仅能造成微生物腐蚀，还能将 SO_4^{2-} 转化为 S^{2-}，给埋地管道造成更为严重的应力腐蚀风险。另外，Cl^-作为一种侵蚀性离子，一方面能够在裂纹壁面引发点蚀，另一方面能够快速扩散到裂纹尖端，使裂纹内金属表面保护膜破裂，在应力作用下加速裂纹生长扩展。随着 Cl^-浓度增加，金属对 SCC 的敏感性增强，发生应力腐蚀的可能性也就增大。

7.3 几种材料的应力腐蚀开裂

一种材料在与特定的介质组合时才发生 SCC，本节讨论工程上具有重要意义的三种合金/介质组合的 SCC 特征。

7.3.1 不锈钢应力腐蚀开裂

相对于碳钢而言，不锈钢表面被氧化膜(钝化膜)所覆盖，在许多不锈钢应力腐蚀失效中，氧化膜破裂是关键步骤。如在滑移溶解型应力腐蚀开裂中，氧化膜破裂是裂纹形核并扩展的开始；在氢致开裂型应力腐蚀中，氧化膜破裂会使氢扩散进入基体的速率显著增大。此外，不锈钢根据其组织结构可分为铁素体不锈钢、奥氏体不锈钢、马氏体不锈钢、双相不锈钢，不同组织结构对应力腐蚀的影响具有明显的差异。因此，不锈钢应力腐蚀开裂因其影响因素众多，对其机理的研究和控制方法的探索一直是该研究领域的重点和难点。

奥氏体不锈钢在热氯化物溶液中的应力腐蚀开裂是受到最广泛注意的典型的 SCC 例子。在实验室中一般用沸腾的 $\omega(MgCl_2)=42\%$ 的水溶液作为介质研究奥氏体不锈钢的 SCC。这是为了加快实验而采用的极为苛刻的环境，实际工程的介质，如海水和工业用水中的 Cl^- 浓度则低得多，但局部沸腾或局部高温导致 Cl^- 浓缩而引发 SCC。另外，温度在 70℃ 以上时才发生 SCC，这是因为只有 70℃ 以上才发生 Cl^- 的浓缩。

316L 不锈钢是奥氏体不锈钢之一，含有丰富的 Cr、Ni 及质量分数为 2%~3% 的 Mo，且相较于 316 不锈钢其含碳量较低，具有更优异的抗氧化性能和抗点蚀性能，广泛应用于核反应堆、生物医疗器械和石油化工等领域。常规腐蚀条件下，316L 不锈钢表面能够形成钝化膜，降低腐蚀速率。若 316L 不锈钢在恶劣腐蚀环境中服役的时间较长且存在拉应力时，在二者共同作用下其表面稳定性降低、极化电阻减小，抗腐蚀性能显著降低，最终导致不锈钢工件出现应力腐蚀而失效。基于 316L 不锈钢的特点及应用环境，有待从本质上明晰 316L 不锈钢发生应力腐蚀的微观机制，确定影响应力腐蚀开裂的因素，制定合适的应力腐蚀防护技术，从而提高 316L 不锈钢的抗应力腐蚀开裂性能。

316L 不锈钢与其他金属材料的应力腐蚀均涉及裂纹的萌生及扩展，涉及多尺度。结合宏观力学模型，对宏观裂纹的扩展行为研究较多。受到微观表征及测量技术限制，微观裂纹萌生及微裂纹的扩展研究相对较少。应力腐蚀微裂纹大多萌生于材料表面的薄弱处，通常，材料表面的不连续性或者表面存在点蚀坑是应力腐蚀裂纹萌生的主要原因，材料表面不连续性主要体现在机械加工过程中产生的搭接凹槽等，或含有预存在裂纹，316L 不锈钢常见应力腐蚀微裂纹萌生位置如图 7.3-1 所示。当微裂

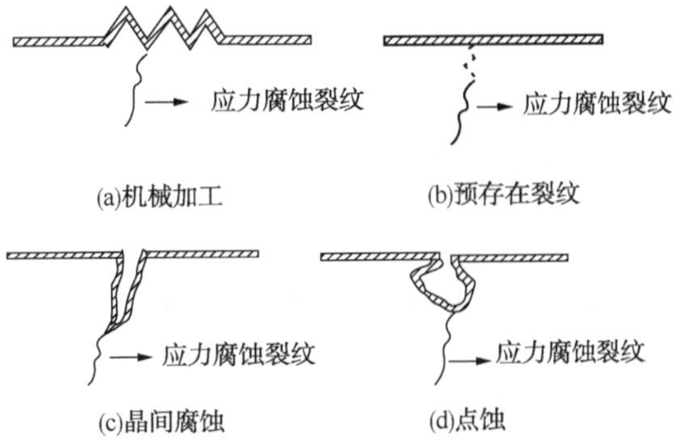

图 7.3-1 316L 不锈钢应力腐蚀微裂纹萌生位置示意

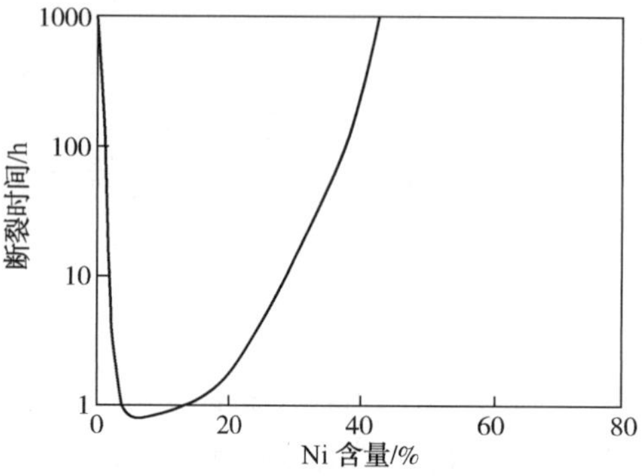

图 7.3-2 Ni 含量对 Fe-Cr-Ni 奥氏体合金在 $MgCl_2$ 溶液中 SCC 的影响

纹萌生后，在拉应力与腐蚀环境的相互作用下微裂纹尖端的局部区域达到裂纹扩展的门槛值，形成扩展裂纹。

在奥氏体不锈钢对 SCC 敏感的大多数介质中，铁素体不锈钢一般不发生 SCC。铁素体不锈钢的这种耐 SCC 特性与合金中 Ni 的质量分数有关。Fe-Cr-Ni 合金中 Ni 的质量分数对 SCC 的影响如图 7.3-2 所示。Ni 的质量分数相当于 18-8 奥氏体不锈钢的 $\omega(Ni)=8\%$时，SCC 断裂时间最短，对 SCC 最敏感，而合金中 Ni 的质量分数很低时合金对 SCC 不敏感。铁素体不锈钢不含 Ni，故比奥氏体不锈钢更耐应力腐蚀开裂。由于相同的原因，双相不锈钢的 SCC 敏感性介于奥氏体不锈钢和铁素体不锈钢之间。

通常认为，在氯化物溶液中，随着 Cr 元素含量增大，奥氏体不锈钢的抗 SCC 下降。Mo 元素对奥氏体不锈钢应力腐蚀性能的影响是非线性的，一般认为，当 Mo 含量较低时($\leqslant 2.5\%$)，随着 Mo 含量的升高，SCC 敏感性也会升高；当 Mo 含量较高时($\geqslant 5\%$)，随着 Mo 含量升高，SCC 敏感性会显著下降。

7.3.2 碳钢和低合金钢应力腐蚀开裂

碳钢和低合金钢应用十分广泛，涉及许多工业部门，在酸性环境中易发生应力腐蚀开裂。例如，含硫油气田的开发、炼油中的加氢脱硫、石油及天然气管道、合成氨系统、煤的气化和液化装置、造纸工业、核能工业等，特别在含硫油气田的采油、集输装置中，硫化物应力腐蚀开裂(SSCC)十分突出。最早发现碳钢的应力腐蚀开裂是锅炉水中铆钉头缝隙处的 SCC。碳钢在弱碱性溶液中不易发生一般的腐蚀(锅炉水中一般添加 NaOH 使 pH 值保持在 9.5~11.5)，局部沸腾导致铆钉头缝隙中水的碱性增大，使强烈加工硬化(有残余应力)的铆钉头发生 SCC。

碳钢在多种介质中发生 SCC，其中在硝酸盐和氰酸中的 SCC 是在化工装备中常见的。类似的 SCC 还在含有 CO 和 CO_2 的水溶液中发生。C、N 和 P 偏聚在晶界促进沿晶界的 SCC。

碳钢和低合金钢制成的液氨罐中也发现了 SCC。加入少量 H_2O 可起到缓蚀剂的作用。化工工业中的碳钢和低合金钢的管线、罐等多为焊接件，利用消除应力退火降低结构中的残余应力对减轻 SCC 有很好的效果。

7.3.3 有色金属及其合金应力腐蚀开裂

1. 铜及铜合金

铜及铜合金可在潮湿空气、海水中发生 SCC。在实验室中最常用的 SCC 实验介质是含有 H_2O_2 一类氧化剂的 NaCl 水溶液。通常用反复浸入的方法提高合金表面的 NaCl 浓度。

历史上最早的应力腐蚀开裂是在黄铜弹壳中发现的，当时把冷加工造成残余应力和热带夏季环境作用下产生裂纹的现象称作季裂(season cracking)。进一步研究查明，引起季裂的主要腐蚀介质是潮湿空气中的 NH_4^+、H_2O 和 Cl 的混合物。在形成表面氧化膜的溶液中黄铜的 SCC 是沿晶断裂，如图 7.3-3 所示；在不形成表面氧化膜的条件下，或者强烈冷变形的情况下可能发生穿晶断裂。黄铜对应力腐蚀是非常敏感的，一般认为 Zn 含量小于 15%的黄铜具有较好的应力腐蚀抗力，随着 Zn 含量的增加(直至 40%)，黄铜的应力腐蚀敏感性上升。

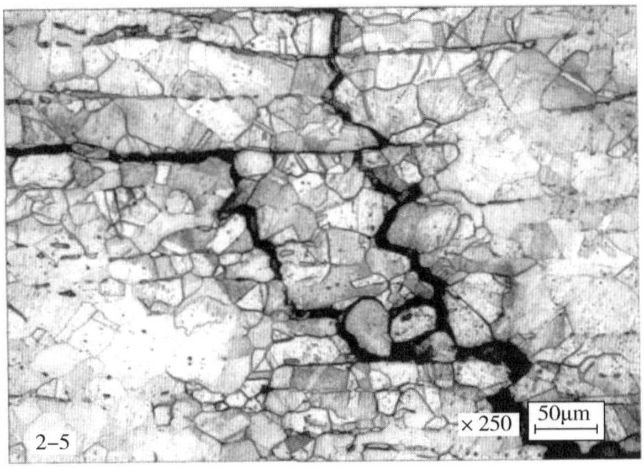

图 7.3-3 H62 铜合金裂纹沿晶状发展形貌

引发黄铜 SCC 的另一种常见的环境是农村中有机肥或氮肥经分解和溶解的水溶液，以及被氮的氧化物污染的潮湿空气。这些环境中极少量的 NH_4^+足以引发黄铜的 SCC。

2. 铝及铝合金

铝及铝合金的应力腐蚀开裂倾向对材料的强度水平很敏感，纯铝和过时效的铝合金对 SCC 不太敏感。例如，强度高的 7000 系列铝合金的 SCC 裂纹扩展速率比强度较低的 2000 系列快。另外，对时效硬化型铝合金来说，随着时效时间的延长，第二相粒子粗化导致强度降低，SCC 裂纹扩展速度大幅度降低。

对于变形铝合金来说，对 SCC 的敏感性还和轧制方向有关，一般沿板厚方向的 SCC 敏感性大于轧制方向的。铝合金的应力腐蚀开裂一般都是沿晶的。晶界沉淀或晶界贫化区导致晶界区成为阳极是发生 SCC 的原因之一，因此，阴极保护能够消除或延缓许多铝合金的 SCC。

7.4 应力腐蚀开裂机制

在大量实验研究和理论分析的基础上已提出了若干应力腐蚀开裂的机制。本节介绍目前被广泛接受的几种模型。一个成功的模型应该能够解释前两节阐述的许多 SCC 现象，但是，目前的模型只能说明某些现象而不能说明另一些现象，因此这些模型还不成熟，还需要进行大量研究。

7.4.1 氢致开裂模型

如图 7.4-1 所示，如果应力腐蚀的阴极反应是析氢反应 $H^{+}+e^{-}\rightarrow H$，原子氢进入金属并富集到足够程度后可能引发脆性断裂。这实际上是 HIC 的特例，是在应力腐蚀条件下发生的氢致开裂。但是在某些低强度的延性合金中观察到析氢反而抑制 SCC，所以，HIC 可能是高强度合金 SCC 的控制因素，而对于低强度合金氢不是主要因素。

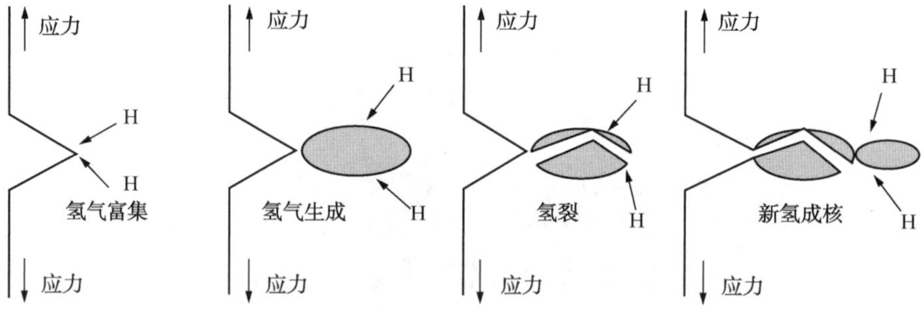

图 7.4-1　氢化物延迟开裂机理示意

7.4.2 钝化膜破坏模型

图 7.4-2 表明 SCC 在钝化膜不稳定的电位区中发生，因此 SCC 和钝化膜的破坏有密切关系。钝化膜破坏模型认为，在应力作用下晶体滑移产生的表面台阶处钝化膜受到破坏，露出“新鲜”活性(无钝化膜)金属。新鲜金属相对于钝化膜是阳极，而阳极溶解导致 SCC 裂纹的扩展。

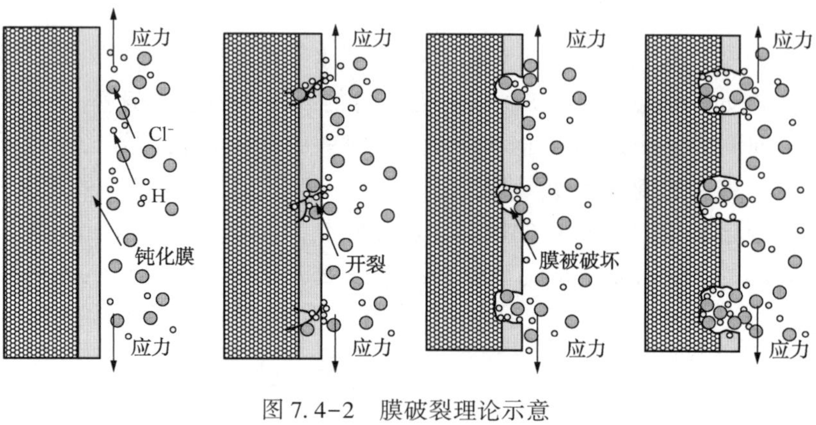

图 7.4-2　膜破裂理论示意

钝化膜破裂引发裂纹的形成是没有疑问的，但该模型难以说明裂纹形成后进一步扩展过程。例如，按该模型穿晶裂纹应在金属的激活滑移面上扩展，如面心立方晶体的{111}面上，而实际观察到的穿晶裂纹是沿{100}、{110}或{210}面扩展。再如，如果裂纹是靠阳极溶解扩展，那么裂纹面(断口)会被阳极溶解而变得平滑；但观察到的断口是晶体学解理面(穿晶断裂)或结晶状的晶界面(沿晶断裂)。一对共轭断口能够精确对接，说明裂纹扩展是脆性“力学”断裂，而断面电化学溶解程度很小。由此可以认为，电化学溶解引发裂纹形成，而裂纹扩展是纯脆性断裂过程。实际上，在某些 SCC 情况下确实观察到裂纹扩展周期性停止而成的条纹状断口。总之，钝化膜破坏模型能够在一定程度上说明部分 SCC 现象，但不能说明其他一些现象，仍然是一个不完善的模型。

7.4.3　滑移溶解模型

滑移溶解模型认为，发生应力腐蚀开裂的零件表面覆盖着厚度由一个原子层至可见厚度的钝化膜，当外载荷引起零件发生变形后，位于钝化膜下面的金属基体出现滑移，使钝化膜破坏，钝化膜破坏处成为活性阳极，与膜未破裂处形成大阴极/小阳极的腐蚀电池，钝化膜破坏处会受到择优溶解，随后又会形成新的保护膜，随“滑移—膜破裂—金属溶解—再钝化”这一过程循环往复，裂纹不断向零件内部扩展，最终引起零件断裂，如图 7.4-3 所示。

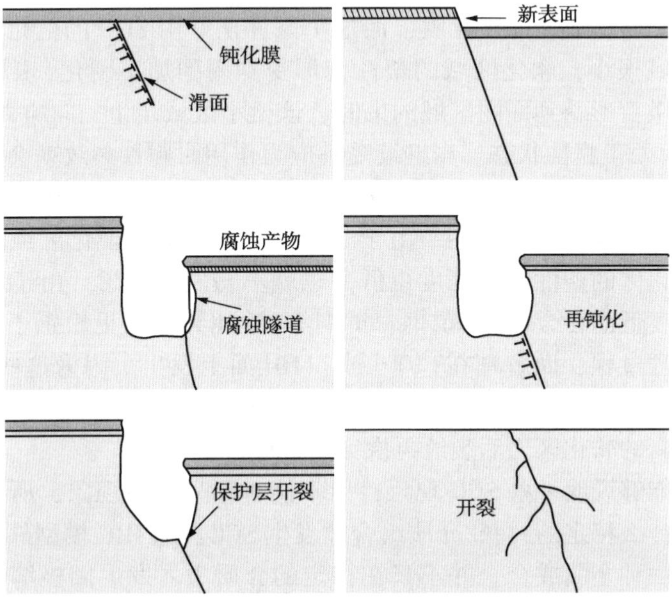

图 7.4-3　滑移理论示意

该理论相对于膜破裂理论更具说服力，膜破裂理论认为裂纹尖端处的瞬间电流足以阻止钝化膜的再次形成，从而加速阳极溶解，然而却没有直接证据证明此说法。滑移理论认为局部溶解区会再次发生钝化，在外力的作用下钝化膜会再次破裂，如此循环重复。该理论是建立在膜破裂理论基础上更合理、更容易被人们所接受的理论。

7.4.4　活性通路模型

活性通路模型以奥氏体不锈钢为研究对象，认为奥氏体不锈钢敏化以后在晶界上产生碳化铬析出物，这些析出物成为晶间开裂的“活性通路”，在特定的腐蚀环境中，如果活性通路与周围金属的电位差达到一定程度，就会在晶界上沿着活性通路发生腐蚀，产生开裂，应力集中使裂纹尖端的拉应力高于材料屈服强度，发生局部塑性变形，当裂纹尖端的拉应力高于材料抗拉强度时，产生脆性破坏，裂纹扩展。材料内部的活性通路腐蚀缓慢进行，当裂纹深入零件内部，裂纹长度增加至零件不足以承受外界载荷而发生断裂。

7.4.5 局部表面塑性模型(LSP 模型)

SCC 的种种冶金学因素是很难只用金属表面过程来解释的，而是需要一种考虑腐蚀环境对表面以下基体金属的影响的 SCC 模型。

腐蚀环境中的蠕变试验表明，随着试样中阳极电流的增加，蠕变速度加快。这说明蠕变第一阶段的加工硬化因阳极电流而软化。腐蚀导致应变硬化的软化表明，腐蚀对合金的金属学特性有重要影响，应力腐蚀开裂可能和裂纹尖端缺陷结构及局部塑性变形有关。基于这一点，Jones 提出了局部表面塑性模型(Localized Surface Plasticity，LSP 模型)。

LSP 模型认为，合金表面钝化膜破裂后露出的“新鲜”金属和周围钝化膜之间构成微电池。由于电位差很大，无钝化膜的活性表面产生很大的阳极电流。在钝化膜比较弱的电位区，膜破裂后不能立即形成新的钝化膜，而这个条件正好由 SCC 的电化学条件满足。因阳极电流而软化的区域很小，软化区域的塑性变形受到周围加工硬化(未软化)区域的约束。在裂纹尖端区域的微变形受到周围区域约束时，该微小区域产生三向应力状态(平面应变条件)，变形被抑制而处于脆性状态。当继续受到应力作用时脆性裂纹就会形成并扩展。

利用 LSP 模型可以解释 SCC 的若干材料因素。纯金属比同基合金耐应力腐蚀开裂的现象可用纯金属应变硬化程度低来说明。由于应变硬化程度低，硬化区纯金属可以产生更大的塑性变形，对软化区的塑性约束程度也低，也就不易发生 SCC。由于合金的应变硬化率高，即使是屈服强度低的合金(如不锈钢、黄铜等)也比纯金属更敏感于 SCC。阳极电流只是触发脆性机械解理过程，而解理在{100}或{110}面上发生。因为这些晶面的面间距大，塑性变形受阻时最易在这些晶面上分离。脆性裂纹触发后可以穿过并超过软化区后停止，等到裂纹尖端形成新的软化区之后裂纹再次突然扩展。

以上几种模型能够说明一些 SCC 现象，但不能解释另一些现象，所有这些模型的致命弱点是不能解释为什么特定的材料/介质组合才发生 SCC。除 HIC 模型外其他模型都基于阳极溶解而提出，而一种金属或合金并不只在特定的介质中才发生阳极溶解，所以阳极溶解不能解释应力腐蚀的材料/介质组合体系问题。

7.5 应力腐蚀开裂的断裂力学

7.5.1 SCC 临界应力强度因子 K_{ISCC}

设试样中的原始裂纹尺寸为 a_0，通常情况下只有当外加应力 $\sigma=\sigma_c$，从而裂纹前端应力强度因子 $K_{\mathrm{I}}=Y\sigma_c\sqrt{a_0}=K_{\mathrm{Ic}}$时，裂纹失稳扩展，试样快速断裂。如果外加应力 $\sigma<\sigma_c$，则 $K_{\mathrm{I}}<K_{\mathrm{Ic}}$，试样不会断裂。

但在腐蚀介质中，当 $\sigma<\sigma_c$、$K_{\mathrm{I}}<K_{\mathrm{Ic}}$时，试件虽不会立即断裂，但由于应力腐蚀作用，原始裂纹 a_0会随着时间的延续而慢慢长大，裂纹前端应力场强度因子也随之增大。经过一段

时间后，裂纹由 a_0 长大到 a_1，$K_{\mathrm{I}}=Y\sigma\sqrt{a_1}=K_{\mathrm{Ic}}$ 试样断裂，t_f 是断裂时间。这就是说在恒应力作用下，由于应力腐蚀裂纹从 a_0 长大到 a_1，裂纹前端的应力场强度因子也从 K_{I} 增大到 K_{Ic}。图 7.5-1 所示为初始 K_{Ii}(或外加应力)与断裂时间的关系。可知：随着外应力的下降，裂纹前端初始应力场强度因子也下降，断裂时间也逐渐增长。当外加应力低于某一个极限值(临界值)σ_{scc} 时，即使经过足够长的时间，裂纹也不能扩展到临界尺寸，即试样不会发生应力腐蚀开裂。与这个应力腐蚀临界应力相应的初始应力强度因子用 K_{ISCC} 表示，称为应力腐蚀临界应力强度因子。若构件中原始裂纹尺寸 a_0 较小，工作应力 σ_0 又较低，裂纹前端初始应力强度因子 $K_{\mathrm{I}}=Y\sigma_0\sqrt{a}$，小于该材料在特定工作介质中的 K_{ISCC}，则此构件就可在此介质中工作足够长的时间而不会断裂。但在某些强腐蚀性介质中有时不出现 K_{ISCC}。

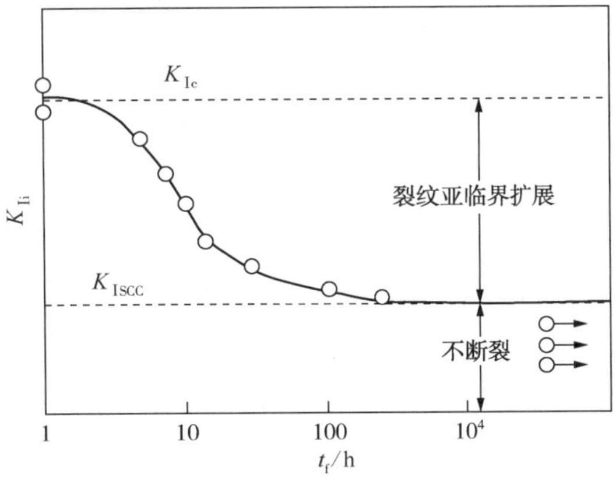

图 7.5-1　初始应力强度因子与 SCC 断裂时间的关系

每一种材料在特定的腐蚀介质中的 K_{ISCC} 是个常数，可用实验方法测出来。一般 $K_{\mathrm{ISCC}}=(1/5\sim1/2)K_{\mathrm{Ic}}$，且随材料强度级别的提高，$K_{\mathrm{ISCC}}/K_{\mathrm{Ic}}$ 的比值下降。

裂纹扩展过程中需要消耗能量(产生新表面能 $2\gamma_e$，对塑性材料还有变形功 γ_p)，裂纹扩展单位长度(或单位面积)所消耗的能量就是裂纹扩展的阻力 R，即：

$$R=2\gamma_e+\gamma_p \tag{7.5-1}$$

促使裂纹扩展的推动力是能量释放率 G_{I}，即：

$$G_{\mathrm{I}}=-\frac{\partial U}{\partial a} \tag{7.5-2}$$

在恒位移条件下：

$$G_{\mathrm{I}}=-\left(\frac{\partial U}{\partial a}\right)_{\delta} \tag{7.5-3}$$

即含裂纹体裂纹扩展过程中弹性能释放，裂纹扩展单位长度所释放出的弹性能就是裂纹扩展的推动力 G_{I}。为了使裂纹扩展必须有 $G_{\mathrm{I}}=R$。

如果含裂纹试样放在腐蚀介质中，由于存在电位差，试样具有电化学能，裂纹扩展时电化学能也要释放。设裂纹扩展单位长度所释放的电化学能为 D，在应力腐蚀条件下裂纹扩展的推动力为 $G_{\mathrm{I}}+D$。裂纹扩展时推动力 $G_{\mathrm{I}}+D$ 等于阻力 $R=2\gamma_e+\gamma_p\approx\gamma_p$，即：

$$G_{\mathrm{I}}+D=\gamma_p \tag{7.5-4}$$

将 $G_{\mathrm{I}}=K_{\mathrm{I}}^2/E'$ 代入式(7.5-4)可得：

$$K_{\mathrm{I}}=\sqrt{E'(\gamma_p-D)} \tag{7.5-5}$$

裂纹在应力腐蚀条件下扩展所需的最小初始应力场强度因子是 K_{ISCC}。因此有：

$$K_{\mathrm{ISCC}}=(K_{\mathrm{I}})_{\min}=\sqrt{E'(\gamma_p-D)_{\min}} \tag{7.5-6}$$

当不存在介质时，$D=0$，裂纹开始扩展所需的最小应力强度因子就是平面应变断裂韧性，即：

$$K_{Ic}=\sqrt{(E'\gamma_p)_{min}} \tag{7.5-7}$$

式(7.5-7)表明，材料断裂韧性 K_{Ic} 越高，其应力腐蚀临界应力场强度因子 K_{ISCC} 也越高，电化学能释放率 D 越低。

7.5.2 SCC 裂纹扩展速率与寿命

在 SCC 条件下裂纹随时间逐渐扩展。单位时间内裂纹扩展量为应力腐蚀裂纹扩展速率，用 da/dt 表示。da/dt 是应力场强度因子的函数，即：

$$\frac{da}{dt}=f(K_I) \tag{7.5-8}$$

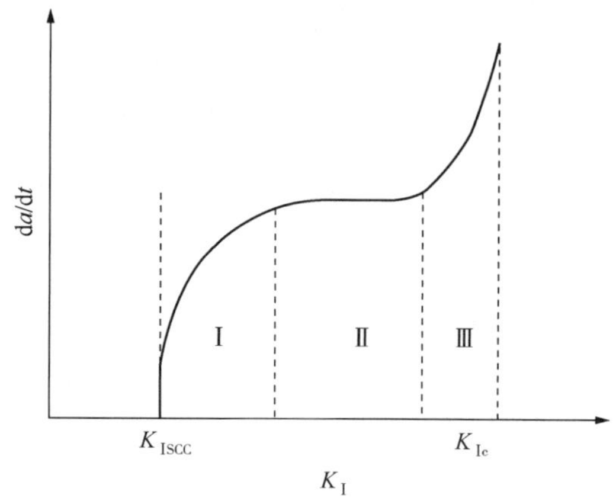

图 7.5-2　da/dt 与 K_I 的关系

已经确认大多数材料的裂纹扩展速度和 K_I 的关系可分为三个阶段，如图 7.5-2 所示。在裂纹扩展的第Ⅰ阶段，经过一段孕育，K_I 刚超过 K_{ISCC} 后，裂纹突然加速发展；在第Ⅱ阶段，da/dt 与 K_I 关系不大，因为它主要是由电化学过程控制；第Ⅲ阶段，裂纹长度已接近脆断的临界尺寸，随 K_I 增大，da/dt 又快速增加，直到失稳断裂。

实际材料的 $da/dt-K_I$ 曲线受多种因素的影响。根据 K_{ISCC} 和裂纹扩展速度能够评估构件的安全性和寿命。$K_I<K_{ISCC}$ 时，构件是安全的，所以可以利用 K_{ISCC} 计算出临界裂纹尺寸 a_0^*。如果 $a_0<a_0^*$，则裂纹不扩展，可以不考虑应力腐蚀问题；如果 $a_0>a_0^*$，则在工作应力作用下裂纹会因应力腐蚀而不断扩展。可以根据裂纹扩展速率来预测构件的使用寿命。构件寿命主要由 $da/dt-K_I$ 曲线上第Ⅱ阶段决定。第Ⅱ阶段 da/dt 近似常数，即：

$$\frac{da}{dt}=A \tag{7.5-9}$$

裂纹由 a_0 扩展到第Ⅱ阶段终止时的裂纹长度 a_2 所需的时间为：

$$t_f=\frac{a_2-a_0}{A} \tag{7.5-10}$$

可用图 7.5-2 第Ⅱ阶段终止时的应力强度因子 $K_{I2}=Y\sigma\sqrt{a_2}$ 来计算 a_2，即：

$$a_2=\left(\frac{K_{I2}}{Y\sigma}\right)^2 \tag{7.5-11}$$

将计算出的 a_2 代入式(7.5-10)可计算出构件的寿命。由于未考虑裂纹扩展的第Ⅰ阶段和第Ⅲ阶段，这样算出的寿命是偏于安全的保守估算值。更严格的寿命用式(7.5-12)估算，总寿命为：

$$t_{\mathrm{f}} = t_{\mathrm{i}} + \int_{a_0^*}^{a_{\mathrm{c}}} \frac{\mathrm{d}a}{f(K_{\mathrm{I}})} \tag{7.5-12}$$

式中，t_{i}为孕育期。

7.6　腐蚀疲劳的一般特性

7.6.1　概述

在腐蚀环境中的疲劳称为腐蚀疲劳(CFC)。与一般机械疲劳相比，腐蚀环境加速疲劳破坏，降低疲劳强度。因为是在腐蚀环境中受交变载荷，将腐蚀疲劳与腐蚀环境中受静载荷的应力腐蚀开裂，以及只受交变载荷的机械疲劳相比较，就可了解腐蚀疲劳的一般特征。与应力腐蚀开裂及机械疲劳相比较，CFC 有如下特点：

(1) 与 SCC 一样，在非腐蚀性环境下的延性材料在腐蚀环境中疲劳导致脆性断裂。需要强调这种断裂进程时用腐蚀疲劳断裂(CFC)这个名称。

(2) 腐蚀疲劳时材料受交变应力作用，和 SCC 一样，在拉应力分量作用下发生脆性断裂，且裂纹扩展方向也是垂直于最大拉应力分量方向。

(3) CFC 不需要特定的合金/介质组合，只要对合金有相当腐蚀性的介质，都会引起腐蚀疲劳断裂。

腐蚀疲劳断裂具有以下形貌特征：

(1) 腐蚀疲劳属于脆性断裂，没有明显塑性变形。

(2) 从宏观断口可以看到源区、裂纹扩展区和瞬时断裂区。但由于源区和裂纹扩展区一般均有腐蚀产物覆盖，有时难以区分，需要去除腐蚀产物后才能清晰区分；瞬时断裂区会保持粗糙的金属光泽。

(3) 从微观形貌上看会有疲劳辉纹，并带有腐蚀特征，如腐蚀点坑、泥纹花样等。

(4) 腐蚀疲劳往往是多源的，裂纹扩展分叉不多，裂纹尖端较钝；大多数是穿晶断裂的，也有沿晶断裂情况，腐蚀裂纹一般较宽。

7.6.2　腐蚀疲劳影响因素

腐蚀疲劳影响因素主要包括材料自身因素、力学因素和环境因素三大类。其中，材料自身因素是指材料的成分、热处理及其自身结构的几何尺寸等；力学因素是指疲劳载荷最大应力、应力比、载荷加载频率及加载波形等；环境因素包括温度、湿度、腐蚀介质、干湿交替频率等。

(1) 材料自身因素影响。

金属材料的成分、热处理方法及组织结构等特性是腐蚀疲劳的内在影响因素，对腐蚀疲劳裂纹萌生与扩展影响至关重要。若金属材料含有杂质，会造成应力集中，增加材料腐蚀疲劳发生的概率，改变材料裂纹扩展速率。材料中存在的杂质与气孔，会导致应力集中，加快点蚀的发生，从而增大裂纹扩展速率。腐蚀疲劳门槛值的大小取决于材料特性，从而影响裂纹扩展速率。微观组织之间存在电位差异，使得腐蚀疲劳端口裂纹为穿晶扩展或沿晶开裂，呈现折线状，裂纹之间相互交叉、连接、分叉，呈现出典型的多裂纹特征。

（2）力学因素影响。

循环载荷对裂纹扩展的影响，主要表现在以下方面：①改变裂尖反应速率，裂纹扩展几乎都是顺着裂纹半径方向，在塑性区内应变速率改变应变能，裂纹扩展速率产生变化。②减小载荷频率 f，裂纹扩展速率会增大，因为频率决定了裂纹反复张开与闭合的时间，频率减小，使得裂尖张开暴露于腐蚀介质中的时间越长。③增大应力比 R，促进腐蚀介质进入裂尖，让裂纹尖端的应力强度增大，同时增大了裂尖累积塑性应变，尖端钝化膜的破裂加速阳极溶解，最终加速裂纹扩展。④加载波形通过裂纹尖端应变随时间变化来体现，通常在最大应力时的暴露时间越长，裂纹扩展速率越大。

（3）环境因素影响。

腐蚀介质成分和浓度、溶液 pH 和温度、电位、空气湿度和干/湿交替频率等环境因素均对材料腐蚀疲劳存在较大影响。其表现为：①腐蚀介质降低金属构件的疲劳极限，只要循环次数足够大，即使应力很低，金属构件总会受到破坏。②裂纹扩展随 pH 值的变化而变化，环境偏中性时，金属构件会出现较深的点蚀坑；偏酸性时，腐蚀性更强，降低金属的临界应力强度因子，促进了裂纹的扩展；偏碱性时，腐蚀活性会有所降低。③不同区域的产物覆盖度不同，形成的腐蚀电偶或闭塞电池有很强的自催化特性，加速裂尖微区的电化学过程；同时，由于腐蚀产物的覆盖，抑制了腐蚀价值向裂纹内部的迁移，促进裂纹早期闭合，降低裂纹扩展速率，说明腐蚀产物对裂纹扩展速率的影响具有双面性。④温度升高，含氧量会增大，点蚀更严重，在交变载荷的协同作用下，裂纹扩展速率增大。

7.6.3 腐蚀疲劳机理

（1）腐蚀疲劳裂纹萌生机理。

关于腐蚀疲劳裂纹萌生机理目前主要有以下几种理论。

① 局部腐蚀理论。该理论认为，在交变载荷和腐蚀环境的交互或协同作用下，材料表面会形成腐蚀坑，在腐蚀坑的底部和边缘等部位产生应力集中，促进材料表面的腐蚀疲劳源提前生成。这种理论通常适合于发生局部腐蚀的铝合金材料，但不能解释表面没有腐蚀坑仍发生腐蚀疲劳的现象，具有一定的局限性。

② 形变活化理论，也称为阳极滑移溶解模型。主要涉及三种过程：阳离子的液体扩散、裂纹保护性氧化破裂和裸金属表面溶解。该理论认为，在交变载荷作用下，金属材料晶体产生滑移变形，滑移变形区域的活化能高于未发生变形的区域。变形区域和未变形区域与环境腐蚀介质共同组成腐蚀原电池，变形区域和未变形区域分别为阳极和阴极，阳极区域因持续受到腐蚀，不断发生溶解，最终形成疲劳裂纹。该理论目前主要用于解释高强钢的腐蚀疲劳问题，在高强铝等材料腐蚀疲劳中应用很少。

③ 表面钝化膜破坏理论。该理论认为，金属材料在交变载荷作用下，材料表面同样发生晶体滑移，腐蚀环境中金属表面形成的腐蚀产物阻止了晶体的可逆滑移，造成金属表面

位错，导致金属表面钝化膜破裂，并在滑移台阶处形成无膜的微小阳极区，阳极区域快速溶解，直到钝化膜被重新修复为止。这种“滑移—膜破裂—溶解—成膜”的重复过程，逐步形成了腐蚀疲劳裂纹。该理论未考虑渗氢作用等情况，因此其广泛性也值得怀疑。

④ 吸附理论。该理论认为，金属材料与腐蚀环境接触时，金属表面会吸附活性物质，其表面能降低，金属表面的键合强度被削弱，金属的力学性能被弱化。当金属遭受交变应力作用时，表面滑移带的产生和微裂纹的扩展更容易进行，由此导致腐蚀疲劳发生。

由于腐蚀疲劳裂纹萌生与金属材料自身及腐蚀环境均密切相关，不同的金属材料在不同腐蚀环境中可能有不同的裂纹萌生机理。因此，目前还没有一种完善的、通用的理论可以准确地解释任何金属材料的腐蚀疲劳过程。

（2）腐蚀疲劳扩展机制。

金属材料的寿命区间一般是由裂纹的成核、萌生及扩展构成的，裂纹扩展的速率也是对金属材料构件寿命预测的重要依据。根据不同的载荷形式，其裂纹的扩展方式主要分为张开型、剪切型和撕裂型。工程中大多数发生断裂失效的源头是张开型裂纹。金属构件在腐蚀环境和疲劳载荷的作用下形成了腐蚀疲劳裂纹，经过裂纹扩展最终断裂。在裂纹扩展的历程里，构件材料还有剩余的寿命，被称为腐蚀疲劳裂纹扩展寿命。由于腐蚀介质的存在，裂纹在疲劳载荷下的扩展往往十分复杂，金属构件的疲劳损伤历程中，疲劳裂纹的萌生和扩展占据整个扩展寿命的 80%。

腐蚀疲劳裂纹扩展时裂纹尖端的反应过程如图 7.6-1 所示。当金属材料暴露于腐蚀环境中，腐蚀介质首先迁移到裂纹尖端，与裂纹尖端新鲜金属表面发生局部电化学反应。该反应最简单的情况是阳极溶解与阴极放氢，反应可能产生的有害物质氢吸附于金属表面。反应的速度、氢还原的量以及氢在裂纹尖端还原后成为吸附氢将控制这个扩散过程。随着裂纹尖端和金属滑移导致位错不断出现，吸附氢沿着位错带或晶界迁移扩散，进入裂纹尖端前沿区域的吸附氢向高应力区富集，引起材料的局部损伤(如氢脆)。裂纹尖端处电化学反应产生的腐蚀产物，一方面会向外析出产生楔形效应，另一方面腐蚀产物容易堆积在裂纹尖端部位，改变裂纹尖端局部应力状态，引起裂纹的闭合效应。

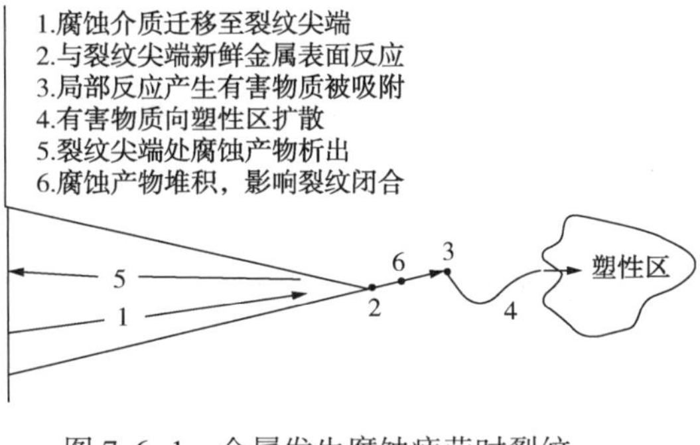

图 7.6-1　金属发生腐蚀疲劳时裂纹尖端的行为过程

7.7　腐蚀疲劳的断裂力学

腐蚀疲劳中的裂纹在寿命初期形成，然后逐渐扩展至断裂。金属在交变载荷作用下易发生局部集中滑移(如驻留滑移带)，在腐蚀环境下这些滑移带首先受到腐蚀。滑移结果使在表面上出现的“新鲜”的活性金属成为阳极，而周围未滑移区成为阴极。滑移带的阳极溶解结果产生点蚀坑，点蚀坑处的应力集中和点蚀坑内 pH 值的降低都加速腐蚀，当点蚀坑达到一定深度时就成为裂纹并扩展。

为了描述环境对疲劳裂纹扩展速率的影响，一种比较方便的方法是分别测量纯机械疲劳条件下和应力腐蚀条件下的裂纹扩展速率。根据疲劳与腐蚀相互作用情况，可能出现以下三类腐蚀疲劳裂纹扩展行为。第一类是真腐蚀疲劳行为。在单纯腐蚀疲劳中，环境因素本身(无循环载荷时)对裂纹扩展没有影响，即应力腐蚀开裂(SCC)的作用可以忽略。只有在循环加载条件下，环境通过与材料脆化的时间有关的过程，或与温度有关的过程，或电化学过程，使裂纹扩展速率增大。很明显，这种情况下 $da/dt-\Delta K$ 曲线的形状应与机械疲劳相似，只是裂纹扩展速度比纯机械疲劳要大一些。真腐蚀疲劳中即使循环载荷的最大应力强度因子 $K_{max}=\Delta K/(1-R)$ 小于 K_{ISCC}，腐蚀环境对材料的疲劳开裂行为也有一定的影响。可以预计，当腐蚀环境不满足引起 SCC 的合金/介质的条件时，腐蚀疲劳可能表现为第一类行为。第二类是应力腐蚀疲劳行为，它是机械疲劳和应力腐蚀开裂的简单叠加。很明显，仅当 $K_{max}>K_{ISCC}$，即 SCC 发生时才会发生应力腐蚀疲劳。第三类是真腐蚀疲劳和应力腐蚀疲劳相结合产生的混合型腐蚀疲劳行为。

以上腐蚀疲劳过程没有考虑疲劳裂纹内部形成腐蚀产物会提高裂纹闭合程度这个因素，腐蚀产物增强裂纹闭合程度会降低近门槛的疲劳裂纹扩展速率。Suresh 等利用室温下的氢气(压力为 138kPa)作为介质研究环境对奥氏体不锈钢疲劳行为的影响，发现在干燥氢气中，裂纹扩展的速率比在潮湿的空气中有了明显提高，其原因是在干燥的气体中不出现由氧化物诱发的裂纹闭合。

7.8 腐蚀疲劳的研究现状

腐蚀疲劳在不同领域不同材料上都会发生，且诱因复杂多变，难以定量测量，且腐蚀疲劳发生不可预测，发生时间短，容易在社会生产生活以及工业生产中带来不可预估的伤害。在腐蚀介质中，金属材料产生腐蚀疲劳裂纹后，由于腐蚀介质和交变应力的共同作用，裂纹扩展到最后断裂。裂纹产生后经交变应力加载逐步进行扩展直至断裂，但由于腐蚀疲劳中还有腐蚀因素的存在，所以裂纹的扩展变成了一个较为复杂的过程。腐蚀疲劳的裂纹扩展与其萌生相似，亦是局部性的。

当今对腐蚀疲劳的研究主要是对腐蚀疲劳裂纹的研究，通过实验或仿真的方法研究腐蚀疲劳裂纹机理、扩展速率和扩展性能，研究材料在腐蚀疲劳条件下的使用寿命。

7.8.1 腐蚀疲劳的实验研究

实验方法普遍用于研究腐蚀疲劳，腐蚀疲劳是在交变应力和腐蚀介质的共同作用下，发生裂纹扩展的情况。通常对式样的微观组织、拉伸性能、腐蚀疲劳性能、疲劳裂纹扩展等进行研究。有时也会通过电化学测试进行腐蚀分析，并且电化学参数可以用于模拟腐蚀疲劳。

铁路扣件系统中的弹条在服役过程中面临腐蚀和力学损伤的共同作用，最终发生腐蚀疲劳断裂。石振平等检测了弹条的理化性能，同时利用弹条疲劳试验机，研究了弹条在空气和盐水中的疲劳断裂机理，并对弹条疲劳断口形貌进行了宏观观察和微观分析。结果表明：腐蚀造成的腐蚀坑和腐蚀电偶 Zn/Fe 引起的氢还原反应都可能造成腐蚀疲劳断裂。通过耐磨、致密、结合力好和不会引起氢脆的涂层来隔绝腐蚀介质，可以有效延长弹条的腐蚀疲劳寿命。

徐学旭以 780MPa 高强度海洋工程用钢作为基础材料，通过组织表征、电化学测试和轴向应力腐蚀疲劳实验对 780MPa 海工钢在海洋环境中的腐蚀疲劳行为与机理进行研究。得出并分析了腐蚀疲劳寿命曲线、腐蚀疲劳断口和侧面形貌、腐蚀疲劳组织并对二次裂纹进行分析，研究钢材的电化学行为。分析高强钢海洋环境中的腐蚀电化学过程和疲劳机理，海洋环境中 780MPa 海工钢的电化学过程表现为阳极活性溶解过程，试验钢在海洋环境的腐蚀疲劳机理表现为阳极溶解和氢致开裂混合控制。

对服役后 X56 双层海底管道钢的疲劳裂纹扩展速率的研究表明，对外层管上截取的标准紧凑拉伸试样分别在空气和海水环境下进行不同最大疲劳载荷（P_{max} = 9kN、10kN 和 12kN）的疲劳裂纹扩展试验。与空气环境中 CT 试样的疲劳裂纹扩展速率相比，裂纹生长至 15.38mm 时，9kN、10kN 和 12kN 载荷下海水环境中 CT 试样的疲劳裂纹扩展速率分别提高了 1.82 倍、1.54 倍、1.43 倍，随着裂纹扩展长度增大，外界载荷起主导作用，海水腐蚀的影响越来越小。综合分析最大疲劳载荷对疲劳裂纹扩展的影响，结果发现相同裂纹长度的前提下，疲劳载荷增加，应力强度因子幅值和疲劳裂纹扩展速率增加，海水腐蚀影响逐渐减小。海水环境中 CT 试样的疲劳断口表现出更多的二次裂纹和更高的撕裂脊。随着最大疲劳载荷增加，解理断裂形成的解理台阶晶面面积和高度差逐渐增大，疲劳断口越粗糙，解理特征越明显。

李如俊等研究了马氏体镍钢 18Ni(250) 三点弯曲试样在不同应力比下的腐蚀疲劳裂纹扩展特性，并与空气环境下的疲劳裂纹扩展特性进行对比，分析了腐蚀疲劳裂纹扩展机理。结果表明：应力比为 0.1 时的疲劳寿命要小于应力比为 0.3 时的疲劳寿命，当应力强度因子在 50~70MPa · $m^{0.5}$ 时，应力比对于裂纹扩展速率影响较大。在裂纹扩展初始阶段，3.5%NaCl 腐蚀溶液环境下的裂纹扩展速率约为空气中的 1.5 倍。裂纹尖端暴露在腐蚀环境下，金属原子与腐蚀溶液中的离子发生化学反应，加速了裂纹扩展。

马青娜等利用电子显微镜和扫描电镜对 7075-T6 铝合金搅拌摩擦焊接头腐蚀疲劳断口进行研究，分析了 7075-T6 铝合金搅拌摩擦焊接头腐蚀疲劳裂纹的发展过程。结果表明：搅拌摩擦焊接头腐蚀疲劳裂纹萌生于焊核区和热影响区的交界处并逐渐向热影响区内部扩展，最终延伸并断裂于热影响区。腐蚀疲劳断口存在多个裂纹源，裂纹源萌生于腐蚀坑处。腐蚀疲劳裂纹扩展分为低速扩展、稳态扩展和快速亚稳态扩展 3 个阶段。在低速扩展阶段，产生了很多点蚀坑。在稳态扩展阶段，腐蚀疲劳具有脆性断裂特征。在快速亚稳态扩展阶段，循环载荷成为裂纹扩展的主要驱动力而腐蚀作用的影响减弱。腐蚀疲劳裂纹扩展的瞬断区呈现以脆性断裂为主的断裂特征。

刘东等利用自行研制的海水腐蚀疲劳的试验装备开展了海洋工程结构用钢 DH36 在人造海水环境中不同应力比、频率、温度、流速下的腐蚀疲劳裂纹扩展速率特性，以及不同频率下腐蚀裂纹扩展过程中电化学行为研究。结果表明：应力比越高，相同裂纹尖端应力场幅值条件下，疲劳裂纹扩展速率越快，疲劳裂纹扩展速率门槛值 ΔK_{th} 越低。$R=0.3$ 和 $R=0.5$ 时疲劳裂纹扩展速率相对 $R=0.1$ 时的平均加速比例达 115%和 217%。温度越高疲劳裂纹扩展速率越快，30℃时，相对于最低温度(5℃)条件下的平均加速比例为 20%。海水流速越快腐蚀疲劳裂纹扩展速率也越快，相对于静止海水环境，0.3L/min 时疲劳裂纹扩展速率的平均加速比例为 19%，1L/min 时为 34%，到最大流速 3L/min 时为 50%。不同频率下，空气介质中疲劳裂纹的扩展速率基本无差别，但海水介质中的扩展速率差别较大，频率越低腐蚀疲劳裂纹扩展速率越快。通过比较不同频率下腐蚀疲劳裂纹扩展速率与疲劳裂纹扩展速率的相对加速比例，可以看出在 10Hz 下腐蚀抑制裂纹扩展，而 1Hz 和 0.1Hz 腐蚀加速裂纹扩展，平均加速比例依次为 47.8%和 261.8%。

高旭东等研究服役后 X56 钢海底输油双层管道的腐蚀疲劳裂纹扩展速率，分别在海水和空气环境下对管道上截取的标准紧凑拉伸(CT)试样进行不同应力比($R=0.1$、0.2、0.3、0.4、0.5)的疲劳裂纹扩展试验。稳定裂纹扩展初期，在给定的应力强度因子幅值($\Delta K=35\text{MPa}\cdot\text{m}^{0.5}$)下，服役后 X56 钢在海水环境下的疲劳裂纹扩展速率约为空气中的 1.64 倍，随着 ΔK 的增大，海水腐蚀作用越来越小。综合分析应力比对海水环境下 X56 钢的疲劳裂纹扩展曲线的影响，结果发现：应力比对裂纹稳定扩展初期阶段的疲劳裂纹扩展速率影响较大，低应力比($R=0.1$、0.2、0.3)对裂纹稳定扩展中间稳定阶段的疲劳裂纹扩展速率影响较小，高应力比($R=0.4$、0.5)状态下，裂纹稳定扩展整个阶段的腐蚀疲劳裂纹扩展速率明显提高。扫描电镜下 CT 试样的疲劳断口均为穿晶型断裂。海水腐蚀环境中，随着应力比的增大，解理断裂形成的解理台阶的晶面面积和高度差逐渐减小，疲劳断口越来越平坦，疲劳裂纹扩展方式由撕裂型向解理型进行转变。

王岐山等采用疲劳实验研究了不同加载波形下 X65 钢在空气和海水中的疲劳行为。结合 SEM 结果，对疲劳断口和次生裂纹进行了观察。结果表明：在空气和海水中，正锯齿波加载下 X65 钢的疲劳寿命最大，三角波次之，正弦波最短。与在空气中相比，X65 钢在海水中的疲劳寿命显著降低。正弦波与三角波加载时应力上升时间较短，有利于位错开动，加快裂纹萌生。其中，正弦波在 σ_{max} 的保载时间最长，有利于位错滑移形成，疲劳裂纹扩展速度最快。在海水环境中，Cl^- 促进了 X65 钢表面点蚀萌生，成为腐蚀疲劳裂纹源。当裂纹形成后，电解质进入裂纹间隙，在交变应力作用下裂纹反复张开与闭合，导致裂纹快速扩展。在海水中，当加载波形为正锯齿波时，X65 钢的腐蚀疲劳裂纹的扩展机制为阳极溶解，而当加载波形为正弦波和三角波时，X65 钢的腐蚀疲劳裂纹的扩展机制均为氢脆+阳极溶解混合机制，其中加载正弦波时腐蚀疲劳开裂敏感性最大。

杨晓阳等研究了特高压输电塔所用 Q420B 结构钢在酸雨环境下的腐蚀疲劳裂纹扩展行为，进行了 Q420B 的 CT 试样在人工酸雨喷雾腐蚀环境下的腐蚀疲劳试验。试验采用背面应变法监测裂纹长度，研究喷雾方式、pH 值、应力比对裂纹扩展速率的影响。试验现象及断口分析表明，CT 试样的断裂类型主要为穿晶疲劳断裂，腐蚀疲劳机制主要为阳极溶解机制。对于各工况，基于 Paris 模型推导了考虑模型参数随机性及 da/dN 数据波动性的腐蚀疲劳裂纹扩展速率 P-da/dN-ΔK 模型。结果表明：腐蚀疲劳裂纹扩展速率的离散性随应力强度因子幅的增大呈先减小后增大的趋势，该现象与Paris模型参数的线性相关性有关；相较于浸泡腐蚀，喷雾腐蚀下的裂纹扩展阶段存在明显的裂纹闭合效应，导致在ΔK较低阶段喷雾工况裂纹扩展速率均低于纯疲劳工况；腐蚀液pH值越低，裂纹扩展速率曲线斜率越大，但其初始速率也越低；应力比方面，增大应力比能明显缓解裂纹闭合效应，且裂纹扩展速率随应力比的升高而升高。

陈震宇等研究了先进超超临界机组候选镍基合金Inconel617在650℃/25MPa超临界水中的腐蚀疲劳裂纹扩展速率(CFCGR)。采用恒应力强度因子法进行动态加载，采用直流电位降(DCPD)法对裂纹长度进行实时测量，并通过线性回归方法计算出每个条件下的CFCGR，探究了加载频率和波形(正弦波、三角波和梯形波)对CFCGR的影响。结果表明：随着加载频率的升高，CFCGR降低，且CFCGR与加载频率之间满足对数线性关系；在3种频率下，正弦波和三角波加载对CFCGR没有明显影响，这种波形无关性在较广的频率范围内成立；梯形波与无保持时间的连续循环相比，具有更大的CFCGR。

李浩进行了铝合金拉伸实验、腐蚀试验、不同预腐蚀时间下的预腐蚀疲劳试验和不同腐蚀条件下的腐蚀疲劳试验，分析了腐蚀时间、腐蚀溶液变化导致的铝合金性能变化。对7075-T651铝合金进行了单轴拉伸试验，得到了3个平行试验试件的最大拉力平均值为12941N。根据腐蚀损伤等效原则，计算出了加速试验的当量折算系数，即试件在腐蚀溶液中反应5.5h的腐蚀程度相当于飞机在地面停放1年其蒙皮的腐蚀程度。未腐蚀试件的平均寿命为4052周次，预腐蚀30h后试件的平均寿命为2622周次，直至预腐蚀55h后，试件的平均寿命降至2231周次。与未腐蚀试件相比，腐蚀30h后的试件所得的寿命为原来的64.7%，55h后试件的平均寿命为原来的55.1%。综上所述，腐蚀试件疲劳寿命随着腐蚀时间的增加迅速降低，两者呈负相关。7075-T651铝合金自腐蚀电位及自腐蚀电流随溶液pH值变化，pH值的降低会导致7075-T651铝合金的自腐蚀电位减小，即其稳定性在削弱；其自腐蚀电流也随之减少，表明其腐蚀过程在减缓，可以总结为pH值降低，腐蚀能力增强。

Matteo等研究了ASTM A105和AISI 304L钢直接驱动摩擦焊接接头的疲劳腐蚀行为。采用3D打印环境试验箱，在空气和不同腐蚀环境下，进行应力比$R=0.1$的轴向疲劳试验。在质量分数为3.5%的NaCl水溶液中，在自由腐蚀电位(Ecorr)和其他两种极化条件(-0.85V和-1.30V vs. Ag/AgCl)下对样品进行了测试，目的是突出阴极保护和析出氢对疲劳行为的影响。通过光学和电子显微镜进行断裂分析，以确定失效成核的可能原因以及侵蚀环境所决定的不同损伤机制。主要结果量化了腐蚀环境的有害影响和阴极保护的积极作用。此外，在不同的腐蚀疲劳条件下，失效部位和机制也有明显的差异。重点研究了不同材料焊接接头的疲劳腐蚀行为。研制了疲劳过程中电化学参数控制试验装置。极化条件对接头的疲劳行为起着决定作用。断口分析可以确定裂缝的起始和扩展位置。

Yadav等研究了搅拌摩擦焊接AA2024-T3在3.5% NaCl溶液中的腐蚀疲劳行为。对试验件的腐蚀损伤分析表明，由于组织粗化，轴肩影响区的热影响区比搅拌区对腐蚀攻击更敏感。对轴肩影响区微观组织的演变提出了一种机制。与实验室空气相比，焊接构件在3.5% NaCl溶液中的疲劳寿命显著降低。腐蚀环境下疲劳寿命的降低归因于金属间化合物颗粒附近Al基体的溶解导致的凹坑形成。

Zhao 等采用直流电位降法(DCPD)测定 Ti-6Al-4V 合金在模拟体液(SBF)中的疲劳裂纹扩展速率(FCGR)。结果表明：SBF 腐蚀环境对层片组织 FCGR 的加速作用远大于等轴组织和双态组织，尤其是 Paris 区，这主要是由于疲劳载荷下层片 α/β 相界对 SBF 的腐蚀敏感性较高。

Wang 等采用电化学工作站和疲劳试验机分别对高速列车转向架用 SMA490BW 耐候钢焊接接头进行极化曲线测试和腐蚀疲劳试验，并采用扫描电镜对疲劳断口进行观察分析。结果表明：采用 MAG 焊接的 SMA490BW 耐候钢焊接接头力学性能良好，抗拉强度为 519MPa，断后伸长率为 26.67%。在质量分数为 3.5%的 NaCl 溶液中，热影响区的自腐蚀电位最低，自腐蚀电流密度最大，耐蚀性最差，焊缝居中，母材最好。SMA490BW 耐候钢焊接接头在 3.5%(质量分数)NaCl 溶液中的腐蚀疲劳极限为 236.55MPa，远低于空气中的疲劳极限 335.22MPa。SEM 断口分析表明，接头在空气中的疲劳裂纹起源于焊缝气孔，而腐蚀疲劳裂纹起源于试样表面的点蚀坑。

Anna 等通过探索激光冲击强化表面处理对 ER70S-6 和 ER100S-1 钢丝制成的 WAAM 构件的腐蚀疲劳裂纹扩展寿命的影响来满足这一基本需求。研究获得的实验结果与未经表面处理的名义上相同的试样的 CFCG 趋势进行了比较，并证明了所研究的表面处理方法对提高 WAAM 钢构件的腐蚀-疲劳寿命和抑制裂纹扩展的效率，而不论材料类型和试样方向。此外，还测量了经表面处理和未经表面处理的 WAAM 试样中的残余应力，以验证表面处理产生的有益残余应力对材料随后的 CFCG 行为的影响。残余应力剖面显示了在表面处理区域中有利于提高 CFCG 寿命的压缩应力场。

高速列车用 A7N01P-T4 铝合金板在交变载荷作用下会经历一定量的疲劳损伤。Chen 等制作了 P_0(无疲劳损伤)、P_1(加载应力 30MPa)和 P_2(加载应力 70MPa)3 组试样，在 3.5%(质量分数)NaCl 溶液中进行了腐蚀疲劳裂纹扩展(CFCG)试验。发现疲劳损伤后裂纹扩展速率随着损伤程度的增加而增长。此外，A7N01P-T4 铝合金母材在疲劳损伤后出现了明显的二次裂纹和裂纹分叉。认为疲劳损伤使材料产生应力集中，而在 CFCG 生长过程中发生了一定程度的应力腐蚀开裂。这是因为氢容易沿晶界聚集和扩散，降低了晶界的强度，从而成为裂纹扩展的择优取向。研究解释了为什么在一定程度的疲劳损伤后，材料的 CFCG 速率加快。

Jin 等研究了高速列车底架 A7N01S-T5 铝合金 MIG 焊接接头局部区域在质量分数为 3.5%的 NaCl 溶液中的腐蚀疲劳裂纹扩展(CFCG)。结果表明：与热影响区(HAZ)和焊缝金属(WM)相比，母材(BM)区域表现出最高的 CFCG 速率。裂纹特征表明，母材的腐蚀疲劳失效模式为氢辅助扩展，HAZ 和 WM 的失效模式均为阳极溶解。我们计算出 Cl^- 在钝化膜表面的多位点吸附和取代可以使氧原子和铝原子从钝化膜表面脱离，造成破坏，并允许裂纹进一步扩展。氢更有可能沿晶界聚集和扩散，降低它们的强度，并使它们成为裂纹扩展的最可能方向。这些研究为铝合金焊接接头各区 CFCG 的具体机制提供了新的见解。

在地热环境中，腐蚀疲劳降低了高合金钢的使用寿命。因此，尽管在外加电位作用下阴极反应会产生氢气，但阴极保护提高了材料的耐蚀性。Wolf 等在德国北部盆地电解液环绕的特殊腐蚀室中，研究了标准双相不锈钢试样在 369K 时的腐蚀疲劳。在 $\sigma_a=275\text{MPa}$ 和

USHE=-36mV 的应力幅值下，含氢微观结构的反应显著减少了试样的破坏循环次数。由于铁素体相力学性能的退化，氢加速了裂纹扩展和早期失效。

7.8.2 腐蚀疲劳的数值模拟研究

很多仿真软件可以实现仿真模拟，但是每个软件都有各自擅长的领域，比如 ANSYS、COMSOL，根据每个仿真软件的不同特点进行选择以满足相应的需求。可以对民用航空器起落架着陆时进行受力分析、对蒙皮在空中遭受腐蚀与交变载荷时进行腐蚀疲劳分析，为各个工程方面操作细节和设计提供参考；同时可以有效降低时间成本、金钱成本，大幅度减少试验工作量，降低了试验分析对试验设备的依赖，进而起到降低成本的作用。COMSOL Multiphysics 软件功能强大，包含多种物理场，且使用简单，它在各个领域的科学研究以及工程计算中应用较多，被称为"第一款真正的任意多物理场直接耦合分析软件"。它可用于工程、科研等各个领域的模拟仿真。除此之外，还可以将设计好的仿真模型导出为一个独立的 App，以供设计及科研人员使用。COMSOL Multiphysics 软件在建模、物理场以及附加模块的使用是非常简单且方便的，在电磁学、结构力学、声学以及流体学等领域均有广泛的使用。在 COMSOL 软件中有限元建模分为 6 个步骤：几何建模、网格刨分、材料属性配置、物理场配置、求解器的配置、结果计算分析。

马剑军等基于腐蚀疲劳中力学–电化学交互作用过程的能量转换，利用能量守恒、电化学热力学及腐蚀电化学原理，研究在腐蚀疲劳体系中动能、势能以及阳极溶解电化学能的变化，建立 E690 高强钢的腐蚀疲劳裂纹扩展速率理论模型，并通过腐蚀疲劳裂纹扩展试验验证该理论模型的准确性。

根据电化学原理，电化学腐蚀过程中阳极溶解释放的电化学能为腐蚀溶解金属所携带电量在电场中所做的功。溶解金属所携带的电量表达式为：

$$\Delta Q=\frac{i_0}{\rho}\times\frac{S_0}{\lambda^2 T_Z}\times\{1+\lambda(T_Z-T_{Z0})-2\exp(-\lambda T_{Z0})+\exp[-\lambda(T_Z-T_{Z0})]\} \tag{7.8-1}$$

$$T_{Z0}=\frac{1}{\lambda}\ln[2-\exp(-\lambda T_Z)] \tag{7.8-2}$$

$$S_0=\frac{\sigma_{\max}^2\pi a}{E\sigma_s} \tag{7.8-3}$$

式中，i_0为阳极溶解电流密度；S_0为裂纹尖端新露出的金属面积；ρ 为材料的密度；λ 为形膜速率常数；T_Z为疲劳载荷周期；E 为材料的弹性模量；σ_s为材料的屈服强度；$\sigma_{\max}$为最大应力；T_{Z0}为裂纹扩展后的疲劳载荷周期。

阳极溶解释放的电化学能 u_c的表达式为：

$$u_c=E_0\times\Delta Q=\left(E^{\ominus}+\frac{RT}{nF}\ln a_{M^{n+}}\right)\times\frac{i_0 S_0}{\rho\lambda^2}\times\{1+\lambda(T_Z-T_{Z0})-2\exp(-\lambda T_{Z0})+\exp[-\lambda(T_Z-T_{Z0})]\} \tag{7.8-4}$$

式中，E_0为腐蚀电池电动势；$E^{\ominus}$为标准电极电位；R 为气体常数；T 为热力学温度；n 为原子价；F 为法拉第常数；$a_{M^{n+}}$为金属离子活度。

$$E_{k}=\frac{1}{2}k\rho a^{2}\left(\frac{\mathrm{d}a}{\mathrm{d}t}\right)^{2}\frac{\sigma_{a}^{\frac{4}{1+\alpha}}}{EA^{\frac{2}{1+\alpha}}} \tag{7.8-5}$$

式中，E_k为裂纹扩展动能；k 为与材料相关的常数，对于金属材料取 5.45；t 为裂纹扩展时间；α 为硬化指数，取 1；A 为硬化系数，$A=E$；σ_a为应力幅。

根据位错理论，势能由表面能、弹性应变能、位错挤入裂纹所做的功以及位错本身的弹性能组成，势能 U 的表达式如下：

$$U=2G_{\mathrm{IC}}a-\frac{\pi(1-\nu^{2})\sigma_{a}^{2}a^{2}}{2E}-\frac{n_{p}\boldsymbol{b}a\sigma_{a}}{2}-\frac{(n_{p}\boldsymbol{b})^{2}E}{8\pi(1-\nu^{2})}+\frac{nE_{0}F\rho}{M}\times\frac{\sigma_{\max}^{2}\pi a^{2}}{E\sigma_{s}} \tag{7.8-6}$$

式中，G_{IC}为临界裂纹扩展力；ν 为泊松比；n_p为位错数；$\boldsymbol{b}$ 为伯格斯矢量；M 为摩尔质量。

在腐蚀疲劳裂纹扩展过程中，E690 高强钢的电化学能、动能和势能都会发生变化，但遵循能量守恒定理，即在一个疲劳载荷作用周期内，裂纹扩展过程中的电化学能、动能和势能总和 Φ 不变，由此可得：

$$\frac{\mathrm{d}\Phi}{\mathrm{d}N}=\frac{\mathrm{d}(U+E_{k})}{\mathrm{d}N}+u_{k}=0 \tag{7.8-7}$$

将势能、动能和电化学能的公式代入式(7.8-7)中，并根据 $\mathrm{d}a/\mathrm{d}t=f\mathrm{d}a/\mathrm{d}N$($f$ 为几何修正因子)，得到 E690 高强钢在腐蚀疲劳环境下的裂纹扩展动力学方程为：

$$\frac{kf^{2}a\rho\sigma_{a}^{\frac{4}{1+\alpha}}}{EA^{\frac{2}{1+\alpha}}}\left[a\frac{\mathrm{d}a}{\mathrm{d}N}\frac{\mathrm{d}^{2}a}{\mathrm{d}N^{2}}+\left(\frac{\mathrm{d}a}{\mathrm{d}N}\right)^{3}\right]-\left(\frac{a\sigma_{a}}{2}+\frac{(n_{p}b)E}{4\pi(1-\upsilon^{2})}\right)\frac{\mathrm{d}(n_{p}b)}{\mathrm{d}N}+\left[2G_{\mathrm{IC}}-\frac{\pi(1-\nu^{2})\sigma_{A}^{2}a}{E}-\frac{n_{p}b\sigma_{a}}{2}+\frac{nE_{0}F\rho}{M}\times\frac{2\sigma_{\max}^{2}\pi a^{2}}{E\sigma_{s}}\right]\frac{\mathrm{d}a}{\mathrm{d}N}+u_{c}=0 \tag{7.8-8}$$

在裂纹扩展初期和裂纹稳定扩展时期，$\mathrm{d}^2a/\mathrm{d}N^2$与$(\mathrm{d}a/\mathrm{d}N)^3$项非常小，可以忽略，因此裂纹扩展速率 $\mathrm{d}a/\mathrm{d}N$ 的表达式为：

$$\frac{\mathrm{d}a}{\mathrm{d}N}=\frac{\left(\frac{a\sigma_{a}}{2}+\frac{(n_{p}b)E}{4\pi(1-\nu^{2})}\right)\frac{\mathrm{d}(n_{p}b)}{\mathrm{d}N}-u_{c}}{2G_{\mathrm{IC}}-\frac{\pi(1-\nu^{2})\sigma_{A}^{2}a}{E}-\frac{n_{p}b\sigma_{a}}{2}+\frac{nE_{0}F\rho}{M}\times\frac{2\sigma_{\max}^{2}\pi a^{2}}{E\sigma_{s}}} \tag{7.8-9}$$

每个应力循环周期内裂纹尖端增加的位错数 $\mathrm{d}(n_pb)/\mathrm{d}N$ 等于 2 个滑移面放出的位错数，即：

$$\frac{\mathrm{d}(n_{p}b)}{\mathrm{d}N}=\frac{1}{N_{0}L^{2}}\left(\frac{\sigma_{a}}{\alpha}\right)^{\frac{1}{\beta}} \tag{7.8-10}$$

式中，β 为交变应变硬化指数；N_0为单位体积内位错源的平均数；L 为滑移面的平均长度；α 为硬化指数。

利用$G_{\mathrm{IC}}=K_{\mathrm{IC}}^2/E$，$\Delta K=2\sigma_a\sqrt{\pi a}$($K_{\mathrm{IC}}$为平面应变断裂韧度)，腐蚀疲劳裂纹扩展速率可表示为：

$$\frac{\mathrm{d}a}{\mathrm{d}N}=\left(\frac{E\sigma_{\mathrm{a}}^{\frac{1}{\beta-1}}\Delta K^{2}}{8\pi N_{0}L^{2}\alpha^{\frac{1}{\beta}}}-\frac{Eu_{\mathrm{c}}}{2}\right)\Big/\left[K_{\mathrm{IC}}^{2}-\frac{(1-\nu^{2})\Delta K^{2}}{4}+\frac{nE_{0}F\rho\sigma_{\max}^{2}\Delta K^{2}}{4\sigma_{\mathrm{a}}^{2}M\sigma_{\mathrm{s}}}\right] \tag{7.8-11}$$

Zhang 等考虑电化学腐蚀过程的时变特性，提出了腐蚀电流密度演化曲线，并将其引入腐蚀-疲劳模型。基于该模型，从一座系杆拱桥中提取了原位导线用于腐蚀-疲劳分析。测量了中央区和锚定区域导线的表面轮廓。

腐蚀与点蚀的形成：

$$\Delta m=\frac{M\int I(t)\,\mathrm{d}t}{nF} \tag{7.8-12}$$

$$a_{\mathrm{u}}=11.6\int i_{\mathrm{corr}}(t)\,\mathrm{d}t \tag{7.8-13}$$

$$a_{\max}=11.6\xi_{\mathrm{p}}\int i_{\mathrm{corr}}(t)\,\mathrm{d}t \tag{7.8-14}$$

$$i_{\mathrm{corr}}=i_{\mathrm{th}}\omega(t)$$

$$\omega(t)=\begin{cases}0, & t<t_1\\ 2\left(\dfrac{t-t_1}{t_1-t_2}\right)^2, & t_1\leqslant t<\dfrac{t_1+t_2}{2}\\ 1-2\left(\dfrac{t-t_1}{t_1-t_2}\right)^2, & \dfrac{t_1+t_2}{2}\leqslant t<t_2\\ 1, & t\geqslant t_2\end{cases} \tag{7.8-15}$$

$$t_2=(h_0-h_1)/\nu\approx\frac{3h_0}{4\nu} \tag{7.8-16}$$

点蚀-裂纹转变：

$$\left(\frac{\mathrm{d}a}{\mathrm{d}t}\right)_{\mathrm{pit}}=11.6\xi_{\mathrm{p}}i_{\mathrm{corr}}(t)$$

$$\left(\frac{\mathrm{d}a}{\mathrm{d}t}\right)_{\mathrm{crack}}=C_{\mathrm{s}}C\ (\Delta K_{\mathrm{pit}})^{m}f$$

$$\Delta K_{\mathrm{pit}}=Y\Delta\sigma_{\mathrm{eq}}(t)\sqrt{\pi a_{\max}} \tag{7.8-17}$$

$$\Delta\sigma_{\mathrm{eq}}(t)=\Delta\sigma_{\mathrm{eq},0}\times\frac{n_{\mathrm{c}}}{n_{\mathrm{c}}-j(t)}\times\gamma_{\mathrm{s}}^{-1}(t) \tag{7.8-18}$$

$$\gamma_{\mathrm{s}}(t)=\frac{A_{\mathrm{s},0}-A_{\mathrm{pit}}(t)}{A_{\mathrm{s},0}}=\frac{\pi D^2-\left[\dfrac{1}{2}\varphi_1D^2+2\varphi_2a_{\max}^2-Db\right]}{\pi D^2}$$

裂纹扩展：

$$t_{\mathrm{cg}}=\frac{1}{f}\int_{a_0}^{a_{\mathrm{c}}}\frac{\mathrm{d}a}{C_{\mathrm{s}}C\Delta K_{\mathrm{crack}}^{m}}$$

$$K_{\max,\mathrm{crack}}\leqslant K_{\mathrm{c}}(t)$$

$$K_c(t)=K_{c,0}\gamma_s(t)$$
$$K_{max,crack}=Y\sigma_{max}(t)\sqrt{\pi a(t)}$$
$$a(t)=a_0+\sum C_s C\Delta K_{crack}^m f\cdot\Delta t \tag{7.8-19}$$

仿真模拟腐蚀疲劳的应用举例

李浩使用多物理场耦合软件 COMSOL 预测材料腐蚀疲劳寿命(图 7.8-1)。对模型作出如下假设:

① 7075-T651 铝合金考虑为一个整体，不考虑铝合金中不同金属分布不均匀导致的化学反应；

② 此过程考虑为二次腐蚀模型，忽略介质传输及浓差变化；

③ 本仿真模型认为 7075-T651 铝合金具有良好的导电性，整个试件认为是等势体。

李浩的研究不必考虑 7075-T651 铝合金试件的具体形状。网格划分就是将建立出来的模型进行划分，划分为细小的单元体以便于相关计算。仿真设置可以比较符合实际地重现短时间的预腐蚀疲劳试验，实现了预腐蚀疲劳试验数据与仿真数据的吻合。

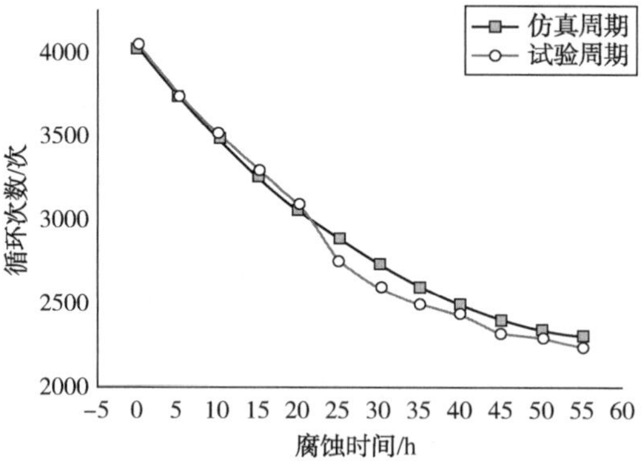

图 7.8-1　仿真与试验周期对比

参　考　文　献

[1] 张俊善. 材料强度学[M]. 哈尔滨：哈尔滨工业大学出版社，2014.

[2] Zapffe C A，Sims C E. Hydrogen，flanks and shatter cracks[J]. Trans. AIME，1940，5：145-151.

[3] Garofalo F，Zwell L，Keh A S，et al. Substructure formation in iron during creep at 600 ℃[J]. Acta Metallurgica，1961，9(8)：721-729.

[4] Oriani R A. A mechanistic theory of hydrogen embrittlement of steels[J]. Berichte der Bunsengesellsch aft fur physikalische Chemie，1972，76(8)：848-857.

[5] Petch N J，Stables P. Delayed fracture of metals under static load[J]. Nature，1952，169(4307)：842-843.

[6] Robertson I M. The effect of hydrogen on dislocation dynamics[J]. Engineering Fracture Mechanics，1999，64(5)：649-673.

[7] Birnbaum H K，Sofronis P. Hydrogen-enhanced localized plasticity-a mechanism for hydrogen-related fracture[J]. Materials Science and Engineering：A，1994，176(1/2)：191-202.

[8] Rokkam S，Rebak R B，et al. Environmentally assisted stress corrosion cracking[J]. JOM，2017，69(12)：

2851-2852.

[9]Van Boven G，Chen W，Rogge R. The role of residual stress in neutral pH stress corrosion cracking of pipeline steels. Part I：pitting and cracking occurrence[J]. Acta Materialia，2007，55(1)：29-42.

[10] 李坤，郑嘉懿，杨庆超，等. 316L 不锈钢应力腐蚀研究进展[J]. 有色金属材料与工程，2023，44(5)：36-46.

[11] Liu R，Narita N，Alstetter C，et al. Studies of the orientations of fracture surfaces produced in austenitic stainless steels by stress-corrosion cracking and hydrogen embrittlement[J]. Metall. Trans，1980，11：1563-1574.

[12] 吴文博，张志明，王俭秋，等. 热老化 316L 不锈钢在模拟核电溶解氧/氢高温高压水中应力腐蚀裂纹扩展行为[J]. 材料导报，2020，34(6)：6144-6150.

[13] 汪家梅，朱天语，陈凯，等. 316L 和 308L 不锈钢应力腐蚀裂纹萌生行为研究[J]. 装备环境工程，2022，19(1)：71-80.

[14] Jones D A. Principles and prevention of corrosion[M]. New York：Macmillan Publishing Company，1992.

[15] Parkins R N. Environment Sensitive Fracture and its Prevention[J]. British Corrosion Journal，1979，14：5-14.

[16] 徐亚洲. 应力腐蚀研究进展[J]. 石油化工安全环保技术，2021，37(1)：26-29，6.

[17] 杜娟，田辉，陈亚军，等. 7A04 铝合金应力腐蚀敏感性及裂纹萌生与扩展行为[J]. 材料工程，2018，46(4)：74-81.

[18] 刘传森，李壮壮，陈长风. 不锈钢应力腐蚀开裂综述[J]. 表面技术，2020，49(3)：1-13.

[19] Rahman T，Ebert W L，Indacochea J E. Effect of molybdenum additions on the microstructures and corrosion behaviours of 316L stainless steel-based alloys[J]. Corrosion Engineering，Science and Technology，2018，53(3)：226-233.

[20] Byun T S，Garrison B E，McAlister M R，et al. Mechanical behavior of additively manufactured and wrought 316L stainless steels before and after neutron irradiation[J]. Journal of Nuclear Materials，2021，548：152849.

[21] Tang X，Cheng Y F. Micro-electrochemical characterization of the effect of applied stress on local anodic dissolution behavior of pipeline steel under near-neutral pH condition[J]. Electrochimica Acta，2009，54(5)：1499-1505.

[22] Yvon P，Carré F. Structural materials challenges for advanced reactor systems[J]. Journal of Nuclear Materials，2009，385(2)：217-222.

[23] Hassan N，Ghany N A A. Corrosion of biomaterials：anodic treatment and evaluation of 316L stainless steel in simulated body fluid[J]. Corrosion Engineering，Science and Technology，2017，52(4)：267-275.

[24] Rao A C U，Vasu V，Govindaraju M，et al. Stress corrosion cracking behaviour of 7xxx aluminum alloys：a literature review[J]. Transactions of Nonferrous Metals Society of China，2016，26(6)：1447-1471.

[25] Copson H R. Effect of composition on stress corrosion cracking of some alloys containing nickel[J]. Physical metallurgy of stress corrosion fracture，1959，4：247-272.

[26] 陆世英. 不锈钢应力腐蚀事故分析与耐应力腐蚀不锈钢[M]. 北京：原子能出版社，1985.

[27] Denhard J E E. Effect of composition and heat treatment on the stress corrosion cracking of austenitic stainless steels[J]. Corrosion，1960，16(7)：359-370.

[28] Hines J G，Jones E R W. Some effects of alloy composition on the stress-corrosion behaviour of austenitic Cr-Ni steels[J]. Corrosion science，1961，1(1-2)：88-107.

[29] 石生芳. 凝冻筒铜合金内筒开裂原因质量分析与探讨[J]. 质量与标准化, 2018, (2): 48-50.
[30] Brown B F. Stress Corrosion Cracking of Metals-A State of the Art[J]. ASTM Special Technical Publication, 1972, 518: 3.
[31] 宋雨来, 付洪德, 王震, 等. 镁合金的应力腐蚀开裂: 机理、影响因素、防护技术[J]. 材料导报, 2019, 33(5): 834-840.
[32] Champion F A. Symposium on internal stress in metals and alloys[J]. Inst. Metals, 1948, 408.
[33] Logan H L. Film-rupture mechanism of stress corrosion[J]. Res. Natl. Bur. Stand, 1952, 48(2): 99-105.
[34] 刘春江, 姜涛, 刘新灵, 等. 应力腐蚀机理和基于 FEM 的应力腐蚀裂纹扩展模拟技术的研究进展[J]. 失效分析与预防, 2016, 11(2): 111-116.
[35] Woodtil J, Kieselbach R. Damage due to hydrogen embrittlement and stress corrosion cracking[J]. Engineering Failure Analysis, 2000, 7: 427-450.
[36] 褚武扬, 谷飚, 高克玮. 应力腐蚀机理研究的新进展[J]. 腐蚀科学与防护技术, 1995, 7(2): 97-101.
[37] Petit M C, Desjardins D. Stress corrosion cracking and hydrogen embrittlement of lron base alloys[M]. Houston: NACE, 1977.
[38] Revie R W, Uhlig H H. Effect of applied potential and surface dissolution on the creep behavior of copper [J]. Acta Metall., 1974, 22(5): 619-627.
[39] Jones D A. A unified mechanism of stress corrosion and corrosion fatigue cracking[J]. Metall. Trans, 1985, 16A: 1133-1141.
[40] Jones D A. Environment-induced cracking of metals[M]. Houston: NACE, 1990.
[41] Murakami Y, Kanezaki T, Mine Y. Hydrogen effect against hydrogen embrittlement[J]. Metall Mater Trans A, 2010, 41: 2548-2562.
[42] 陈瑾闻. 金属构件的腐蚀疲劳裂纹扩展研究现状[J]. 山东化工, 2016, 45(3): 47-48.
[43] 符朝旭, 黎小锋, 罗来正. 金属材料腐蚀疲劳研究进展[J]. 装备环境工程, 2019, 16(7): 71-75.
[44] Wei R P, Soeidel M O. Phenomenological aspects of corrosion fatigue, critical introduction; corrosion fatigue: chemistry[J]. Mechanics and Microstructure, 1972, 9(2): 379-380.
[45] 韩恩厚, 韩玉梅, 郑宇礼, 等. 应力比和频率对低合金钢腐蚀疲劳裂纹扩展机理的影响[J]. 金属学报, 1993, 29(5): 223-228.
[46] 路民旭. 波形和频率对 GC-4 钢腐蚀疲劳裂纹扩展特性的影响[J]. 航空学报, 1993, 14(1): 49-55.
[47] 徐松, 吴欣强, 韩恩厚, 等. 36 Ti 不锈钢在模拟核电高温高压水中的腐蚀疲劳裂纹断口研究[J]. 中国腐蚀与防护学报, 2010, 30(2): 119-123.
[48] Fu Y, Xiong J, Shenoi R A. New models for depicting corrosion fatigue behavior and calendar life of metallic structural component[J]. Archive Proceedings of the institution of Mechanical Engineers Part C: Journal of Mechanical Engineering Science, 2016, 231(2): 207-222.
[49] Wang L, Hui L, Zhou S, et al. Effect of corrosive environment on fatigue property and crack propagation behavior of Al 2024 friction stir weld[J]. Transactions of Nonferrous Metals Society of China, 2016, 26(11): 2830-2837.
[50] 路民旭, 郑修麟, 秦熊浦. 腐蚀疲劳力学-化学模型研究进展[J]. 中国腐蚀与防护学报, 1991, 11(3): 197-208.
[51] 郑恒伟, 罗红, 余俊锋, 等. 金属材料腐蚀疲劳机理及研究方法综述[J]. 山东化工, 2021, 50(23): 54-55.

[52] 黄小光，王黎明．腐蚀疲劳点蚀演化及腐蚀疲劳裂纹成核机制研究[J]．船舶力学，2016，20(8)：992-998.

[53] Suresh S，Ritchie R O. Mechanistic dissimilarities between environmentally influenced fatigue-crack propagation at near-threshold and higher growth rates in lower strength steels[J]. Metal Science，1982，16(11)：529-538.

[54] 雷漫江．复合细化制备超细晶工业纯钛的腐蚀疲劳行为研究[D]．西安：西安建筑科技大学，2020.

[55] 石振平，王涛，杜存山，等．弹条腐蚀疲劳机理研究[J]．高速铁路新材料，2022，1(5)：22-28.

[56] 徐学旭．微合金化 780MPa 高强度海工钢腐蚀疲劳机理与寿命预测研究[D]．北京：北京科技大学，2023.

[57] 郭永健，邵永波，高旭东，等．服役后 API 5L X56 钢腐蚀疲劳裂纹扩展速率试验研究[J]．应用力学学报，2023，40(5)：1-10.

[58] 李如俊，朱永梅，房文静，等．马氏体镍钢腐蚀疲劳裂纹扩展特性试验研究[J]．江苏科技大学学报(自然科学版)，2022，36(2)：33-39.

[59] 马青娜，白林越，邵飞，等．7075-T6 铝合金搅拌摩擦焊接头腐蚀疲劳断口[J]．陆军工程大学学报，2022，1(5)：38-44.

[60] 刘冬，刘静，黄峰，等．海洋工程结构用钢服役环境模拟及 DH36 钢腐蚀疲劳裂纹扩展性能研究[J]．中国腐蚀与防护学报，2022，42(6)：959-965.

[61] 高旭东，邵永波，郭永健，等．应力比对服役后 X56 钢腐蚀疲劳裂纹扩展速率的影响[J]．材料导报，2022，36(15)：164-169.

[62] 王歧山，李鸿瑾，何川，等．加载波形对 X65 钢腐蚀疲劳裂纹萌生及扩展的影响[J]．中国腐蚀与防护学报，2022，42(2)：227-234.

[63] 杨晓阳，范文亮，李正良，等．酸雨环境下 Q420B 钢材腐蚀疲劳裂纹扩展试验与模型研究[J]．土木工程学报，2023，56(2)：1-11.

[64] 陈震宇，朱忠亮，马辰昊，等．加载条件对镍基 617 合金在超临界水中腐蚀疲劳裂纹扩展速率的影响[J]．中国腐蚀与防护学报，2023(5)：1057-1063.

[65] 陈震宇，张乃强，周密，等．先进超超临界机组候选镍基 617 合金在超临界水中的腐蚀疲劳裂纹扩展速率试验研究[J]．动力工程学报，2023，43(4)：414-420，435.

[66] 李浩．航空铝合金腐蚀疲劳特性研究[D]．广汉：中国民用航空飞行学院，2022.

[67] Benedetti M，Orempuller M，Russo F，et al. Fatigue corrosion behavior of friction-welded stainless and carbon steel dissimilar joint[J]. Fatigue & Fracture of Engineering Materials & Structures，2022，46(2)：555-573.

[68] Yadav V K，Gaur V，Singh I V. Corrosion-fatigue behavior of welded aluminum alloy 2024-T3[J]. International Journal of Fatigue，2023，173：107675.

[69] Zhao X T，Song X，Wang R，et al. Microstructure-dependent corrosion fatigue crack growth behavior of Ti-6Al-4V alloy in simulated body fluid[J]. Engineering Failure Analysis，2023，148：107184.

[70] Wang Q Y，Qiu P X，Chen B P，et al. Study on corrosion fatigue properties of the welded joints of SMA490BW weathering steel[J]. Journal of Physics Conference Series，2023，2463(1)：012046.

[71] Ermakova A，Braithwaite J，Razavi J，et al. The influence of laser shock peening on corrosion-fatigue behavior of wire arc additively manufactured components[J]. Surface & Coatings Technology，2023，456：129262.

[72] Chen W J，Lu W，Gou G Q，et al. The effect of fatigue damage on the corrosion fatigue crack growth mecha-

nism in A7N01P-T4 aluminum alloy[J]. Metals, 2023, 13(1): 104.

[73] Jin J, Lu W, Fu Z, et al. Corrosion fatigue crack growth in A7N01S-T5 aluminum alloy MIG welded joints [J]. Journal of Materials Research and Technology, 2023, 23: 2202-2218.

[74] Wolf M, Pfennig A. Reduction of life time expectation of standard duplex stainless steel exposed to hydrogen under corrosion fatigue conditions[J]. Key Engineering Materials, 2022, 929: 35-40.

[75] 马剑军，刘肖，王恒．力学-电化学交互作用下 E690 钢的腐蚀疲劳裂纹扩展速率理论模型[J]．机械工程材料，2022，46(6)：57-63.

[76] Zhang H, Yao L, Zheng X, et al. Corrosion-fatigue analysis of wires in bridge cables considering time-dependent electrochemical corrosion process[J]. Journal of Engineering Mechanics, 2023, 149(4): 04023019.

[77] 何训，吴梦雪，尹力，等．风-车流耦合作用下悬索桥吊索钢丝的双蚀坑损伤演化及疲劳寿命研究[J]．中国腐蚀与防护学报，2023，43(6)：1-14.

[78] Wang H, Cai Z W, Dong H, et al. Mechanical-chemical-coupled peridynamic model for the corrosion fatigue behavior of a nickel-based alloy[J]. International Journal of Fatigue, 2023, 168: 107400.

第 8 章　纤维增强复合材料的断裂

8.1　复合材料简介

复合材料是在宏观尺度上通过物理和化学的方法将两种或两种以上不同性质的材料组合而成的具有新性能的材料。从应用的性质可将其分为功能复合材料和结构复合材料两大类。如图 8.1-1 所示，其主要由基体材料和增强材料组成。基体材料一般采用树脂、金属或非金属等材料，用于传递纤维间载荷，保护纤维，改善复合材料的一些性能，主要起配合作用；增强材料一般采用纤维或颗粒等材料，提供刚度和强度，控制材料的主要性能，在复合材料中起关键性作用。

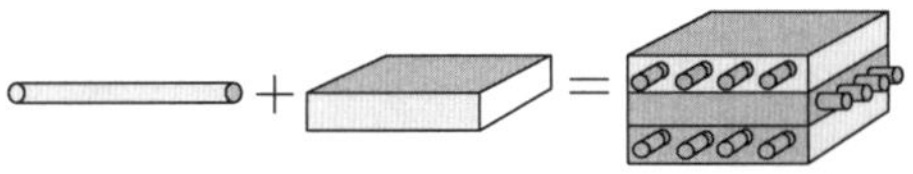

图 8.1-1　复合材料的组分

8.1.1　碳纤维复合材料的应用

先进复合材料的制造与成功应用，最早可追溯到第二次世界大战时期，美国空军在制造诸如操纵面、整流罩和雷达罩等飞机零部件时，为满足特殊需要使用了玻璃纤维增强树脂基复合材料。同时，直升机旋翼桨叶的制造中也大量采用玻璃/环氧树脂基复合材料。玻璃纤维增强塑料的大量制造与使用被材料科学家们认为是复合材料发展的第一代。之后复合材料的发展经历了碳纤维、硼纤维被制造与应用在飞机和火箭的主承力件上的第二代，纤维增强金属基复合材料被开发与应用的第三代，梯度功能材料和智能复合材料大量被研发与应用的第四代。

其中在飞行器结构上的应用，也逐渐由最初的承受载荷不大的简单零部件，发展到承载力大的部件，再到现在的复杂受力部件。每一个阶段的进步无疑都将大大减小飞行器的质量。美国 NASA 的 Langley 研究中心在航空航天用先进复合材料发展报告中指出，各种先进技术的应用可以使亚音速运输机获得 51%的减重(相当于起飞质量)效益，其中，气动设计与优化技术减重 4.6%，复合材料机翼机身和气动剪裁技术减重 24.3%，发动机系统和热结构设计减重 13.1%，先进导航与飞行控制系统减重 9%，说明先进复合材料的应用减重最为明显，如图 8.1-2 所示。

目前最先进的空客 A350-XWB 客机结构中复合材料的比例达到 53%，具体的结构位置如图 8.1-2(a)所示，它是现在所有大型商用飞机中复合材料占比最高的。波音 787 客机的主要结构也均由先进复合材料设计制造而成，占全机重量的 50%，典型应用包括机翼、机身结构，加上在结构维护上做的实质性改进，其相对传统结构的波音 767，使用维护成本降低了 30%。国产大飞机 C919 也大量使用先进复合材料，使用量占飞机总质量的 12%。据悉，目前正在研发的 C929 客机将在更大范围内使用复合材料，复合材料使用率将比肩世界先进客机的最高水平。其他民用飞机和军用飞机上也大量使用了复合材料，使用量如图 8.1-2(b)所示。在汽车制造方面，英国材料系统实验室(MSL)曾就各种材料对车身轻量化效果及其生产成本进行对比研究。结果表明：钢制车身质量为 367.9kg，而碳纤维增强复合材料的车身质量仅 172kg，碳纤维复合材料可有效减重达 53%以上，且能增加舒适度。在建筑工程方面，由于碳纤维复合材料具有耐腐蚀性好、热膨胀效应低、施工强度小、周期短、可实现良好的建筑效果等优点，在超大跨空间结构，如桥梁、体育馆、展览馆和机场等建筑工程中应用优势特别突出。

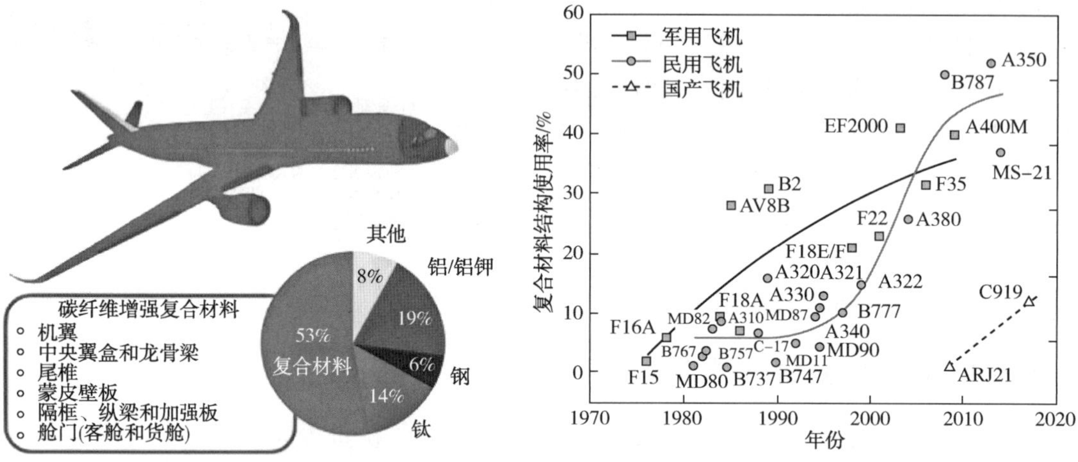

(a)空中客车A350-XWB中所使用的材料

(b)飞机复合材料结构使用率

图 8.1-2　飞机各类材料占比

除了以上领域外，作为复合材料的一类典型代表，碳纤维复合材料因其比强度高、比模量高、质量轻，并具有良好的抗疲劳性、减振性、耐高温性、可设计性等诸多优异性能，近年来还被广泛应用于航天、风电、高铁、机械、医学和体育等工程和领域中。然而，随着复合材料使用率的不断增加，结构的复杂性也不断加大，对复合材料力学损伤机理的了解及对材料破坏的预测与预防更加困难，这也反过来成为制约碳纤维增强复合材料使用率和使用领域的一个关键因素。

8.1.2　碳纤维复合材料的损伤形式

与传统金属材料结构相比，碳纤维复合材料结构的优越性在于满足结构刚度和强度的基础上又减轻了结构的自身质量，但其多组分、不均匀和各向异性的特点也使其断裂损伤过程非常复杂，且破坏类型较多，其对缺陷、外部载荷及湿热环境的高敏感性也让其缺点十分明显。目前，国内外高质量的碳纤维复合材料零件主要采用反应注射成型(RIM)和树脂传递模塑(RTM)工艺制造，根据结构设计要求，一般由含浸渍树脂的纤维层，逐层铺贴在含有脱模剂的零件模具上，再通过热压工艺成型。由于纤维预成型体本身结构的复杂性和不可重复性，以及对各种工艺参数难以精确控制、脱模剂侵入树脂等各种因素的影响，不可避免地产生空隙、脱粘、分层等缺陷。同时，复合材料被加工成结构承力件或者连接件时(如螺栓连接、胶接等)，材料在打孔、切割等加工过程中，内部的纤维和基体会被截断，这也将新的缺陷引入复合材料结构中，对整体的结构强度造成不可避免的影响。另外，碳纤维复合材料结构在服役过程中受到承载过大、冲击、挤压以及湿热环境的影响，也容易出现脱粘、分层、表面氧化等损伤形式。特别是冲击载荷，它会造成复合材料结构内部产生基体开裂和分层等不可见或表面微可见损伤。碳纤维复合材料的常见损伤形式一般有纤维断裂、基体开裂、纤维拔出、界面脱粘和分层等，如图 8.1-3 所示。

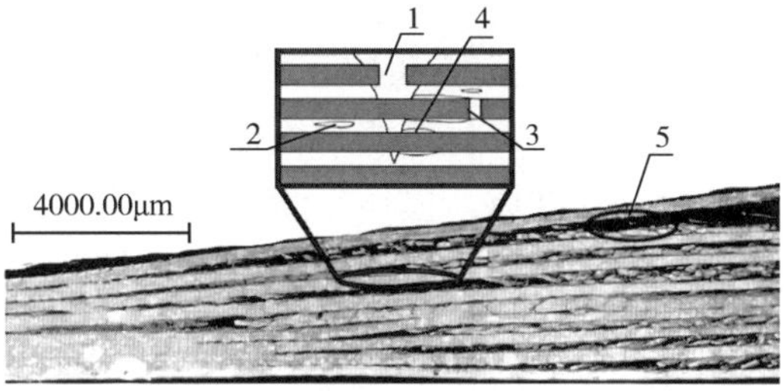

图 8.1-3 碳纤维复合材料的一般损伤形式

1—纤维断裂；2—基体开裂；3—纤维拔出；4—界面脱粘；5—分层

这些缺陷和损伤极易发展成微裂纹，在外部载荷的作用下，当外力超过新裂纹面形成所需的表面能时，微裂纹开始扩展，当外部载荷进一步增加时，微裂纹会迅速扩展、合并，极易导致宏观裂纹或结构的断裂破坏。此外，碳纤维复合材料易产生老化和腐蚀失效等故障，在断裂或失效之前几乎没有什么征兆，这将严重地威胁复合材料结构的安全，限制其被更广泛地应用。碳纤维复合材料的损伤断裂分析和失效预测受到学者的广泛重视。但由于其破坏过程往往具有不可预见性、瞬时性和灾难性，正确地模拟和预测各种失效模式以及损伤起始、损伤扩展和完整的失效过程非常困难。

8.2 碳纤维复合材料的损伤断裂问题研究

和其他均质材料不同，碳纤维复合材料由不同类型的弹脆性纤维和弹脆性基体材料不均匀地组成，并具有宏观各向异性，其力学性能十分复杂。按照所采用力学模型的精细程度，复合材料力学可分为宏观力学和微观力学两部分。

宏观力学，主要从材料的宏观均匀假定着手，不对基体和纤维进行区分，把单层复合材料假定为均匀连续的各向异性材料。单层材料的刚度和强度等特性可以在不考虑局部损伤的情况下，直接用平均力学性能来表示。这样可以比较方便地分析单层、多层材料的各种力学性能。材料的弹性系数和强度等宏观性能参数，可以通过实验测定，且实验测定方法比较简单可靠，因而宏观力学在工程实际中应用比较广泛。但宏观力学的方法无法解决复合材料微观尺度的损伤断裂问题。

微观力学，主要是从纤维直径或基体尺度出发，通常把基体和纤维分别简化为各向同性的均匀材料，然后研究材料中的纤维几何形状和分布形式、纤维和基体的力学性能以及它们之间的相互作用等对复合材料宏观物理力学性能的影响。复合材料的强度、断裂韧性和破坏机理往往对材料的局部性能比较敏感。在相关力学性能的研究中，微观力学起到不可替代的作用。另外，在实际中复合材料纤维形状、尺寸并不是规则的，排列并不均匀，由于加工工艺的差异性，复合材料结构内部不可避免地存在微裂纹、孔洞和夹杂等缺陷，这些问题对复合材料损伤和断裂都有较大的影响，因而亟待深入研究。

损伤的概念最早由 Kachanov 提出：在不适宜的环境和外部载荷作用下，材料内部原有的微裂纹和微孔洞等缺陷不断扩展并合并，引起材料性能的局部劣化，形成损伤。材料的损伤会导致材料强度和刚度等性能的下降，同时也降低了材料的韧性和使用寿命。复合材料损伤研究主要以材料或结构作为研究对象，以渐进衰坏为指标，分析它们在一定载荷环境下从变形到破坏，损伤逐渐累积的整个过程。通常，这个过程从物理角度可以理解为微结构变化的累积，从力学角度可以理解为缺陷产生与扩展的累积。目前，碳纤维复合材料的渐进损伤分析是研究复合材料损伤的主要方法，它主要分为三个过程：应力分析、损伤判定和材料性能退化。其中应力分析一般采用有限元法进行，损伤判定和材料性能退化则分别由失效准则和材料退化模型来确定。为了更精确地模拟复合材料的渐进损伤失效过程，学者们提出了众多的失效判定准则和材料退化模型。

8.2.1 失效准则

由于复合材料明显的多尺度特性，其结构损伤演化机理非常复杂，针对其宏观的均匀、各向异性及细观的多相、均匀和各向同性的特点。失效准则又分为宏观失效准则和细观失效准则。宏观失效准则主要是以复合材料单层板为研究对象，通过一个内部损伤变量的演变来表征材料或结构的整体损伤。最早人们基于材料力学中各向同性材料的强度理论，提出了用于正交各向异性材料的最大应力和最大应变失效准则，即当各材料主方向上的应力或应变大于各自方向的强度时，材料发生破坏，它们属于最经典的失效准则。Hill 基于各向同性材料的 Mises 屈服准则，提出了各向异性材料的失效准则。1965 年，Azzi 等在碳纤维增强复合材料的失效破坏研究中，应用了 Hill 失效准则，并基于此提出了 Tsai-Hill 准则。该准则相比最大应力/应变准则，最大进步在于考虑了各材料主方向上强度之间的相互作用。之后，Hoffman 考虑了单层板不同方向上拉压强度的不同，对 Tsai-Hill 准则进行了改进。1971 年，Tasi 等综合考虑了各种多项式强度准则，增加了理论方程中的项数，提出了可以涵盖其他准则的 Tasi-Wu 准则，使用该准则得到的仿真结果更接近实际工程，但该准则中包含的众多强度系数在确定时比较麻烦。

细观失效准则主要是以脆性的纤维和基体(有时也包括纤维和基体之间的界面)为研究对象，考虑细观损伤对复合材料单层板的影响，采用不同的函数来表征不同的失效模式，如纤维断裂、基体开裂和纤维拉伸失效等。1980 年，Hashin 考虑了纤维拉伸和压缩失效、基体拉伸和压缩失效两种失效模式，基于应力不变量法提出了著名的 Hashin 准则。之后，Chang 等在 Hashin 准则的基础上，考虑了纤维和基体的剪切失效模式，提出了 Chang-Chang 准则。Puck 等基于脆性材料断裂的 Mohr-Coullomb 准则提出了包括纤维间失效准则和纤维失效准则的 Puck 准则。应用该准则进行复合材料损伤研究时，所得数值结果和实现结果符合较好，精度较高，但该准则中有较多的材料参数需要确定。Hou 等结合 Hashin 准则和 Chang-Chang 准则，考虑了分层损伤模式，提出了 Hou 准则，该准则在被应用到复合材料层合板冲击损伤时，所得结果与试验结果吻合较好。温卫东等在 Hou 准则的基础上，引入基体横向的应力，对分层损伤准则进行了改进，提高了分层损伤的预测精度。徐明等综合了多种失效准则，提出了混合失效准则。

8.2.2　材料退化模型

失效准则只能判断碳纤维复合材料或结构在一定环境载荷下何时发生失效。一旦满足失效准则后，持续承载的材料或结构就进入了损伤阶段。随着载荷的增加损伤逐渐累积，碳纤维复合材料或结构的性能会逐渐减弱，慢慢失去承载能力，并不会像脆性各向同性材料那样瞬间断裂失去承载能力。在渐进损伤分析中一般采用刚度退化或应力退化来表征材料性能的退化，但退化模型的选取和失效准则的选取紧密相关，同时还要兼顾复合材料的损伤形式，即退化模型必须能够呈现出不同的损伤形式所对应的材料退化特性。复合材料退化模型根据复合材料发生损伤后材料性能退化方式的不同，可分为突降退化模型和连续退化模型两类。

在突降退化模型中，不考虑损伤的累积和扩展过程，当损伤发生后材料的性能直接降低为一个定值。该定值又可以分为非零和零两种，对于定值为非零的情况来说，称为材料性能部分退化模型；对于定值为零的情况，称为完全退化模型。Chang-Chang 模型和 Lessard 模型属于刚度系数完全退化模型，Camanho 模型和 Tan 模型属于刚度系数部分退化模型，Tserpes 模型和 Mccarthy 模型属于部分退化和完全退化的混合型模型，而 Hou 模型则属于应力完全退化模型。

连续退化模型基于连续介质损伤力学，考虑损伤的累积和扩展过程，以损伤变量为参数，通过选择合适的连续函数来表征复合材料的损伤状态对材料特性的影响。常见的损伤模型为线性连续退化模型。Zinoviev 等基于最大应力准则，对复合材料渐进损伤进行了分析，并建立了材料性能退化模型。该模型假定纤维方向应力分量 σ_{11} 达到最大值后，单层板在该方向的所有材料性能退化为零。而层合板横向拉伸或剪切时，退化模式比较复杂，应力分量 σ_{22} 和 σ_{12} 达到最大值后，材料承受最大应力保持恒定，直到相应的应变也达到最大值时材料才进行渐进退化。然而当卸载后，材料又恢复了原有的性能，能够继续承受相应的载荷。史晓辉对该模型存在的问题进行了改进，其假定材料应力达到最大值时，材料性能只进行一次退化，在之后的计算中都用该次退化后的材料参数。Linde 等认为复合材料的损伤退化分别由纤维和基体的断裂能单独控制，不区分拉伸、压缩或者剪切的破坏作用，对于纤维来说，其有效应变 f_f 受纤维方向拉伸和压缩时失效应变共同控制，当 f_f 超过阈值时纤维开始发生损伤，相应的纤维性能按指数形式开始退化；同理，基体的有效应变 f_f 也受拉伸和压缩下垂直于纤维方向的失效应变及失效剪切应变共同控制，当 f_f 超过阈值时基体开始发生损伤，相应的基体性能按指数形式开始退化。Donadon 等采用多项式形式的损伤变量来表征各种单一损伤演化过程。但复合材料的损伤破坏并不是按单一模式进行的，而是几种损伤的演化同时进行，因而退化模型需要考虑多种损伤因素的共同影响。Lapczyk 等假定纤维基体剪切损伤的损伤变量是由纤维拉伸和压缩、基体拉伸和压缩等损伤变量耦合决定的，建立多项式形式的剪切损伤变量。Singh 等认为各方向拉伸和压缩损伤变量的耦合作用决定了该方向上的损伤变量，建立了多项式形式的损伤变量。然而在工程实际中，碳纤维复合材料中纤维断裂、基体开裂、基体纤维剪切破坏和分层断裂等损伤形式可能同时存在并会相互影响，可能一种损伤形式诱发一种或几种损伤，同时造成的材料性能退化也是相互影响、相互叠加和相互耦合的，当达到一定程度后会导致复合材料结构的整体破坏。国际研究机构 WWFE(World-Wide Failure Exercise)在对现有的数百种失效理论进行评估后指出，目前仍不存在一种通用的失效理论可以比较准确且具有实际价值，同时预测复合材料单层板和层合板的失效破坏。相关理论的深入研究仍需继续进行。

8.2.3 碳纤维复合材料断裂研究

复合材料断裂力学是一个研究材料从裂纹萌生、扩展到最终断裂整个破坏过程的学科，主要以断裂韧度为指标。在工程科学中，一般把工程结构中存在的缺陷和损伤假定为“裂纹”，即具有一定长度而其端点非常尖锐的裂纹。由此，复合材料中的损伤断裂问题均可以转化为裂纹扩展问题来处理。物体内的裂纹扩展按照受力特点和位移特点可以分为三种基本类型，即Ⅰ型(张开型)、Ⅱ型(滑移型)和Ⅲ型(撕裂型)，如图 8.2-1 所示。

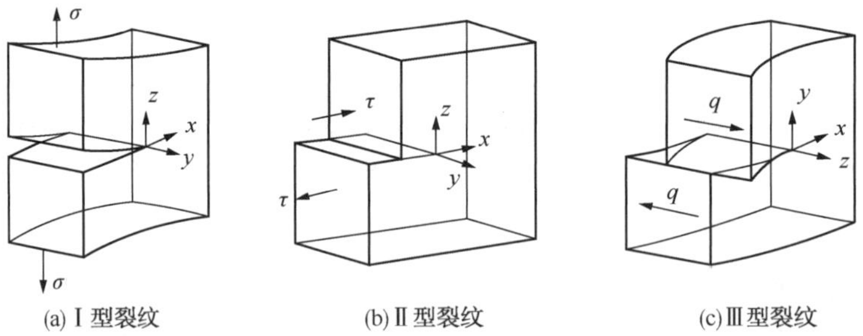

图 8.2-1　裂纹扩展的基本类型

人们对裂纹的研究最早是从单裂纹模型开始的，1913 年，Inglis 计算了含有椭圆孔平板的拉伸应力分布，当椭圆变得很窄时就把它看作一条穿透裂纹，定量地证明了应力集中现象。取得最大突破的是 Griffith，1920 年，他研究了玻璃材料中裂纹扩展的问题，从能量的角度提出了脆性失效理论，即当能量释放率达到或超过表面能的增加率时，裂纹就会发生扩展，后被称为能量释放率准则，即 G 判据。同时他也得出了固体断裂应力与裂纹长度之间的表达式，但该理论不能解释裂纹萌生、裂纹扭结或分叉等现象。1957 年，Irwin 基于 Griffith 的理论提出了应力强度因子的概念，作为判断裂纹扩展的准则，被称为 K 判据。对于平面问题，在理想情况下，上述三种基本类型裂纹的应力强度因子可分别表示如下：

$$K_{\mathrm{I}}=\sigma\sqrt{\pi a},\quad K_{\mathrm{II}}=\tau\sqrt{\pi a},\quad K_{\mathrm{III}}=q\sqrt{\pi a} \tag{8.2-1}$$

式中，a 为裂纹半长；σ、τ 和 q 分别为所施加的应力、剪力和反对称离面剪力。但该判据只适用求解单一类型的裂纹扩展，不能计算复合型裂纹扩展，更不能解决裂纹扩展的方向问题。实际的工程结构中很少有纯Ⅰ型裂纹或纯Ⅱ型裂纹，往往是各种类型裂纹的混合形式。为了解决混合型裂纹在何时发生扩展和向什么方向扩展的问题，专家们相继提出了最大环向应力准则、最小应变能密度函数和最大能量释放率理论等准则。

然而，对于复合材料裂纹扩展的研究，由于其几何形状与载荷条件的复杂性，大多数复杂的裂纹问题都很难得到解析解，特别是三维裂纹扩展问题，只有极小部分的例子能够得到精确解。试验法能得到真实的结果和直观的现象，但对于一些服役期间或特定条件下的断裂情况，试验也无法实施，另外试验比较费时费力。大部分复杂的裂纹扩展问题都需要使用数值计算方法来完成。

随着计算机硬件和软件技术的飞速发展，数值分析方法成为解决工程问题的重要途径，在工程实际应用中发挥了其他方法无法替代的巨大作用，因此已经得到学术界和工程界的广泛重视。为了精确地模拟裂纹的萌生和扩展，过去的几十年，学者们提出了很多种数值方法，主要有经典有限元法、边界元法和相场法等，每种方法都有各自的优点和缺点。需要强调的是，内聚力模型和虚拟裂纹闭合法一般和其他几种方法相结合使用，这里为了对比明显，故单独列出。

（1）经典有限元法（Finite Element Method）。

有限元法是一种有效的数值分析计算方法，起源于20世纪60年代。该方法主要基于变分原理和加权余量法，将连续介质计算域划分为有限多个互不重叠的单元，在每个单元上选择适当的节点作为求解函数的插值点，将微分方程中的变量转换为由各变量或其导数的节点值与所选用的插值函数组成的线性表达式，建立整个计算域上的函数，从而求得所研究问题的近似解。有限元法根据所采用的插值函数和权函数的不同，可以分为多种计算形式，同时也具有不同的优点和计算精度。该方法因为具有成熟的理论，不受裂纹体几何形状及载荷形式的限定，在材料和结构的裂纹扩展分析中得到广泛应用。杨庆生等对有限元用于模拟裂纹扩展的相关技术和方法进行分析，针对多相材料的裂纹扩展特点，基于自适应方法，提出了一种新的网格动态重划分策略。通过算例计算表明，该重划分策略具有较高的计算精度和效率。Shahani等基于网格重划分技术，建立有限元分析模型对脆性材料的动态裂纹扩展和止裂过程进行研究，结果表明：该方法所得到的裂纹扩展过程中的动能、应变能和动态应力强度因子等和文献中的结果有很好的一致性。但有限元法的位移近似函数具有连续性，在研究间断问题，特别是材料内部有裂纹、孔洞和夹杂时，为了提高精度和收敛速度需要对相应区域进行高密度网格划分。分析裂纹扩展等问题时，需要对网格进行不断的重划分，这无疑都大大增加了计算成本。另外，裂纹的扩展必须沿着网格单元的边界进行，局限性较大。

（2）边界元法（Boundary Element Method）。

边界元法作为一种常用的数值计算的离散方法，主要应用格林公式选择适当的权函数把空间求解域上的偏微分方程转换为其边界上的积分方程，使求解空间的维数降低了一阶，从而大大减少了计算时间和存储容量，计算精度较高。同时在处理有应力奇异性、无限域、半无限域等问题上比较方便，在解决带时间变量、非线性问题，涉及板与壳、断裂力学、裂纹扩展等领域问题时有独特的优势。同时，该方法用在裂纹扩展分析时，只需对裂纹面上的节点分布进行调整，具有较高的精度。Lei等采用时域边界元法和子区域技术对含夹杂复合材料的动态裂纹扩展过程进行了数值模拟。计算中，裂纹的扩展方向和裂尖的瞬时速度由最大周向应力准则确定。在每个扩展时间步，通过在运动裂尖添加新的裂纹单元来模拟裂纹扩展。并对夹杂对屏蔽率、裂纹扩展路径和裂尖瞬时速度的影响进行研究。然而，边界元法不便于处理非线性、多介质等复杂问题，它对网格依赖程度也较高，特别是在三维裂纹扩展模拟时。

(3) 内聚力模型(Cohesive Zone Model)。

内聚力模型最早由 Dugdale 和 Barenblatt 提出，其认为裂纹前端有一个微小的内聚力区域，该区域内应力是裂纹表面张开位移的函数，即张力-开裂位移(Traction-separation)关系，这个函数关系由内聚力本构关系决定。学者们根据不同的材料和结构特性，先后提出了不同的内聚力本构关系。Tvergaard 等提出了三线性(梯形)本构关系，Xu 等提出了指数型本构关系和双线性本构关系。其中，双线性本构关系简单且物理意义明确，被广泛应用到复合材料分层扩展模拟中。内聚力模型因为避免了线弹性断裂力学中裂纹尖端应力奇异性，不需要预制裂纹以及能够准确地模拟裂纹的萌生和扩展，已被广泛应用到复合材料分层开裂和界面失效等方面。Zhao 等利用内聚力法建立了一个数值模型，以精确预测多相复合材料层合板在Ⅰ型和Ⅰ/Ⅱ混合型载荷下分层扩展的情况，另外采用双悬臂梁和混合模式弯曲模型实验对仿真结果进行验证，结果表明该模型能够很好地模拟复合材料的分层扩展。Sun 等基于 Hashin 失效准则和内聚力模型，采用有限元仿真和实验相结合的方法，研究了搭接长度、搭接形式、胶接宽度和铺层顺序等对碳纤维复合材料胶接接头强度和断裂模式的影响。结果表明，仿真结果和实验结果基本一致。但该模型中裂纹需要沿着网格单元的边界进行扩展，网格形状不同则相应的裂纹扩展路径也不同。另外，因内在原因内聚区单元的节点个数或自由度需要加倍，如果知道裂纹扩展路径，只需在扩展区域引入内聚区；如果不知道裂纹扩展路径，则所研究的结构需要全部引入内聚区。这无疑会大大增加模型的复杂度和计算量，从而限制该模型的应用。

(4) 相场法(Phase Field Method)。

相场法的研究分两个领域，一个是物理领域，另一个是力学领域，这两个领域的理论和技术背景差别较大。在物理领域，相场法是基于 Ginzburg-Laudau 理论，主要用来研究凝固、固态相变、晶粒生长和位错动力学等问题，但近年来也开始涉及一些裂纹扩展方面。在力学领域，相场法是基于 Francfort 等提出的一种保持能量最小化的准静态裂纹演化的变分原理，它克服了 Griffith 经典理论必须提前定义裂纹位置和方向、不能模拟裂纹扭曲、分叉等缺点。Bourdin 等在 Mumford 等图像分割技术工作的基础上研究了 Γ 收敛，成功地实现了该算法对裂纹扩展过程的预测。其假定固体中尖裂纹是连续的，并用一个描述完全断裂和未断裂状态的标量辅助变量来正则化该尖裂纹。在工程领域中 Kuhn 等首次将该裂纹变量解释为相场序参量，并把裂纹问题看作相变问题。相场法的数值实现过程，不需要对裂纹的不连续性进行像传统有限元那样的显式处理，也不需要像扩展有限元那样的隐式处理(扩展有限元也可进行显式处理)；该方法具有在固定网格上用裂纹序参量的演变来自动追踪裂纹扩展过程的能力。这将有效地避免在三维试样中追踪复杂裂纹面的弊端，克服了传统有限元网格重划分的缺点，显著简化了有限元的实现过程。另外，该方法基于能量最小化原理，不需要提前定义裂纹的属性，也不需要添加附加的判定准则，就能准确地模拟裂纹的萌生(不存在应力奇异点)、扩展、偏转、分叉和合并等复杂的断裂过程。当然该方法也存在不足，为实现尖裂纹的精确近似，网格需要进行充分的细化，这需付出较高的计算代价。

8.3 复合材料的破坏准则

通常情况下，由于基体强度较低，复合材料裂纹先在基体中产生，到基体裂纹扩展达到界面时，产生了两种竞争的断裂失效机理。一是若界面结合较强，基体裂纹则直接穿透纤维，导致复合材料脆性断裂，这是我们不愿意看到的。二是若界面结合较弱，基体裂纹则会产生偏折，沿界面扩展，由于裂纹扩展是需要能量的，这就延缓了裂纹扩展导致的结构破坏。此外，即使当基体裂纹穿透纤维后，纤维将施加桥联压缩应力于基体裂纹表面，而对于纤维来说是拔出应力(当拔出应力超过纤维拉伸强度、纤维断裂，增韧机理消失)，纤维承受的拉伸应力与界面的剪切应力形成了一个平衡关系(这就是著名的 shear-lag 理论的思想)，这个客观存在的拔出应力使得基体裂纹趋向于沿界面扩展，延缓了基体裂纹继续穿透纤维，阻止脆性破坏，这就是著名的桥联增韧机理，是一个客观存在的物理现象。因此，一个合理的弱界面是有利于提高纤维增强复合材料的断裂韧性的(这也从一定程度上折射了事物之间生存与交往的哲学)。这就是为什么目前国内外很多学者运用纤维拔出试验来测试复合材料的界面力学性能，研究复合材料的断裂特性。

对于含长度为 $2c$ 的裂纹体，裂纹扩展的能量条件为：

$$g=\sigma^2\pi c/E\geqslant g_c \tag{8.3-1}$$

式中，g 为能量释放率；g_c 为断裂韧度。

由于 $K=\sigma\sqrt{\pi c}$，由此得出：

$$K=\sqrt{Eg} \tag{8.3-2}$$

因此，材料的断裂准则为：

$$K\geqslant K_c \tag{8.3-3}$$

由于 g_c 的物理含义是断裂时的临界能量释放率，很容易由试验来测定它的值，即由 $P-\delta$ 曲线下的面积除以断面的面积来求得。对高韧度金属材料，断裂韧度的值 $g_c\geqslant 100\text{kJ/m}^2$。复合材料的断裂韧度取决于界面性质，所以，严格来说，它不是常数。界面裂纹是指两种材料交界处的裂纹，如纤维与基体交界处的裂纹，或层合板中的层间裂纹。界面裂纹一般同时存在两种变形模式，即Ⅰ型和Ⅱ型的混合变形模式，如图 8.3-1 所示。此时，断裂韧度受参数 $\psi=\tan^{-1}(K_{\text{Ⅱ}}/K_{\text{Ⅰ}})$ 的影响，$g_{\text{Ⅰc}}$ 随Ⅱ型变形增强而增大。

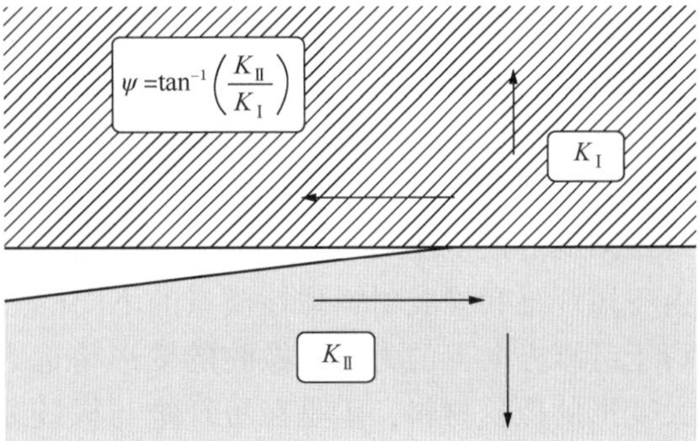

图 8.3-1 界面裂纹应力场模型

裂纹在复合材料中的扩展过程非常复杂。与金属材料相比，复合材料内有多种吸收能量的方式，包括基体变形、纤维断裂、界面剥离、纤维拔出、摩擦滑移、层间开裂等，这对于增加断裂韧度是非常有益的。

8.4 复合材料应力传递中的剪滞理论

1952 年，Cox 提出了最早的复合材料应力传递中的剪滞理论，该理论认为单向复合材料轴向受载时，会因纤维与基体两者间的弹性不匹配在平行于纤维轴向的平面内产生剪切应力，此剪切应力即是应力从基体传递给纤维的手段。在一定的假设和简化下，利用图 8.4-1所示模型，推导得到纤维轴向应力和界面剪应力的分布公式：

$$\sigma_{\mathrm{f}}=E_{\mathrm{f}}\mathrm{e}\left[1-\cosh\beta\left(\frac{l}{2}-x\right)/\cos\frac{\beta l}{2}\right] \tag{8.4-1}$$

$$\tau_{\mathrm{i}}=E_{\mathrm{f}}\mathrm{e}\sqrt{\frac{G_{\mathrm{m}}}{E_{\mathrm{f}}2\ln\frac{R}{r_{\mathrm{f}}}}\frac{\sin\beta\left(\frac{l}{2}-x\right)}{\cosh\frac{\beta l}{2}}} \tag{8.4-2}$$

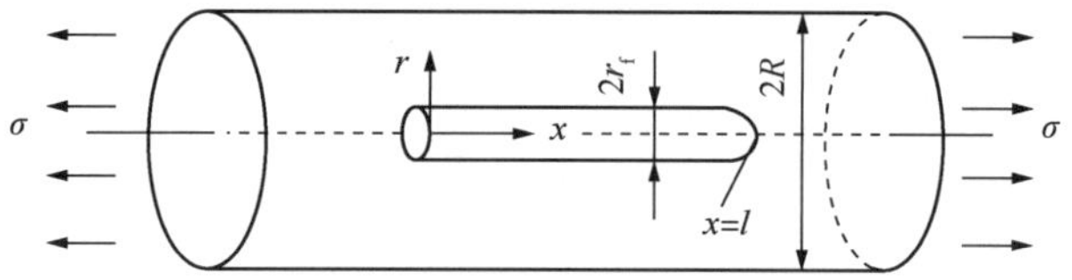

图 8.4-1 纤维有限元模型

进一步简化了 Cox 的结果。然而，在他们的理论中都没有很好地考虑纤维端部的正应力传递和界面的结合状态。在短纤维增强金属基复合材料中，上述两个因素是非常重要的。因此，通过考虑纤维端部正应力和界面结合状态来对传统的剪滞理论进行修正。另外，通过与有限元方法计算得到的结果进行比较，讨论了修正理论的合理性。

经典剪滞理论主要包括失效理论与增强理论。失效理论主要是指单向短纤维复合材料在受到纵向拉伸作用时，损伤都是从一些有缺陷的短纤维开始发生的。当纤维发生断裂时，会产生局部裂纹并产生应力扰动，邻近的基体与短纤维会由于受到该应力扰动产生应力集中现象，这些应力集中现象的影响范围与应力集中的大小会对复合材料整体产生重大的影响，同时这也是复合材料失效的原因之一。增强理论一般指当短纤维橡胶基复合材料受到外力时，载荷通常作用于橡胶基体，然后以一定方式传递至短纤维。剪切滞后理论认为短纤维末端的效应不可忽略，短纤维各部分由于受力不均，变形也不均。从微观力学来看，由于短纤维和橡胶材料弹性模量的不同(短纤维弹性模量≫橡胶材料弹性模量)，当受到平行于纤维方向上的力时，橡胶的变形将远大于短纤维的变形，因此，小变形的纤维将限制大变形的橡胶材料，于是在短纤维与橡胶之间形成了剪应力和切应变，这使得外载荷合理分配作用到橡胶基体和纤维上。短纤维在一般情况下，传递载荷是通过界面沿着其轴向方向，受到的拉应力比在橡胶基体中受到的更大，这也是短纤维能增强橡胶基体的原因。

参考文献

[1] 中国航空研究院．复合材料结构设计手册[M]．北京：航空工业出版社，2001.
[2] Maria M. Advanced composite materials of the future in aerospace industry[J]. INCAS Bulletin，2013，5(3)：139-150.
[3] Zhang B，Yang Z，Sun X，et al. A virtual experimental approach to estimatecomposite mechanical properties：Modeling with an explicit finite element method[J]. Computational Materials Science，2010，49(3)：645-651.
[4] 沈观林，胡更开，刘彬．复合材料力学[M]. 2 版．北京：清华大学出版社，2013.
[5] 石健滨．复合材料在工程机械中的应用及发展[J]．交通科技与经济，2002(4)：30-32.
[6] 杜善义．先进复合材料与航空航天[J]．复合材料学报，2007，24(1)：1-12.
[7] Bachmann J，Hidalgo C，Bricout S. Environmental analysis of innovative sustainable composites with potential use in aviation sector—A life cycle assessment review[J]. Science China Technological Sciences，2017，60(9)：1301-1317.
[8] 赵安安，王林文，王浩军，等．复合材料液体成型技术的航空应用[J]．工程塑料应用，2018，46(4)：145-150.
[9] Marsh G. Airbus A350 XWB update[J]. Reinforced Plastics，2010，54(6)：20-24.
[10] 张璇，沈真．航空航天领域先进复合材料制造技术进展[J]．纺织导报，2018(增刊1)：72-79.
[11] 范玉青，张丽华．超大型复合材料机体部件应用技术的新进展——飞机制造技术的新跨越[J]．航空学报，2009，30(3)：534-543.
[12] 黄硕，王亮，陈超．我国碳纤维复合材料在汽车上的应用趋势和建议[J]．中国材料科技与设备，2015(3)：59-62.
[13] 刘玄．飞机复合材料层合结构力响应及低能量冲击损伤研究[D]．广州：华南理工大学，2012.
[14] 胡丹．碳纤维增强复合材料界面裂纹扩展及损伤研究[D]．北京：北京化工大学，2016.
[15] Azzi V D，Tsai S W. Anisotropic strength of composites[J]. Experimental Mechanics，1965，5(9)：283-288.
[16] Hoffman O. The brittle strength of orthotropic materials[J]. Journal of Composite Materials，1967，1(2)：200-206.
[17] Tsai S W，Wu E M. A general theory of strength for anisotropic materials[J]. Journal of Composite Materials，1971，5(1)：58-80.
[18] Hashin Z. Failure Criteria for unidirectional fiber composites[J]. Journal of Applied Mechanics，1980，47(2)：329-334.
[19] Chang F K，Chang K Y. Post-failure analysis of volted composite joints in tension or shear-out mode failure[J]. Journal of Composite Materials，1987，21(9)：809-833.
[20] Puck A，Schürmann H. Failure analysis of FRP laminates by means of physically based phenomenological models 1[J]. Composites Science and Technology，1998，58(7)：1045-1067.
[21] Puck A，Schürmann H. Failure analysis of FRP laminates by means of physically basedphenomenological models[J]. Composites Science and Technology，2002，62(12)：1633-1662.
[22] Hou J P，Petrinic N，Ruiz C. A delamination criterion for laminated composites under low-velocity impact[J]. Composites Science and Technology，2001，61(14)：2069-2074.
[23] Hou J P，Petrinic N，Ruiz C，et al. Prediction of impact damage in composite plates[J]. Composites Science

and Technology, 2000, 60(2): 273-281.
[24] 温卫东，徐颖，崔海坡．低速冲击下复合材料层合板损伤分析[J]．材料工程，2007(7)：6-11.
[25] 徐明，徐颖．含孔复合材料层合板失效准则研究[J]．长春理工大学学报(自然科学版)，2014，37(2)：57-61，67.
[26] Orifici A C, Herszberg I, Thomson R S. Review of methodologies for composite material modelling incorporating failure[J]. Composite Structures, 2008, 86(1): 194-210.
[27] Garnich M R, Akula V M K. Review of degradation models for progressive failure analysis of fiber reinforced polymer composites[J]. Applied Mechanics Reviews, 2009, 62(1): 010801
[28] Cox H L. The elasticity and strength of paper and other fibrous materials[J]. British Journal of Applied Physics, 1952, 3(3): 72-79.
[29] Li X, Ma D, Liu H, et al. Assessment of failure criteria and damage evolution methods for composite laminates under low-velocity impact[J]. Composite structures, 2019, 207: 727-739.
[30] Lessard L B, Shokrieh M M. Two- dimensional modeling of composite pinned-joint failure[J]. Journal of Composite Materials, 1995, 29(5): 671-697.
[31] Camanho P P, Matthews F L. A progressive damage model for mechanically fastened joints in composite laminates[J]. Journal of Composite Materials, 1999, 33(24): 2248-2280.
[32] Tan S C. A Progressive failure model for composite laminates containing openings[J]. Journal of Composite Materials, 1991, 25(5): 556-577.
[33] Tserpes K I, Labeas G, Papanikos P, et al. Strength prediction of bolted joints in graphite/epoxy composite laminates[J]. Composites Part B: Engineering, 2002, 33(7): 521-529.
[34] Mccarthy C T, Mccarthy M A, Lawlor V P. Progressive damage analysis of multi-bolt composite joints with variable bolt - hole clearances[J]. Composites Part B: Engineering, 2005, 36(4): 290-305.
[35] Zinoviev P A, Grigoriev S V, Lebedeva O V, et al. The strength of multilayered composites under a plane-stress state[J]. Composites Science and Technology, 1998, 58(7): 1209-1223.
[36] 史晓辉．复合材料层压板渐进失效计算方法与双轴加载试验研究[D]．上海：上海交通大学，2013.
[37] Linde P, Pleitner J, Boer H D, et al. Modelling and simulation of fibre metal laminates[C]. ABAQUS Users' Conference, 2004, 421-439.
[38] Donadon M V, Iannucci L, Falzon B G, et al. A progressive failure model for composite laminates subjected to low velocity impact damage[J]. Computers & Structures, 2008, 86(11): 1232-1252.
[39] Lapczyk I, Hurtado J A. Progressive damage modeling in fiber-reinforced materials[J]. Composites Part A: Applied Science and Manufacturing, 2007, 38(11): 2333-2341.
[40] Singh H, Mahajan P. Modeling damage induced plasticity for low velocity impactsimulation of three dimensional fiber reinforced composite[J]. Composite Structures, 2015, 131: 290-303.
[41] Hinton M J, Soden P D, Kaddour A S. Failure criteria in fibre-reinforced-polymer composites: the world-wide failure exercise[M]. Oxford: Elsevier, 2004.
[42] 霍达．碳纤维增强树脂基复合材料损伤力学模型[D]．大连：大连理工大学，2018.
[43] Inglis C E. Stresses in the plate due to the presence of cracks and sharp corners[J]. Transactions of the Institute of Naval Architects, 1913, 55: 219-341.
[44] Griffith A A. VI. The phenomena of rupture and flow in solids[J]. Philosophical Transactions of the Royal Society London, 1921, 221(582-593): 163-198.
[45] Irwin G R. In: Handbuch der physik, Band VI, Elastizität und Plastizität[C]. Springer-Verlag, Berlin,

1958, 6: 551-590.
[46] Erdogan F, Sih G C. On the crack extension in plates under plane loading and transverse shear[J]. Journal of Basic Engineering, 1963, 85(4): 519-525.
[47] Demir I, Zbib H M, Khaleel M. Microscopic analysis of crack propagation for multiple cracks, inclusions and voids[J]. Theoretical and Applied Fracture Mechanics, 2001, 36(2): 147-164.
[48] 杨庆生，杨卫．断裂过程的有限元模拟[J]. 计算力学学报，1997，(4): 33-38.
[49] Shahani A R, Amini Fasakhodi M R. Finite element analysis of dynamic crack propagation using remeshing technique[J]. Materials and Design, 2009, 30(4): 1032-1041.
[50] 田宗若．复合材料中的边界元法及数值解[M]. 西安：西北工业大学出版社，2006.
[51] Lei J, Wang Y S, Huang Y, et al. Dynamic crack propagation in matrix involving inclusions by a time-domain BEM[J]. Engineering Analysis with Boundary Elements, 2012, 36(5): 651-657.
[52] Dugdale D S. Yielding of steel sheets containing slits[J]. Journal of the Mechanics and Physics of Solids, 1960, 8(2): 100-104.
[53] Barenblatt G I. The mathematical theory of equilibrium cracks in brittle fracture[J]. Advances in Applied Mechanics, 1962, 7: 55-129.
[54] Tvergaard V, Hutchinson J W. The relation between crack growth resistance and fracture process parameters in elastic-plastic solids[J]. Journal of the Mechanics and Physics of Solids, 1992, 40(6): 1377-1397.
[55] Xu X P, Needleman A. Numerical simulations of fast crack growth in brittle solids[J]. Journal of the Mechanics and Physics of Solids, 1994, 42(9): 1397-1434.
[56] Zhao L, Gong Y, Zhang J, et al. Simulation of delamination growth in multidirectional laminates under mode Ⅰ and mixed mode Ⅰ/Ⅱ loadings using cohesive elements[J]. Composite Structures, 2014, 116: 509-522.
[57] Sun L, Li C, Tie Y, et al. Experimental and numerical investigations of adhesively bonded CFRP single-lap joints subjected to tensile loads[J]. International Journal of Adhesion and Adhesives, 2019, 95: 102402.
[58] 张豪，于继东，裴晓阳，等．相场断裂方法发展概况[J]. 高压物理学报，2019，33(3): 128-139.
[59] Moelans N, Blanpain B, Wollants P. An introduction to phase-field modeling of microstructure evolution [J]. Calphad, 2008, 32(2): 268-294.
[60] Hakim V, Karma A. Laws of crack motion and phase-field models of fracture[J]. Journal of the Mechanics and Physics of Solids, 2009, 57(2): 342-368.
[61] Francfort G A, Marigo J J. Revisiting brittle fracture as an energy minimization problem[J]. Journal of the Mechanics and Physics of Solids, 1998, 46(8): 1319-1342.
[62] Bourdin B, Francfort G A, Marigo J J. The variational approach to fracture[J]. Journal of Elasticity, 2008, 91(1/2/3): 5-148.
[63] Bourdin B, Francfort G A, Marigo J J. Numerical experiments in revisited brittle fracture[J]. Journal of the Mechanics and Physics of Solids, 2000, 48(4): 797-826.
[64] Mumford D, Shah J. Optimal approximations by piecewise smooth functions and associated variational problems [J]. Communications on Pure and Applied Mathematics, 1989, 42(5): 577-685.
[65] Miehe C, Hofacker M, Welschinger F. A phase field model for rate-independent crack propagation: Robust algorithmic implementation based on operator splits [J]. Computer Methods in Applied Mechanics and Engineering, 2010, 199(45): 2765-2778.
[66] Miehe C, Welschinger F, Hofacker M. Thermodynamically consistent phase-field models of fracture: Variational principles and multi-field FE implementations[J]. International Journal for Numerical Methods in Engi-

neering, 2010, 83(10): 1273-1311.

[67] Nguyen T T, Yvonnet J, Zhu Q Z, et al. A phase field method to simulate crack nucleation and propagation in strongly heterogeneous materials from direct imaging of their microstructure [J]. Engineering Fracture Mechanics, 2015, 139: 18-39.

[68] Kuhn C, Müller R. A phase field model for fracture [J]. The Proceedings in Applied Mathematics and Mechanics, 2008, 8: 10223-10224.

[69] 李鹏飞，朱其志，顾水涛，等. 岩石类材料裂隙形成和扩展的相场方法模拟[J]. 工程力学，2018，35(3)：41-48.

[70] Wu J Y. A unified phase-field theory for the mechanics of damage and quasi-brittle failure[J]. Journal of the Mechanics and Physics of Solids, 2017, 103: 72-99.

第 9 章　聚合物材料的强度和断裂

聚合物由于质量轻、成本低、加工容易及具有其他材料所没有的一些特殊性质，在工程领域中得到了越来越广泛的应用。但是，聚合物材料的结构比金属和其他小分子材料复杂得多，而且在应用中热塑性材料常添加稳定剂、填料和增塑剂，热固性树脂除了单独使用外还常作为复合材料和橡胶的基材。对聚合物进行工程设计时首先需要了解它们的刚性和强度以及它们对力学加载的响应，特别是它们是如何依赖于加载的温度、时间或速度的。聚合物材料在工程应用中的重要问题就是强度和断裂，必须考虑材料经过多长时间、以什么方式发生破坏，这就是研究聚合物强度和断裂的主要目的。

9.1　概述

研究聚合物强度和断裂的内容极为广泛、丰富，涉及很多学科，不同的研究者从不同的角度、用不同的方法进行研究，研究方法主要有原子分子理论、材料形态学、连续介质力学、包含数理学的唯象理论，研究方向包含以下方面：

（1）聚合物的理论强度，影响材料强度的结构因素和加工工艺因素，提高材料强度的方法；

（2）根据不同的使用目的，对材料进行强度设计时，必须考虑的模量、屈服强度、破坏强度、抗冲强度、蠕变强度、疲劳强度及由环境或化学药品造成的应力银纹化或应力开裂；

（3）聚合物的屈服过程与塑性形变的唯象理论和微观机理；

（4）银纹产生的条件、形态与结构，银纹发展的微观机理，银纹的力学特性，银纹与裂纹、断裂、屈服、蠕变、应力松弛和疲劳行为之间的相互关系；

（5）聚合物的断裂类型及其微观机理，线性断裂力学的应用，理论与断裂判据，非线性断裂力学与积分的应用，裂纹增长特性及其组织形态学；

（6）冲击破坏与冲击强度、冲击特性的评价方法，几种标准试验方法的力学原理，冲击强度与结构的关系；

（7）概率论、速度过程理论和成核理论，用于研究高分子材料的断裂和强度；

（8）材料的环境应力开裂、耐候性、耐药品性；

（9）材料的动态屈服、蠕变及蠕变破坏；

（10）材料的疲劳特性、疲劳裂纹的发生和发展及疲劳断裂面的形态学特征。

从原子分子的微观水平上看，所有的聚合物有强烈的各向异性和不均匀性。分子量、分子链的柔性和刚性、链的取向、晶区中的缺陷(位错)等都会对高分子材料的强度、屈服、形变和断裂机理产生十分重要的影响。

聚合物断裂必须产生新的表面，它由主价键或次价键的断开而发生。在分子水平上(1~10 nm)可发生两个基本不同的局部破坏现象：链的滑移和键的断裂。使它们发生破坏的应力范围也是不同的，而且也受链的取向程度及是否存在缠结或交联的影响。目前已能用实验方法从分子的角度定量地确认在形变过程中一部分高分子链会被拉断。Kausch 已详细而又全面地叙述了断裂现象的分子机理，但尚未达到能对宏观的断裂强度进行定量说明的阶段。

很低分子量的玻璃态聚合物像冷冻液体一样脆，当分子量达到临界值 M_c(如聚甲基丙烯酸甲酯的 M 为 3000)，则不同的分子之间允许缠结，材料的韧性就会急剧增加。断裂面的形态也发生相应的变化，分子量大于 $2M_c$ 则分子之间进一步由于缠结而能在破坏过程中形成银纹。从分子机理角度提出了银纹产生和发展的模型，对银纹的结构和稳定性及其与分子量、分子缠结的关系有了相当多的研究。也有研究指出，聚合物及其共混物中的银纹化/屈服行为是由链缠结密度 V 和链的特征比 C_∞ 两个链参数决定的。分子量高的聚合物，断裂应力和疲劳寿命较长。已建立了断裂强度判据，并在理论上预言了聚乙烯(PE)、聚甲基丙烯酸甲酯(PMMA)、聚苯乙烯(PS)和聚氯乙烯(PVC)的主链键断裂力和断裂时链段的拉伸比。

聚合物的分子量在 $10^5 \sim 5\times10^5$ 范围内抗冲断裂韧性会有迅速的增加；在 10^6 以上则基本不再变化，有的会略为降低；宽的分子量分布能改善抗冲韧性。

对柔性、半柔性和刚性棒状聚合物的分子结构与强度之间的关系有了更好的了解。分子可动性对断裂强度的影响与分子可动性的温度依赖性直接有关，链的可动性增加，则链发生滑移和解缠结，试样发生延性形变，从而导致断裂强度和断裂韧性减小。在同一温度下，化学上不同的分子链有非常不同的分子可动性，然而，若是选各自的玻璃化温度 T_g 作为参考温度，则有下列共同特征：在 $T \leqslant T_g$，弹性模量 $E \geqslant 45\text{GPa}$ 时，呈脆性行为；在 $T<T_g$，弹性模量 E 在 2~4GPa 时，呈半延性行为；在 $T<T_g$，$E<1.5\text{GPa}$ 时，则材料呈延性行为；在 $T>T_g$ 时，材料呈橡胶弹性行为。

从液晶溶液、液晶液体、柔性高分子量聚合物溶液得到超高强度纤维这一动向，重新引起了对单轴取向聚合物的理论强度的兴趣。已经对具有最简单结构的聚乙烯，从理论上计算每个分子在应力下的强度和完全伸直链分子的总体强度，并指出对于 PE 仍可能在目前的超强水平上进一步改善强度。

与屈服和断裂现象不同，弹性模量是小形变的参量，主要反映分子水平上结构的形变，比较容易与分子结构相联系。拉伸聚合物的模量随形变程度而显著增加，近年来制备高模量聚合物的加工工艺得到了发展，在很多情况下是形成各向异性熔体或溶液后，用纤维成型技术开发了多种高模量纤维。

已经证明在取向或超取向的纤维中，微纤之间的应力传递是一个很重要的强度限定参数。那么具有宏观尺寸的单晶应当会有更好的强度，高模量聚双乙炔(Poly-diacetylene)晶体已经制作出来，它与超高取向 PE 纤维不同，聚双乙炔单晶纤维实际上完全没有蠕变，它们的强度依赖于纤维的直径，这是因为应力集中产生于纤维表面，从这里开始产生破坏、断裂。

热固性高分子和弹性体，其分子形变受交联度的强烈影响，分子的可动性随交联而减小，断裂伸长也降低。高交联树脂的断裂表面像镜面一样光滑，表明黏性流动、大尺寸的塑性形变以及裂纹尖端的银纹化现象都受到阻止，抗张强度也随交联的增加而递减。

9.2　聚合物断裂

9.2.1　聚合物的断裂模式

聚合物的断裂现象十分复杂，聚合物材料的断裂模式是多种多样的。聚合物的疲劳强度随分子量的增大而提高，随结晶度的增加而降低。其疲劳强度远低于金属，多数聚合物的疲劳强度为其抗拉强度值的 20%～30%。增强热固性的疲劳强度较高，聚甲醛(POM)和聚四氟乙烯其值可达 40%～50%。

根据受载条件的不同，可以分为以下几类：

(1) 直接加载下的断裂。材料在拉伸、压缩、剪切等载荷作用下形变直至发生快速断裂。材料断裂时的应力叫作断裂强度。材料在冲击载荷作用下的断裂也属于这一类，其特殊性仅在于加载速率非常之高。

(2) 疲劳断裂。材料在一个应力水平低于其断裂强度的交变应力作用下，经多次循环作用而断裂，材料的疲劳过程是材料中微观局部损伤的扩展过程。使材料发生疲劳断裂所需经受的应力循环次数称为材料的疲劳寿命，一般用 N_f 表示。材料所受的应力水平越低，疲劳寿命越长。当应力水平低于某个临界值时，材料不出现疲劳断裂。

(3) 蠕变断裂。材料在一个低于其断裂强度的恒定应力的长期作用下发生断裂，也叫作静态疲劳。聚合物从蠕变开始直至断裂所需的时间 t 与所受应力 σ 的关系一般符合公式 $t=Ae-B\sigma$。

(4) 环境应力开裂。材料在腐蚀性环境和应力的共同作用下发生开裂。在这种破坏模式中，环境因素的作用是第一位的。应力虽然是必要的因素，但其作用居于第二位。表征材料抗环境应力开裂的指标是该材料的标准条状试样在单轴拉伸和接触某种介质的条件下直至断裂所需的时间。

9.2.2　聚合物的断裂过程和断裂强度

根据断裂的吸收能量的大小或者断裂点的不同，可分为脆性断裂和韧性断裂。

(1) 脆性断裂。

发生在材料屈服之前，材料只有普弹形变，应力应变呈线性关系或者接近线性关系，形变量小，断伸率小于 5%，在拉伸应力的作用下，微裂纹会迅速发展，最终导致脆性断裂。聚合物脆性断裂断口微观形貌如图 9.2-1 所示。

断裂机理：脆性断裂过程有两个阶段，首先由一最危险处形成裂纹源并缓慢发展而形成镜面区，这是第一阶段。当裂纹扩展到一定长度(临界值)时，断裂立即发生，这是第二阶段，即快速发展阶段。这个阶段产生的断面是粗糙区，从宏观上看断口呈一个面，实际

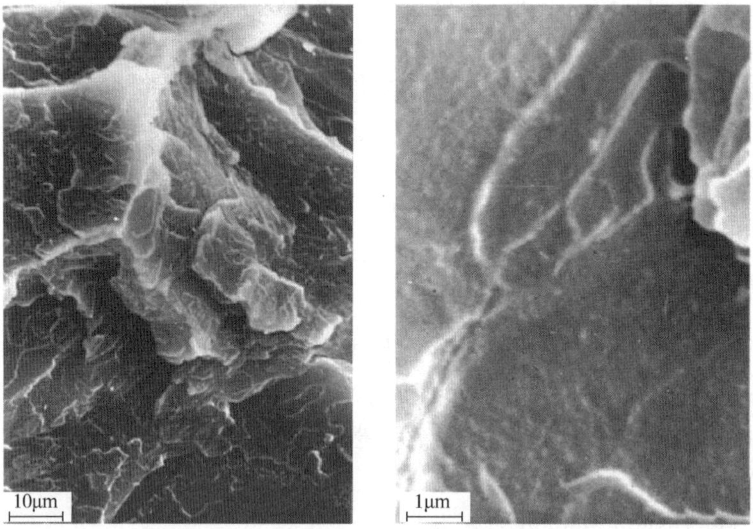

图 9.2-1　聚合物脆性断裂断口微观形貌

上有许多应变凹凸不平的局部断裂特征。脆性断裂时断裂面的特征是其截面积基本不变，即未留下永久变高聚物典型的断裂行为。在断裂面的光滑区有肋状条纹和双曲线形状的次级断裂线；在粗糙区是快速断裂形成的山脊状特征。双曲线形状的次级断裂的尖端指向裂纹源。发生脆性断裂的条件是材料的脆性断裂强度低于其屈服强度。

特征：应变较小，低于弹性极限 a 点，应力应变有线性关系，在该范围材料变形是线应变性弹性，符合胡克定律。直线的斜率为弹性模量。形变的发生只涉及键的高聚物典型的断裂行为拉伸、弯曲和键角变化，是可完全回复的变形。这部分变形也称为普弹变形。

（2）韧性断裂。

超过屈服后发生断裂的现象一般称为韧性断裂。发生在材料屈服之后，材料先发生屈服，随后发生大的形变，应力应变呈非线性关系，形变量大，断伸率大于 10%，然后由于屈服剪切带的发展，最终导致韧性断裂。聚合物韧性断裂断口微观形貌如图 9.2-2 所示。

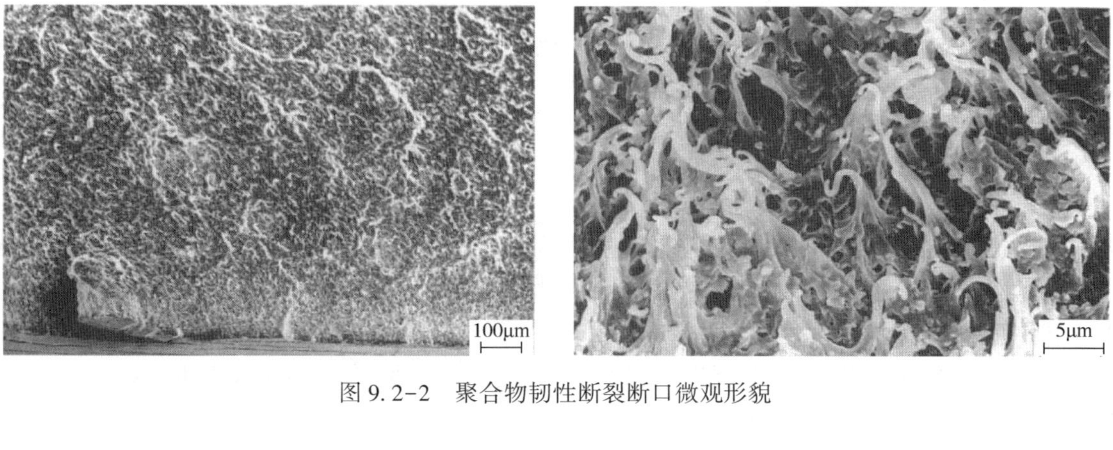

图 9.2-2　聚合物韧性断裂断口微观形貌

如果应力在达到弹性极限时并不断裂而是继续上升，到达某个应力 σ 时，应力开始下降，我们说材料发生了屈服。发生屈服时的应力称为屈服应力，用 σ 表示。从微观上讲，在应力超过 σ 后，应力已足以克服链段运动所需克服的势垒，后段开始运动，甚至发生分子链之间相互应变滑移，即流动。

超过屈服应力后应力一般略有下降。原因可能有两个方面：一方面屈服后链段开始运动，与线弹性变形涉及的键拉伸等变形相比所需应力较小；另一方面是在屈服后试样的截面积变小，达到同一应力所需的作用力就相应变小，而应力应变曲线中的工程应力仍以原始面积计算。这种应力下降的现象称为应力软化，是材料屈服的特征。

机理：从微观上来说，在屈服点后高分子链段开始运动。对处于玻璃态的聚合物来说，链段是被冻结的。由于受外力的作用链段被迫运动产生较大的变形，因此这种性质被称为强迫高弹性。这种变形主要由链段运动产生，对线性聚合物来说，虽无交联，但由于分子链的缠结，这种变形本质上大部分是弹性的，即可恢复的。其中有部分变形可能涉及分子的滑移即流动。但是，当外力除去后，因为处于玻璃态，这种弹性变形被“冻结”，只有加热至 T_g 以上时才有可能恢复。

在屈服后应力基本不变而应变不断增大，在试样的某些部位截面突然缩小，形成一个细颈。形成细颈后继续拉伸时，或者细颈部分不断地变得更细，或者细颈直径不变，出现细颈的肩部被拉伸成细颈部，但细颈越来越长，这时应力近似恒定。这种现象称为冷拉伸或冷流动。在冷拉伸后应力会出现上升的现象，称为应力硬化，最后发生断裂。这种断裂也称为“应变硬化断裂”。

9.2.3　晶态聚合物的断裂行为

未取向的结晶聚合物拉伸断裂时的应力应变曲线通常发生细颈现象并有应变硬化现象。应变解释：当应力达到屈服应力时外力已足够克服晶格能，结晶破坏，开始出现细颈，同时链段开始运动，产生强迫高弹形变，分子链段沿拉伸方向取向，并重新形成结晶。如果这时聚合物重新结晶的速度足够大，那么分子链会沿外力方向重新排列成结晶，成为取向态的聚合物结晶，如果结晶速率太低，就成为取向的无定形聚合物。等细颈发展完全，即分子链完全取向后，应力开始上升，即进一步变形要克服分子间的力甚至键力，即发生应变硬化。最后当外力高于分子间力和键力时发生断裂。因此在结晶聚合物断裂过程中有相变发生，即首先结晶破坏，然后在取向过程重新形成结晶或形成取向的无定形聚合物。

拉伸时出现细颈的应力称为重结晶应力或强迫高弹性应力，是结晶聚合物的重要机械性能之一。应变结晶聚合物一经取向拉伸，则有各向异性。结晶聚合物经拉伸取向后，在拉伸方向的强度大大高于未拉伸方向的强度。原因是拉伸方向的形变是由键的拉直引起的，未拉伸方向的形变是由分子链之间的距离拉长引起的。

单向拉伸的结晶聚合物的断裂行为与拉伸的方向有关。拉伸方向与原来单向拉伸取向方向相同时，如取向程度已相当高，则拉伸时不再发生屈服，延伸率也较小；如取向程度较低，则可能有较大的延伸。

拉伸方向与原来取向的方向垂直，如果脆性断裂强度低于重结晶应力，即在重结晶前断裂，则发生脆性断裂，强度较低；如重结晶应力较低，则断裂过程类似于未取向的结晶聚合物，分子链在垂直方向重新取向和结晶，最后得到与原取向方向垂直的新结晶聚合物，最后经应变硬化断裂。

9.2.4 聚合物的疲劳破坏过程

聚合物的疲劳破坏过程有两种方式：

（1）因大面积滞后能累加产生的热量使其软化，丧失承载能力，呈热疲劳破坏，黏性流动是热疲劳破坏的主要原因。

（2）在疲劳载荷作用下裂纹萌生，扩展引起的机械疲劳断裂。

聚合物的热疲劳通常是在较高应力水平和试验频率条件下，因产生的热量难以消失所引起的，因此，限制外加应力，降低试验频率，允许周期的停歇或冷却式样，以及增加试样表面积对体积的比值，均可抑制热疲劳破坏。

银纹是聚合物的特殊塑性变形方式，在循环载荷作用下，银纹是控制聚合物疲劳裂纹萌生和亚临界扩展的重要因素。在拉应力作用下，非晶态聚合物的某些薄弱区域，因应力产生局部塑性变形，在其表面或内部或裂纹尖端附近出现闪亮的、细长形的类裂纹，称为银纹。

综上所述，聚合物材料强度和断裂与分子量、结晶度、晶粒尺寸、晶体结构、交联度以及取向有关，同时也受外界温度与形变速率影响。

第 10 章　无机非金属材料的断裂

10.1　无机非金属材料概述

无机材料中除金属以外统称为无机非金属材料。传统意义上的无机非金属材料主要有陶瓷、玻璃、水泥和耐火材料四种，其主要化学组成均为硅酸盐类。因此，无机非金属材料亦称为硅酸盐材料，又因其中陶瓷材料历史最悠久，应用甚为广泛，故国际上也常将无机非金属材料称为陶瓷材料。在晶体结构上，无机非金属材料的结合力主要为离子键、共价键或离子-共价混合键。这些化学键的特点(如高的键能和键强大的极性等)，赋予这一大类材料以高熔点、高强度、耐磨损、高硬度、耐腐蚀及抗氧化的基本属性和宽广的导电性、导热性、透光性以及良好的铁电性、铁磁性和压电性等特殊性能。举世瞩目的高温超导性也是在这类材料上发现的。

在化学组成上，随着无机新材料的发展，无机非金属材料已不局限于硅酸盐类，还包括其他含氧酸盐、氧化物、氮化物、碳与碳化物、硼化物、氟化物、硫系化合物、硅、锗、Ⅲ～Ⅴ族及Ⅱ～Ⅵ化合物等，其形态和形状也趋于多样化，复合材料、薄膜、纤维，单晶和非晶材料占有越来越重要的地位。传统的无机非金属材料是工业和基础建设所必需的基础材料，无机非金属新材料更是现代新技术、新兴产业和传统工业技术改造的物质基础，也是发展现代军事技术和生物医学的必要物质条件，在微电子技术、激光技术、光纤技术、光电子技术、传感技术、超导技术和空间技术的发展中占有十分重要甚至是核心地位。例如，微电子技术就是在硅单晶材料和外延薄膜技术及集成电路技术的基础上发展起来的。又如，空间技术的发展也与无机新材料息息相关，以高温 SiO_2隔热材料和涂覆 SiC 热解碳/碳复合材料为代表的无机新材料的应用为第一艘宇宙飞船飞上太空作出了重要贡献。此外，氮化硅系统、碳化硅系统和氧化锆、氧化铝增韧系统的高温结构陶瓷及陶瓷基复合材料的研制成功，一改传统无机非金属材料的脆性大、不耐冲击的特点，而作为具有高强度的韧性材料用于制造热机部件、切削刀具、耐磨损、耐腐蚀部件等进入机械工业、汽车工业、化学工业等传统工业领域，推动了产品的更新换代，提高了产业的经济效益和社会效益。

陶瓷的概念已远远超出了传统陶瓷的范畴。具有高强、耐温、耐腐特性或具有各种敏感特性的陶瓷材料，由于其制作工艺、化学组成、显微结构及特性不同于传统陶瓷而被称为特种陶瓷，又被称为先进陶瓷、新型陶瓷、高性能陶瓷、高技术陶瓷、精细陶瓷等。特种陶瓷是采用人工精制的无机粉末原料，通过结构设计，精确的化学计量、合适的成型方法和烧成制度而达到特定的性能，经过加工处理使之符合使用要求的尺寸精度的无机非金属材料。虽然特种陶瓷与传统陶瓷都是经过高温热处理而合成的无机非金属材料，但其在所用粉体、成型方法和烧成制度及加工要求等方面却有着很大的区别。两者主要区别见表 10. 1-1。

表 10. 1-1 特种陶瓷与传统陶瓷的主要区别

区别点	传统陶瓷	特种陶瓷
原料	天然矿物原料	人工精制合成原料(包括氧化物和非氧化物)
成型	注浆、可塑成型为主	压制、热压铸、注射、轧膜、流延等静压成型等
烧成	温度一般在 1350℃以下，燃料以煤、油、气为主	结构陶瓷常需 1600℃以上高温烧结，功能陶瓷需精确控制烧成温度，燃料以电、气、油为主
性能	以外观效果为主	力学性能，声、光、电、磁、热等功能性
加工	一般不需加工	常需切割、打孔、研磨和抛光
用途	餐具、炊具、陈设品	航空航天、能源、冶金、交通、电子、家电等

目前，人们习惯上将特种陶瓷分成两大类，即结构陶瓷(工程陶瓷)和功能陶瓷。将具有机械功能、热功能和部分化学功能的陶瓷列为结构陶瓷，而将具有电、光、磁、化学和生物体特性，且具有相互转化功能的陶瓷列为功能陶瓷。特种陶瓷往往不仅具备单一的功能，有些材料不仅可作为结构材料，也可作为功能材料，故很难确切地加以划分。本章主要介绍陶瓷材料脆性断裂、裂纹扩展行为及增韧机制。

10. 2 陶瓷材料的强度和韧性

陶瓷材料最本质的力学特性便是其固有的脆性，这是由这类材料的结构特点所决定的。陶瓷材料中的化学键以共价键和离子键为主，这两类化学键都具有较强的方向性和较高的结合强度，这就使得结构中难以发生显著的位错运动。事实上，到目前为止，尚未发现任何一种具有实际工程应用价值的陶瓷材料在室温下表现出明显的塑性行为；即使在高温下，位错运动变得相对较为容易，材料中晶界玻璃相也开始软化，大多数陶瓷材料在断裂之前所发生的不可逆形变(如塑性形变、黏性流动、蠕变等)也并不十分明显。与金属材料不同，陶瓷材料的断裂过程基本上是一个脆性断裂过程，且陶瓷的脆性断裂发生毫无先兆，断裂之前没有明显的塑性变形，材料几乎完全处于弹性形变状态。一般陶瓷材料在室温下的应力-应变曲线如图 10. 2-1 中曲线 1 所示。因此，陶瓷材料室温强度测定只能获得一个断裂强度(fracture strength) σ_f值。而金属材料则可获得屈服强度 σ_s(或 $\sigma_{0.2}$)和极限强度 σ_b(见图 10. 2-1 中曲线 2、3)。

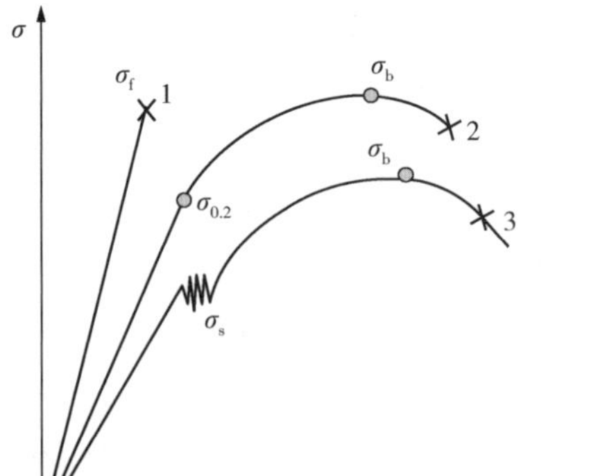

图 10. 2-1 金属-陶瓷材料的应力-应变曲线

由图 10. 2-1 可知，陶瓷材料的室温强度是弹性变形抗力，即当弹性变形达到极限程度而发生断裂时的应力。强度与弹性模量及硬度一样，是材料本身的物理参数，它决定于材料的成分及组织结构，同时也随外界条件(如温度、应力状态等)的变化而变化。

陶瓷断裂面与正应力垂直，断口平齐而光亮，常呈现放射状或结晶状。同时，断口常具有穿晶断裂(Transgranular fracture)和沿晶断裂(Intergranular fracture)特征。前者裂纹主要在晶粒内部扩展，晶胞中的原子键发生断裂，断口通常会出现密布的河流状花纹等典型形貌；后者裂纹扩展的路径为材料内部的晶界，这通常是陶瓷内部晶界处存在大量杂质或者脆性相导致的(图 10.2-2)。

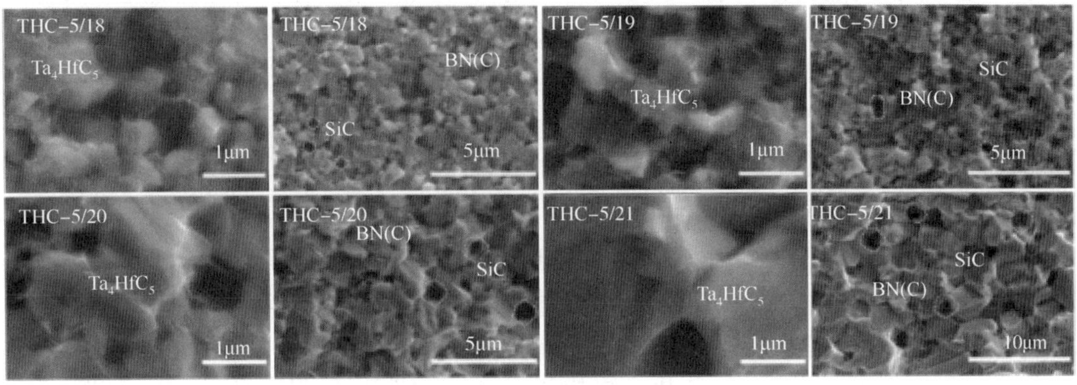

图 10.2-2　Ta_4HfC_5-Si_2BC_3N 陶瓷断口形貌 SEM 图

陶瓷材料的断裂韧性一般较低，数值通常在 1.5~10MPa · $m^{\frac{1}{2}}$。具体数值取决于材料的种类和制备工艺。例如，氧化铝(Al_2O_3)等常见陶瓷材料的断裂韧性数值 K_{Ic} 在 4~4.5MPa · $m^{\frac{1}{2}}$，而 Si_3N_4、B_4C 等高性能陶瓷材料的 K_{Ic} 可以达到 5MPa · $m^{\frac{1}{2}}$ 以上。典型结构陶瓷的断裂韧性数值如表 10.2-1 所示。

表 10.2-1　典型结构陶瓷的断裂韧性数值

陶瓷种类	断裂韧性/(MPa · $m^{\frac{1}{2}}$)	陶瓷种类	断裂韧性/(MPa · $m^{\frac{1}{2}}$)
Al_2O_3	4~4.5	SiC	3.5~6
Al_2O_3-ZrO_2	4~4.5	B_4C	5~6
ZrO_2	1~2	Si_3N_4	5~6

10.2.1　陶瓷的理论断裂强度

完整理想晶体作为完全弹性体脆性断裂时，理论断裂强度主要决定于原子间结合力即化学键类型和原子种类，可近似写为：

$$\sigma_{th} = \frac{2Er_0}{\pi a_0} \qquad (10.2-1)$$

式中，a_0为原子间距(见图 10.2-3)；r_0为原子间结合力为最大值时的原子间距增加量(a_0+r_0时，结合力最大)。结果表明，$r_0 \approx 0.14a_0$，故式(10.2-1)改写为：

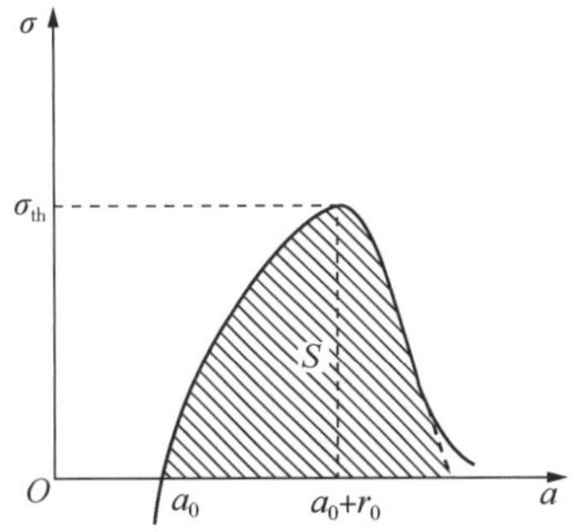

图 10.2-3　结合力与原子间距的关系

$$\sigma_{th}=0.1E \tag{10.2-2}$$

表 10.2-2 给出部分陶瓷的理论强度，可以看出，σ_{th}/E 在 0.1~0.22。

表 10.2-2 部分陶瓷的理论强度

材料	晶向	γ^s/Jm^2	E/GPa	σ_{th}/GPa	σ_{th}/E
SiO_2	—	0.56	73	16	0.22
MgO	<100>	1.20	245	37	0.15
Al_2O_3	<0001>	1.00	460	46	0.10
Si	<111>	1.20	188	32	0.17
金刚石	<111>	5.40	1210	205	0.17
W	<100>	3.00	390	86	0.22
a-Fe	<111>	2.00	260	46	0.18

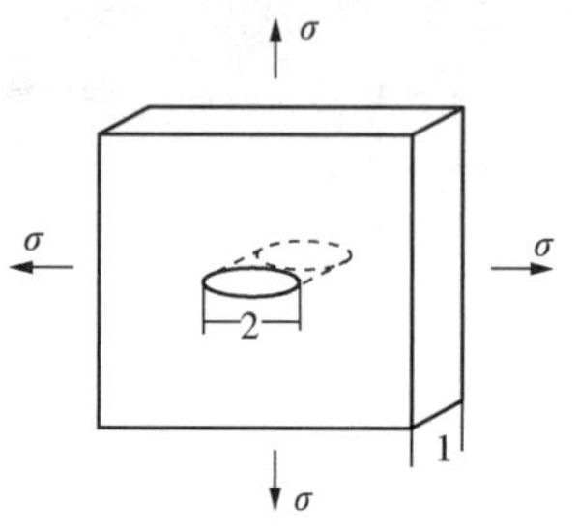

图 10.2-4 Griffith 理论模型

实际上陶瓷材料的强度要比理论强度小 2 个数量级，如 Al_2O_3的 σ_{th}为 46GPa，几乎无缺陷的 Al_2O_3晶须的强度约为 14GPa，表面精密抛光的 Al_2O_3 单晶细棒的强度约为 7GPa，而块状多晶 Al_2O_3材料的强度只有 0.1~1GPa。

基于上述事实，Griffith 认为，实际材料的断裂，并非像理想晶体那样的原子键的破坏，而是比原子键破坏容易得多，即材料内既存微小裂纹的扩展连接而导致材料整体的断裂。他根据能量准则导出断裂应力，如图 10.2-4 所示，含有中间穿透裂纹的单位厚度的无限大板在应力 σ 的作用下产生弹性断裂时的断裂应力为：

$$\sigma_{Grif}=\sqrt{2E'\gamma^s/\pi c} \tag{10.2-3}$$

式中，γ^s为断裂产生新表面的表面能；c 为裂纹半长；E'为弹性模量：

$$E'=\begin{cases} E(\text{平面应力}) \\ \dfrac{E}{1-\nu^2}(\text{平面应变}) \end{cases} \tag{10.2-4}$$

此断裂应力即为既存裂纹失稳扩展的临界应力。如 $a_0=0.3$nm、$c=0.5\mu$m，则 $\sigma_{Grif}/\sigma_{th}\approx 1/50$，这说明含有长度为 1μm 的微裂纹的完全脆性材料的断裂应力为理论强度的 1/50。

式(10.2-5)为估算脆性材料断裂应力的基本公式，但用来估算实际材料的断裂应力并不完全合适。这是因为试样及微裂纹的形状，裂纹尖端塑性区的产生而引起应力松弛等因素，都会使表面能 γ^s发生变化。考虑上述影响因素的断裂应力表达式为：

$$\sigma_f=\frac{1}{Y}\sqrt{2E'\gamma^*/c} \tag{10.2-5}$$

式中，Y 为几何因子，对不同的试样与裂纹形状可求出相应的数值，对中间含有穿透裂纹的无限大薄板 $Y=\sqrt{1/\pi}$；γ^* 为考虑了应力松弛而引起变化的表面能。

10.2.2　陶瓷材料强度测试方法

陶瓷材料的强度测试，根据其不同的使用要求采用不同的测试方法，常用的有拉伸、弯曲、压缩、扭转、冲击等。以下分别对常用的强度测试方法——弯曲、拉伸、压缩进行阐述。

(1) 弯曲强度。

陶瓷材料属脆性材料，除特殊需要外，很少测试拉伸强度，最普遍最常用的是弯曲强度(bending strength)测试。这种试验方法比较简单易操作，且不同材料之间有可比性，并可以通过所得强度数据进行简单的统计处理来预测实际产品构件的强度。对精细陶瓷(fine ceramics)，常温弯曲强度试验方法各国家的标准大体相同，现以日本标准(JISR160)为例进行说明。

弯曲强度试样为矩形断面的长棒状(见图 10.2-5)，宽 4mm、厚 3mm、长 36~40mm。试样的个数最好在 10 个以上。如果由于试样取材的限制，尺寸不能符合这个标准，则考虑强度评价的误差要求，试样的长度应是厚度的 5 倍以上，倒角尺寸应在厚度的 1/10 以下。弯曲强度测试时表面粗糙度应达到 0.8S(0.8μmR_{max})。为了达到表面粗糙度要求，可采用如下的研磨规程。首先用 200# 金刚石砂纸粗磨，再用 400~600# 砂纸细磨即可满足要求，倒角加工的最终研磨用 800~1000# 砂纸为宜。图 10.2-5(c)所示为试样表面粗糙度对弯曲强度的影响。可以看出，表面越光滑强度越高。但在经 400# 金刚石研磨、1000# 金刚石研磨及用 Al_2O_3 镜面磨光的 3 种试样中，400# 金刚石研磨试样强度最高，而表面镜面的试样强度最低，这是加工表面产生变形层及残余应力的影响所致。另外，在表面加工时要注意研磨方向应与试样长度方向一致(平行研磨)。例如，对热压 Si_3N_4，试样用 400# 磨料研磨时，垂直研磨试样比平行研磨试样的强度低约 5%，用 200# 磨料研磨时低约 30%。

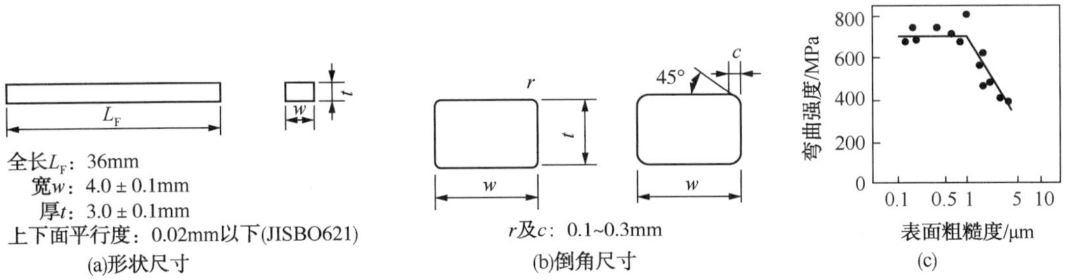

图 10.2-5　试样表面粗糙度对弯曲强度的影响

弯曲强度试验分为三点弯曲和四点弯曲两种(见图 10.2-6)，弯曲强度计算公式分别为：

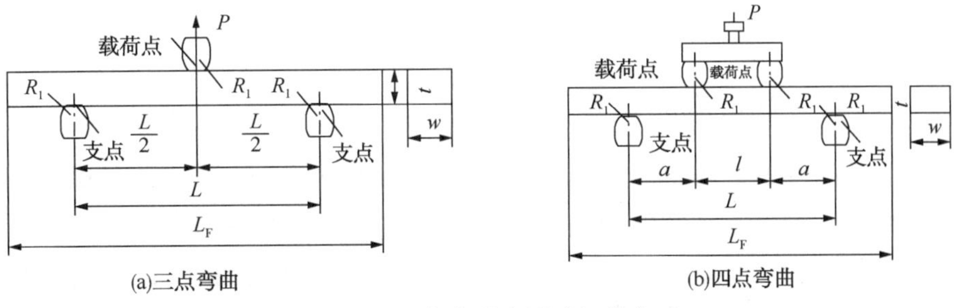

图 10.2-6　弯曲强度测试加载方式

$$\sigma_{f}=\frac{3PL}{2bh^{2}}\text{(三点弯曲)} \tag{10.2-6}$$

$$\sigma_{f}=\frac{3P(L-l)}{2bh^{2}}\text{(四点弯曲)} \tag{10.2-7}$$

式中，P 为断裂载荷，kgf；L 为下支点跨距，mm；l 为上支点间跨距(对四点弯曲试验)；b 为试样的宽度 w，mm；h 为试样的厚度，mm。

支承点及载荷点压头夹具，常温试验时可采用淬火工具钢或硬质合金制作。高温试验时应考虑避免夹具材料与试样发生反应，在空气中高温试验可用 Al_2O_3、SiC 等；在惰性气体中高温试验，则可用 W 合金及高强石墨材料等。夹具的结构应考虑有利于试样正确放置，且不产生载荷偏心等弊端。对所用材料试验机要求夹头位移速度可控，并可恒速运动，载荷指示精度应好于 1%。JIS 标准规定，夹头位移速度为 0.5mm/min。在高温强度测试时，变形速率对试验值影响增大，应事先定好试验规程。

(2) 拉伸强度。

陶瓷材料的拉伸强度(tensile strength)也是它作为结构材料应用时的一个重要性能参数，同时也是机械产品设计时非常有用的数据，即使它不如弯曲强度应用普遍，但有时也需测量。由于陶瓷是脆性材料，在单轴拉伸试验时，往往由于载荷偏心而产生弯曲应力，而测不出真正的拉伸强度，同时常常产生夹头部位由于应力集中而引起局部破坏。以往曾用间接的方法来求出拉伸强度，即在薄壁圆筒形试样内充流体加压直至破坏，求出破坏时圆筒圆周方向上的应力，或者利用流体压力在圆筒轴向加压破坏，求出轴向破坏应力。

对于单轴拉伸试验方法，由于陶瓷的拉伸断裂为脆性断裂，因此试样断裂时断面的缩小可以忽略，其拉伸强度 σ_t 可通过载荷 P 除以试样断面面积来求得：

$$\sigma_{t}=\frac{P}{A} \tag{10.2-8}$$

(3) 压缩强度。

陶瓷的压缩强度(compressive strength)约为其拉伸强度的 10 倍，因此陶瓷作为抗压部件应用广泛，所以压缩强度也是重要的性能参数。在陶瓷材料制造时，为了了解烧结的不同阶段材料的致密化程度，也常常采用压缩试验。压缩试验一般沿用耐火材料压缩试样标准(JISR2206 及 R7212)。试验时沿高度方向压缩，其压缩强度 σ_c 也可通过破坏载荷 P 除以受压面积 A 求得：

$$\sigma_{c}=\frac{P}{A} \tag{10.2-9}$$

10.2.3 断裂韧性常规测试方法

随着断裂力学的发展，对金属材料平面应变断裂韧性 K_{Ic} 的测试已经积累了丰富的经验。显然，这些丰富的经验一定能用来研究适合陶瓷材料的测试方法。当然，把适用于金属材料断裂韧性的实验技术原封不动地套用于陶瓷材料是行不通的，因为陶瓷材料的同类测试存在一些独特的问题，这些问题主要有：

（1）由于陶瓷材料塑性有限，大多数陶瓷材料的 K_{Ic}/σ_{ys} 是一个很小的量，所以测定断裂韧性 K_{Ic} 所需要的断裂力学试样满足平面应变厚度限制条件几乎不存在什么困难。也就是说，测定陶瓷材料平面应变断裂韧性的试样可以比金属试样小得多。当然，陶瓷试样也应该具有一个合适大小的截面，以便能充分反映出材料显微结构对材料性能的影响规律。

（2）陶瓷材料有限的塑性另一方面也使得断裂力学测试结果具有较为理想的特性，即裂纹在扩展之前几乎不会偏离线性关系，也没有突然的变化，一般可以用断裂的最大载荷代替开裂点的载荷来进行断裂韧性计算，这就可以免去在金属材料测试中常用的在裂纹根部测量张开位移的程序。

（3）陶瓷材料的许多应用，尤其是在结构部件上的应用，均在高温下进行。因此，一种较为理想的断裂韧性测试技术应该在从室温到1000℃（甚至1400℃）这一宽阔的温度区域内均能有效地得以应用。

（4）由于陶瓷材料中固有裂纹的尺寸较小，通常只有几十微米左右，加之其分布又是随机的，因此，即使采用无损检测技术也难以准确确定材料内部最危险裂纹的位置及其尺寸，至于在测试过程中直接量测最危险裂纹的尺寸几乎就不可能。因此，通常需要在断裂力学试样表面预制出一条人工裂纹以模拟材料的固有裂纹。

在过去的几十年中，已经出现了一些用于陶瓷材料断裂韧性测试的技术，这些测试技术中所采用的试样形状及受力方式各不相同，在实际应用中也各有其优缺点。

（1）单边切口梁技术。

单边切口梁又称为直通切口梁，文献中通常简记为SENB。SENB试样的几何形状如图10.2-7所示：弯曲试样为一具有矩形截面的长柱状；试样受拉面中部垂直于长度方向的人工裂纹通常采用机加工方法引进。由于在这一构型中存在着从拉伸到压缩的应力梯度以及边缘效应，因而相应的应力场强度没有精确的理论解，一般情况下只能通过数值方法获得其近似解。对于陶瓷材料断裂力学研究中常用的三点弯曲SENB试样，在试样高宽比 $W/B=2$、高跨比 $W/L=1/4$ 的条件下，由边界配位法得到的 K_I 近似表达式为：

$$K_I=\frac{PL}{BW^{\frac{2}{3}}}f\left(\frac{a}{W}\right) \tag{10.2-10}$$

式中，P 为试样所承受的外加载荷；L 为三点弯曲跨距；$f\left(\frac{a}{W}\right)$ 为试样的几何形状因子。

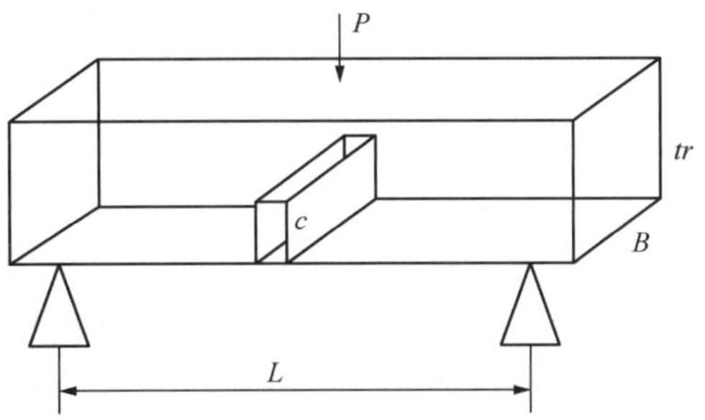

图10.2-7　单边切口梁SENB试样几何形状

单边切口弯曲梁法是金属材料断裂韧性测试的一种常用的标准方法，20 世纪 70 年代初移植到陶瓷材料领域。由于尚未形成一个统一的测试标准，因此对测定陶瓷材料断裂韧性所用的单边切口梁试样的尺寸没有明确规定，只是为了满足平面应变条件和裂纹尖端小范围屈服条件，对试样高度 W、试样宽度 B 以及切口深度 a 的取值范围一般有如下限制条件：

$$B \geqslant 2.5\left(\frac{K_{\mathrm{Ic}}}{\sigma_{\mathrm{ys}}}\right)^2 \tag{10.2-11}$$

$$a \geqslant 2.5\left(\frac{K_{\mathrm{Ic}}}{\sigma_{\mathrm{ys}}}\right)^2 \tag{10.2-12}$$

$$W-a \geqslant 2.5\left(\frac{K_{\mathrm{Ic}}}{\sigma_{\mathrm{ys}}}\right)^2 \tag{10.2-13}$$

采用单边切口梁法测定陶瓷材料的平面应变断裂韧性的一般步骤是：

① 从待测制品上直接截取或按与待测制品相同的工艺制出的试样，并加工到所要求的尺寸。对试样进行机加工时应注意：按 GB/T 131—2006《产品几何技术规范(GPS)技术产品文件中表面结构的表示法》规定，与横截面垂直的试样两相对侧面之间的不平行度应不大于 0.01mm，横截面两相邻边棱之间夹角应为(90±0.5)°，试样表面粗糙度 Ra 按标准 ISO 4287：1997 的规定应不大于 0.20μm。

② 在试样受拉面跨中位置切出一切口，切口深度 a 为(0.4~0.5)W，切口宽度最好不要大于 0.25mm。为保证裂纹的开裂面与试样横截面平行，切口所在平面与试样横截面之间的夹角最好限制在(90±0.5)°以内。

③ 采用三点弯曲或四点弯曲方式对试样加载直至断裂，并记录试样断裂时所对应的最大外加载荷值。加载时应注意保证上压头加载位置严格位于切口所在平面(对于三点弯曲加载方式)或试样的恒弯矩区内(对于四点弯曲加载方式)。由于加载速率的大小将直接影响试样的断裂载荷，为保证实验结果的可比性，习惯上采用的加载速率为 0.05mm/min。

④ 将试样断裂载荷值连同试样各部分尺寸测试结果一并代入相应的 K_{I} 表达式(10.2-10)，即可计算出材料的平面应变断裂韧性值。

这里需要说明的是，试样各部分尺寸的量测最好在试样断裂之后进行，其中切口深度 a 的量测只能在试样断裂之后进行。由于切口加工一般采用机加工方法，加工时使用内圆形或外圆形金刚石锯片。从试样断口上看，切口的前缘通常表现为一段圆弧，而不是直线。因此，在实际确定切口深度 a 时要求按测量 5 个等分点的数据，以其算术平均值作为切口深度：

$$a=(a_1+a_2+a_3+a_4+a_5)/5 \tag{10.2-14}$$

(2) 山形切口技术。

山形切口，是指一种形状呈 V 形的机加工切口，图 10.2-8 所示为试样断面上的山形切口形状。含有山形切口的试样在承载初期，材料整体处于弹性形变阶段，而在山形切口尖端处由于局部的高度应力集中会发生早期的塑性屈服，当该点处的应力达到材料的极限应力时，该点处会突然释放能量，产生开裂。在试样出现裂纹之后，由于总的形变量突然增大(柔度增大)，加在试样上的载荷会马上降低，从而减小了山形切口尖端处应力场强度，裂纹也就随之而止裂；进一步加大载荷，又导致裂纹进一步扩展。因而在整个加载过程中，裂纹一旦在山形切口尖端处形成后便进入一个稳态扩展阶段，一条尖锐裂纹逐渐形成；同时，裂纹宽度随之也逐渐增大，使得裂纹前缘逐渐由平面应力状态过渡到平面应变状态。当裂纹长度达到一个特定的临界值时，裂纹的扩展由稳态过渡到失稳，从而导致试样断裂。将裂纹失稳时所对应的外加载荷(最大载荷) P_C 代入相应的 K_{Ic} 表达式，即可获得平面应变断裂韧性 K_{Ic} 值。

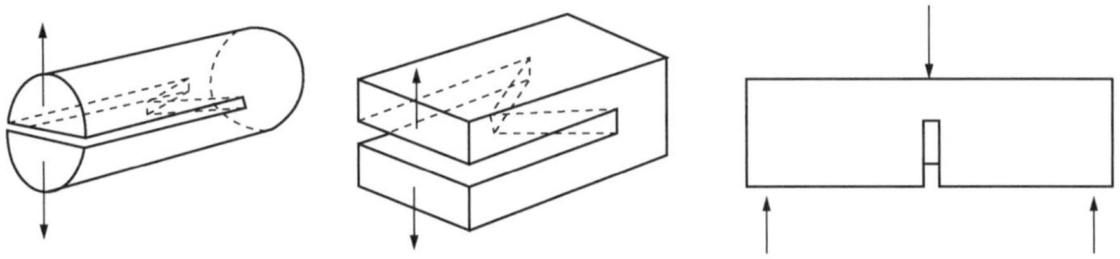

图 10.2-8 山形切口试样几何形状

(3) 压痕弯曲梁技术。

在陶瓷材料断裂韧性测试技术的研究和应用中，另一类得到普遍重视的技术是压痕弯曲梁技术。

压痕弯曲梁法测定断裂韧性的一般做法是，在常规的弯曲强度试样受拉面上引进一条压痕裂纹，进而测定弯曲梁的断裂强度以确定材料的断裂韧性。根据引进压痕裂纹方式的不同，压痕弯曲梁法又可以分为 Knoop 压痕弯曲梁法和 Vickers 压痕弯曲梁法两类。与常用三点弯曲/四点弯曲等测试方法相比，压痕弯曲梁法测定陶瓷材料的断裂韧性具有一些显著的优点。首先，这一方法对试样的尺寸要求不高。由于压痕裂纹是一种非贯穿性浅表面半圆形(或半椭圆形)裂纹，在弯曲试样中，裂纹前缘深处基本上处于平面应变状态，因此，采用常规的弯曲强度试样就足以满足平面应变的试样厚度限制条件，这对于试样的制备是有好处的。其次，压痕裂纹本身就是一种典型的接触损伤缺陷，无论从形状上、从尺寸上还是在裂纹形成机制方面看，都与陶瓷材料中固有的表面裂纹十分相似，因而压痕弯曲梁的断裂试验可以很好地模拟陶瓷材料的实际断裂行为，这是其他常规测试方法所不具备的。此外，与机加工切口方法相比，在材料表面引进压痕裂纹显然要简便得多，而且裂纹尺寸更易于控制。但是，这一方法也有一些难以克服的缺点，其中最主要的就是残余应力效应。压痕弯曲梁中的残余应力效应至少包括了两方面的内容：压痕裂纹尖端处存在由于压痕弹/塑性形变失配导致的压痕残余应力；而由于压痕裂纹是一类浅表面裂纹，材料表面的应力状态对压痕裂纹尖端处应力场的影响也是不可忽略的。根据压痕断裂力学理论，存在于压痕裂纹尖端处的压痕残余应力对裂纹尖端处应力场强度的贡献 K_r 可以用式(10.2-15)描述：

$$K_r = \frac{\chi_r P}{c^{\frac{3}{2}}} = \frac{\chi_r^* P}{a^{\frac{3}{2}}} \tag{10.2-15}$$

式中，P 为压痕压制载荷；a 和 c 分别为压痕裂纹的深度及半长；χ_r 及 χ_r^* 分别为表征压痕残余应力量级的无量纲常数，取决于材料性能，而与压痕压制载荷无关。研究表明：χ_r 与材料

的弹性模量 E、硬度 H 之间存在如下关系：

$$\chi_r=\zeta_V^R\frac{E}{H} \tag{10.2-16}$$

式中，ζ_V^R 为一个与材料无关而取决于压头形状的常数。

测定陶瓷材料断裂韧性的 Vickers 压痕弯曲梁法是 20 世纪 80 年代初发展起来的，其中最具代表性的研究是由 Anstis 等报道的。在该研究中，在弯曲梁受到外力作用时，受拉面上的 Vickers 压痕裂纹将同时受到两类应力作用，一类是外加弯曲应力 σ_a，它对裂纹尖端应力场强度的贡献由式(10.2-16)决定；另一类是压痕残余应力，它对裂纹尖端应力场强度的贡献由式(10.2-17)决定。根据应力场强度的叠加原理，弯曲梁中压痕裂纹尖端处总的应力场强度可以表示为式(10.2-18)：

$$K_{\mathrm{I}}=M_e\sigma_a\frac{\pi a}{Q} \tag{10.2-17}$$

$$K_{\mathrm{I}}=\psi\sigma_a C+\frac{\chi_r P}{c^{\frac{3}{2}}} \tag{10.2-18}$$

式中，$\psi=M_e(\pi/Q)(a/c)$。

由于 Vickers 压痕裂纹一经形成，其尖端处的应力场强度 K_r 在数值上就已经达到了材料的断裂韧性值，因而在弯曲梁承载过程中，随着外加应力 σ_a 由零开始逐渐增大，由式(10.2-18)所确定的 K_{I} 值就将超过 K_{Ic}，从而引起压痕裂纹的扩展。但是，注意到随着裂纹的扩展，式(10.2-18)右侧第一项呈增大趋势，而第二项则呈减小趋势。例如，Vickers 压痕弯曲梁这样的裂纹系统实际上是一个具有稳定平衡状态的裂纹系统。也就是说，在加载初期，压痕裂纹的扩展是一种稳态扩展，在扩展过程中，裂纹尖端处的应力场强度将始终维持在 K_{Ic} 这一水平上，而弯曲梁断裂强度 σ_f 则可由式(10.2-19)决定。因此，将式(10.2-18)代入式(10.2-19)并令等号成立，便可以得到 Vickers 压痕弯曲梁的断裂强度为式(10.2-20)：

$$K\geqslant K_C$$

$$\mathrm{d}K/\mathrm{d}c\geqslant 0 \tag{10.2-19}$$

$$\sigma_f=\frac{3\chi_r P}{\psi c_m^2} \tag{10.2-20}$$

式中，c_m 为压痕弯曲梁断裂时裂纹的平衡尺寸。

10.3 陶瓷断裂力学

10.3.1 陶瓷材料的蠕变断裂

陶瓷材料中的碳化物、氮化物和氧化物都是无机非金属材料。陶瓷中原子之间的结合方式是离子键和共价键的混合键。由于陶瓷是晶体，和金属与合金一样存在空位、位错和晶界等晶体缺陷，同样存在体扩散、晶界扩散等扩散过程。因此，陶瓷的蠕变现象、蠕变规律、蠕变机制和金属与合金大致相同。只是由于陶瓷的熔点一般都很高，金属与合金中所出现的位错蠕变和扩散蠕变等蠕变行为在陶瓷中要在更高的温度下才能发生。除温度和应力外，影响陶瓷材料蠕变行为的最重要的因素就是显微组织、晶体结构、晶体缺陷、晶粒尺寸、相组成、晶界性状、气孔率、化学成分及周围环境条件(气氛)等。一般情况下，蠕变速率随气孔率的增加而增大，例如，12%气孔率的 MgO 的变形速率比 2%气孔率的快 5 倍。

表 10.3-1 所示为在同一温度和压力下一些多晶和非晶陶瓷材料的蠕变速率。实验数据在一定程度上表明不同材料之间的蠕变速率的差异可能与化学组成或晶体结构关系不大，而与材料的显微组织(晶粒、气孔率、位错、点缺陷等)的关系紧密。

表 10.3-1　一些材料的扭转蠕变数据

材料	1300℃，5.52MPa 下蠕变速率/h^{-1}	材料	1300℃，5.52MPa 下蠕变速率/h^{-1}
多晶 Al_2O_3	0.13×10^{-5}	多晶 ZrO_2(稳定化)	3×10^{-5}
多晶 BeO	30×10^{-5}	石英玻璃	0.001
多晶 MgO(注浆成型)	33×10^{-5}	软玻璃	8
多晶 MgO(等静压成型)	3.3×10^{-5}	隔热耐火砖	0.005
多晶 $MgAl_2O_4$(2~5μm)	26.3×10^{-5}	铬镁砖	0.0005
多晶 $MgAl_2O_4$(1~3mm)	0.1×10^{-5}	镁砖	0.00002
多晶 ThO_2	100×10^{-5}		

陶瓷材料的蠕变断裂一般包括两个阶段，即蠕变损伤的发育过程和蠕变裂纹的缓慢扩展过程。

由于蠕变损伤的发育过程在材料的高温延迟断裂过程中起着十分重要的作用，学者们对其进行了广泛的研究。研究表明，尽管陶瓷材料本身大都已经含有一定量的气孔，但蠕变损伤的成核通常却不是从气孔处开始的。借助扫描电镜、透射电镜以及更为先进的小角度中子散射技术发现，无论材料中是否含有晶界玻璃相，在受力蠕变的过程中，总会有大量的空腔在晶界处产生，而蠕变损伤的发育过程则通常表现为晶界空腔的成核、生长及连通三个特征阶段。有关蠕变的基本概念和机理已经在第 5 章中详细介绍。与金属蠕变类似，陶瓷材料的蠕变也同样有扩散蠕变、位错蠕变、位错滑移、晶界滑移、超塑性、液相存在下的蠕变等。

对于多晶陶瓷，除温度和应力外，影响陶瓷材料蠕变行为最重要的因素就是显微组织结构、晶体结构、晶体缺陷、晶粒尺寸、相组成、晶界性状、气孔率、化学成分及周围环境条件(气氛)等。下面以 Al_2O_3 陶瓷为主介绍有关因素的影响作用。Al_2O_3 陶瓷的气孔率对最大剪切应力及蠕变速率的影响，蠕变速率 $\dot{\varepsilon}$ 与气孔率 P 之间的关系为：

$$\dot{\varepsilon}\propto(1-P^{\frac{2}{3}})^{-1} \tag{10.3-1}$$

对 MgO 双晶的研究表明，与晶界相交的位错难于穿入相邻晶粒，因此在细晶粒材料中控制蠕变速率的机理不是守恒的位错运动。由热压或烧结制备的试样在晶界处可能有气孔或晶界相，当晶界滑动时引起裂纹并在明显的塑性变形呈现之前就破坏。由于添加溶质会提高扩散速率并阻止滑动，所以含 Fe^{3+} 的 MgO 的蠕变在低应力下（~4000×6.89kPa）完全是扩散蠕变。这就得到 Nabarron-Heering 理论所预测的 $\varepsilon-\sigma$ 之间的直线关系及 $\dot{\varepsilon}-d^{-1/2}$ 之间的直线关系［见图 10.3-1(a)］。控制蠕变速率的扩散物质看来是 Mg^{2+}，这和预测结果是相反的，因为在 MgO 晶格中氧离子扩散比镁离子慢得多。这说明氧离子沿晶界扩散比镁离子的晶内扩散要快。氧分压 P_{O_3} 的影响和阳离子空位浓度降低相一致，这种浓度随 P_{O_3} 的降低而下降［见图 10.3-1(b)］，因此降低了镁离子的扩散速率和蠕变速率，在较高应力下，应力指数 n 增加，更符合位错攀移机理。

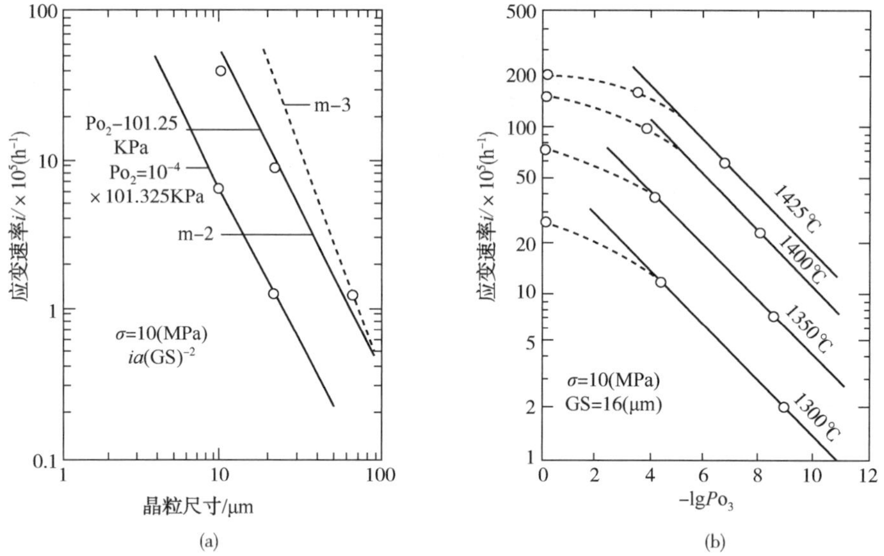

图 10.3-1　MgO-1.0mol%Fe_3O_4蠕变速率和晶粒尺寸的关系及 MgO-1.0mol%Fe_3O_4蠕变速率和 lgP_{O_3}的关系

10.3.2　陶瓷材料压痕断裂力学

压痕微开裂是指在常规的硬度测试过程中脆性固体与压头的接触点附近由于高度的局部应力集中而产生的微开裂现象。这是一类典型的接触微开裂。同脆性固体与环境中存在的微颗粒随机接触或碰撞而产生微开裂的情况进行比较，压痕微开裂具有较为理想的可控性，即压痕微开裂过程中形成的表面裂纹形状相对固定，尺寸也可以通过调整压痕压制荷载而加以控制。这对于定量研究是极为有利的。因而，压痕开裂实验一直是研究陶瓷接触微开裂行为的一个重要手段。特别是近几十年来，随着压痕裂纹作为人工小裂纹所具有的诸多优势被逐渐认识，对陶瓷材料压痕微开裂问题的研究已经成为陶瓷材料断裂力学研究的重要内容之一。

脆性材料在压痕过程中发生的微开裂现象最早是由 Hertz 于 1882 年报道的。在采用球形压头对玻璃进行硬度试验时，Hertz 发现：在试样表面压痕边缘区域四周出现了环状裂纹；随着加在压头上荷载的逐渐增大，环状裂纹开始向试件内部扩展，最终发育成为一条锥形裂纹。在采用平面板状压头进行脆性材料的硬度测试时也发现了类似的现象。球形压头与平面板状压头虽然形状有所不同，但它们与试件的接触过程都是一个完全弹性的过程，并不伴随有显著的局部塑性形变产生。压痕断裂力学研究中通常将这类与材料表面接触时不导致显著局部塑性形变的压头称为“钝压头”。相应地，与材料表面接触时将导致显著塑性形变的压头则称为“尖锐压头”。压痕有以下分类：

(1) 按几何特征分。借助常规硬度压痕试验在脆性陶瓷材料表面引进的压痕裂纹按几何特征大体上可分为5种类型。首先，Hertz发现的锥形裂纹，也称为Hertz裂纹。Hertz裂纹主要由试件与钝压头的接触引进，它在试件表面处成核，并从试件表面沿与压头加载方向呈一定角度向试件内部扩展。将尖锐压头压入试件表面则会导致表面径向裂纹和截面中位裂纹的形成。其中，径向裂纹(Radial Crack)也称为Palmqvist裂纹，通常在塑性压痕的边界(主要是压痕的顶角)处成核，并沿试件表面向外扩展，形状为一细长的半椭圆形；中位裂纹则是在压头下方材料内部的弹/塑性形变区边界处形成，并在平行于压头加载方向的平面内向四周扩展，形状多为圆形或圆缺形。从压痕试件断口上观察到的压痕裂纹形状通常呈半圆形或半椭圆形，这类裂纹称为半饼状裂纹(Half-Penny Crack)。对于不同的材料，半饼状裂纹的形成机制不同，有时是由中位裂纹扩展到试件表面的结果，有时是由径向裂纹向试件内部扩展的结果，更多的则可能是由于中位裂纹和径向裂纹在扩展过程发生连通而形成的，因而这类裂纹通常也称为中位/径向裂纹系统(Median/Radial Crack System)(图10.3-2)。另外，在卸去加在压头上的荷载的同时，压痕形变区下方有时还会形成侧向裂纹(Lateral Crack)。侧向裂纹平行(或近似平行)于试件表面扩展，形状一般为圆形或碟形；在压痕压制荷载较大的情况下，侧向裂纹有可能会扩展至试件表面，从而引起试件的表面剥落甚至崩裂。

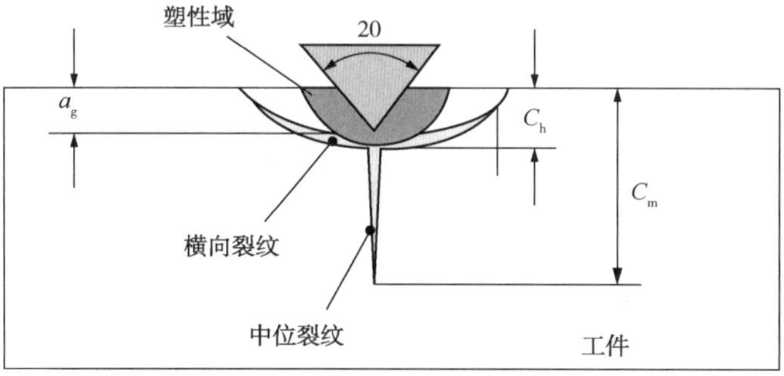

图10.3-2 裂纹按几何特征分类示意

(2) 按压头形状分类。常规硬度试验中常用的压头主要有三类：球形Rockwell硬度压头、正棱锥形Vickers硬度压头以及棱锥形Knoop硬度压头(图10.3-3)。其中Rockwell压头属钝压头，Rockwell硬度试验通常只引进Hertz裂纹，这类裂纹与材料固有裂纹的实际情况相差较大，因而在陶瓷断裂问题研究中应用较少。本节将主要讨论由Vickers压头和Knoop压头引进的压痕裂纹。

Vickers压痕裂纹：Vickers压头端部呈一正棱锥形，两对棱的夹角为148°，两对面的夹角为136°。由简单的几何分析可以得出：在忽略压痕结束后材料发生的弹性恢复的前提下，

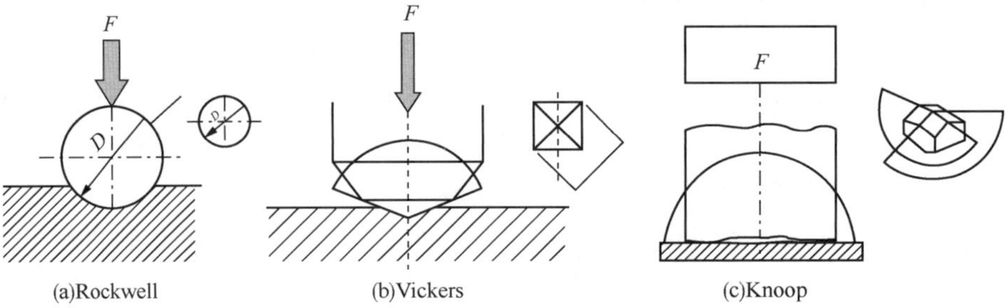

图 10. 3-3　压头几何形貌图

由 Vickers 压头所引进的压痕，其深度约为对角线长度的 1/7。Vickers 压痕裂纹，沿正方形塑性压痕两条对角线延长线方向，分别有 2 组尖锐的径向裂纹生成。从断面上看，这 2 组径向裂纹通常与中位裂纹交截而形成半饼状裂纹。在压痕断裂力学研究中，一般都假定由 Vickers 压头引进的这一中位/径向裂纹系统呈一理想的半圆形，以便进行定量分析。但实际观测到的 Vickers 压痕裂纹与理想情况之间总是存在一些偏差；尤其是在压痕压制荷载较低的情况下，从断面上观察到的 Vickers 压痕裂纹还可能以径向裂纹的方式独立存在。

Knoop 压痕裂纹 Knoop 压头的端部呈一棱锥形，其一对较长棱边的夹角为 173. 5°，一对较短棱边的夹角为 130°。由简单的几何分析可以得出：这一形状使得相应形成的 Knoop 压痕长对角线长度约为短对角线长度的 7. 11 倍，而压头压入深度则只有压痕长对角线的 1/30左右。但是，由于在压头卸载后，包围在塑性压痕外部的材料弹性基质将发生一定程度的弹性恢复，导致压痕对角线尺寸减小，因而实际压痕将与上述理想情况有所偏差。在硬度试验中，通常假定 Knoop 压痕长对角线方向的弹性恢复与短对角线方向相比可以忽略不计。Knoop 压痕在材料表面上呈棱形。由较高荷载压制而成的 Knoop 压痕，其长对角线方向也应该有径向裂纹生成。但由于 Knoop 压头的最高允许使用荷载通常较低(国产 Knoop 压头的最高允许使用荷载一般只有 50N 左右)，而同一种材料 Knoop 压痕径向微开裂临界荷载 PC 又远高于 Vickers 压痕，因而在材料表面上通常观察不到 Knoop 压痕的微开裂现象。从断面上看，Knoop 压痕裂纹通常表现为一个半椭圆形，这一半椭圆形的清晰度因材料而异。研究表明，在合适的压痕压制荷载范围内，Knoop 压痕裂纹的椭圆度(裂纹深度与裂纹半长之比)近似为一常数。

由于具有良好的几何对称性和发育完善性，Vickers 压痕裂纹作为一类典型的压痕裂纹已经得到了普遍的研究和广泛的应用。国内外一大批学者在较宽的材料范围内报道了大量的实验数据和分析结果，压痕断裂力学的理论体系也是以 Vickers 压痕断裂试验结果为基础建立起来的。相比之下，对 Knoop 压痕裂纹的研究则显得较为薄弱。但是，由于 Vickers 压痕裂纹实际上是由两条相互垂直的裂纹所构成的一个裂纹系统，裂纹间的相互作用不但使得对后续破坏试验的断裂力学分析复杂化，而且复杂的裂纹构型与材料中实际存在的固有裂纹之间也有一定的差异。从应用角度上看，细长的 Knoop 压痕裂纹似乎更适合于材料性能的评价。

10.4 陶瓷材料增韧机制

众所周知，陶瓷材料虽然具有耐高温、耐磨损、耐腐蚀和质量轻等一系列优良的特殊性能，但由于其致命的弱点——脆性，而限制了其优良性能的发挥，因而也限制了它的实际应用。为此，陶瓷的韧化便成了陶瓷材料研究的核心课题之一。到目前为止，已经探索出若干种韧化陶瓷的途径，并已收到了显著的韧化效果，同时，对其韧化机理也进行了较深入的探讨。

欲克服陶瓷的脆性和防止断裂，不外乎提高陶瓷抵抗坯体内原有裂纹扩展的能力，或者减缓裂纹尖端的应力集中效应，即提高材料的断裂能，改善材料的韧性，或减少坯体内裂纹缺陷的尺度、钝化裂纹尖端的曲率，在裂纹扩展过程中设置附加的能量消耗韧性相(如金属陶瓷)、设置附加消耗能量的微裂纹(如相变诱导裂纹陶瓷)、设置提高断裂能的二相物质(如纤维复合陶瓷)都是提高裂纹扩展阻力的途径。采用化学抛光陶瓷表面、细化晶粒、热处理钝化裂纹等措施，都是减缓应力集中的方法。从韧化陶瓷的显微组织形成方式上看，可分为两类：一类是自增韧陶瓷，它是由烧结或热处理等工艺使其微观组织内部自生出增韧相(组分)，如 ZrO_2相变增韧陶瓷及 $a+\beta$-SiAlON 自增韧陶瓷；另一类是在试样制备时用机械混合办法加入起增韧作用的第二相(组元)，如纤维增韧、晶须增韧及颗粒增韧陶瓷。

10.4.1 相变增韧及机理分析

ZrO_2从高温液相冷却到室温的过程中将发生如下相变：液相(L)→立方相(c)→正方相(t)→单斜相(m)。其中 $t \to m$(属于马氏体相变)转变时将产生大约5%的体积膨胀。受相变诱发塑性钢，即 TRIP(transformation induced plasticity)钢的启发，如将钢的 M_s点稳定到比室温高，在构件承载时由应力诱发产生 A-M 马氏体相变，由于相变的体积膨胀效应和形状效应，因而产生异常高的塑性一样。将 ZrO_2 $t-m$ 相变 M_s点稳定到比室温稍低，而 M_d点比室温高，使其在承载时由应力诱发产生 $t-m$ 相变，由于相变产生的体积效应和形状效应而吸收大量的能量，从而表现出异常高的韧性。这就是相变增韧的概念。有关相变韧化陶瓷的研究是由 Garvie 等在 1975 年首先报道的。

图 10.4-1 所示为含有亚稳 t-ZrO_2的陶瓷中裂纹扩展时裂纹尖端应力场诱发 $t-m$ 相变及其引起的应力变化示意。当裂纹扩展进入含有 t-ZrO_2晶粒的区域时，在裂纹尖端应力场的作用下，在裂纹尖端形成过程区(prosess zone)，即过程区内的 t-ZrO_2将发生 $t-m$ 相变，因而除产生新的断裂表面而吸收能量外，还因相变时的体积效应(膨胀)力吸收能量。同时，由于过程区内 $t-m$ 相变粒子的体积膨胀而对裂纹产生压应力，阻碍裂纹扩展。具体体现在裂纹尖端应力强度因子降低，即应力诱发的这种组织转变消耗了外加应力，降低了裂纹尖端应力强度因子，相对而言，即提高了材料的裂纹尖端临界应力强度因子——断裂韧性。这种相变韧化作用使在该应力水平下在无相变基体中可以扩展的裂纹在这种含 $t-m$ 相变粒子与基体的复相材料中停止扩展。如要使其继续扩展必须提高外加应力水平。这样随应力水平的增加，裂纹尖端产生 $t-m$ 相变的过程区不断前进，并在后面裂纹上下留下过程区轨

迹[如图 10.4-1(a)(b)所示]。图 10.4-1(c)所示为其裂纹扩展的 R 阻力曲线示意。由于相变韧化使其断裂韧性比基体产生 ΔK_{Ic} 的增量。

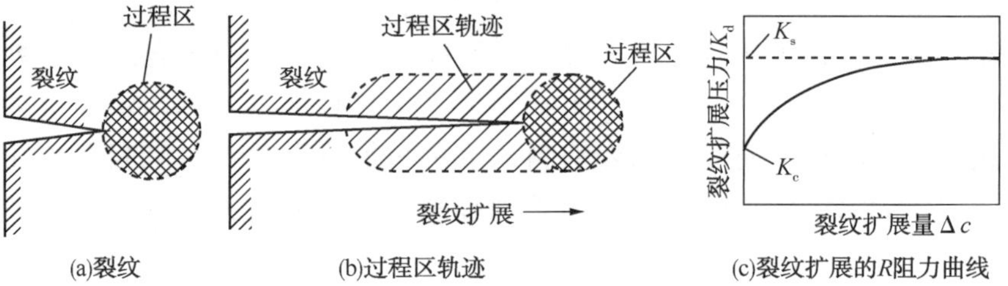

图 10.4-1　裂纹尖端应力诱发过程区轨迹示意及相变韧化陶瓷 R 阻力曲线

10.4.2　裂纹扩展路径与显微裂纹增韧

各种显微结构的不均匀因素(如晶界、气孔、夹杂、第二相粒子、大晶粒等)对裂纹扩展路径产生不同影响。实际材料中的裂纹基本上都不是沿直线扩展的。因此，在对断裂韧性(或断裂表面能)与显微结构之间的内在关系进行全面分析之前，对裂纹扩展路径问题进行一些定量的分析是必要的。

1. 穿晶裂纹扩展。

在多晶材料中，裂纹扩展过程中裂纹尖端遭遇最频繁的将是晶界。多晶材料中每个晶粒的取向是彼此不同的。当裂纹从一个晶粒内部扩展到两个晶粒间的交界(晶界)处或裂纹沿某一晶界扩展到达另一条与之相交的晶界处时，进一步的扩展一般就存在两种可能性：或者穿过晶界而进入下一个晶粒内部继续扩展，或者沿着遇到的那条晶界继续扩展。我们将前者称为穿晶裂纹扩展，相应导致的断裂称为穿晶断裂；后者则称为沿晶裂纹扩展，相应导致的断裂称为沿晶断裂。具有小角度晶界或高强度晶界的材料中一般倾向于发生裂纹的穿晶扩展。

2. 沿晶裂纹扩展。

晶界以及材料内部存在的所有面缺陷是材料中的相对薄弱面。在陶瓷材料中更是如此。共价键和离子键的方向性及电中性要求的扰乱，可能导致晶界处的内聚作用严重削弱。因此，当相邻晶粒间取向差增大时，裂纹沿晶界扩展的倾向就相应增大。典型的沿晶断裂的特征就是裂纹具有曲折的路径。这一点同时也说明，沿晶断裂与穿晶断裂在断裂表面能方面存在较大的差异。

理想情况下，裂纹扩展到平面晶界，而晶界两侧都是完整的脆性晶粒，但这时裂纹将发生沿晶扩展。在裂纹的沿晶扩展过程中，形成两个单位面积的断裂表面的同时，将破坏一个单位面积的界面，因而表观断裂表面能将由可逆热力学自由表面能 γ_s 与可逆热力学界面能 γ_i 之差决定，即：

$$2\gamma_f = 2\gamma_s - \gamma_i \tag{10.4-1}$$

也就是说，在裂纹的沿晶扩展过程中，晶界的存在降低了材料的表观断裂表面能。

然而，在实际的多晶系统中，情况往往与上面讨论的结果背道而驰。尽管晶界对裂纹扩展的阻力可能本来比较低，但由于裂纹的沿晶扩展方向在每个晶粒处的突然变化(典型情况是偏转角≈60°)将导致局部应变能释放率的急剧减小，因而最终综合效果可能是表观断裂表面能反而增大了。

3. 第二相粒子的影响。

以上关于晶界对裂纹扩展路径影响问题的讨论，大部分都适用于两相材料(进而所有的复相材料)中裂纹扩展通过第二相组元与基体的结合面时的情况。但两相材料中的情况更为复杂一些。这种复杂性来自许多方面，如第二相组元的几何特征、第二相组元的各种物理的或化学的性能、第二相组元与基体间弹性形变与热膨胀的失配程度等，特别是两相间的弹性形变与热膨胀失配往往以另一种更为重要的方式表现出来，即材料在制作、加工过程中形成的残余内应力；在裂纹扩展过程中，这些残余内应力将与外加应力场叠加，进而改变材料的表观断裂表面能。

在冷却过程中发生 t-m 相变的同时会诱发产生显微裂纹，这种尺寸很小的微裂纹在主裂纹尖端过程区内张开而分散和吸收能量，使主裂纹扩展阻力增大，从而使断裂韧性提高。这就是显微裂纹韧化(microcrack toughening)。由于过程区内微裂纹吸收能量与微裂纹的表面积，即微裂纹密度成正比，所以，由微裂纹韧化所产生的韧性增量在微裂纹不相互连接的情况下，随微裂纹的密度增加而增大；显微裂纹的密度，与两相的膨胀系数之差而引起的残余应力的大小及第二相粒子的尺寸和含量等有关：

$$\Delta K_{\mathrm{ICM}}=0.25E_1 f_x\theta W^{\frac{1}{2}} \tag{10.4-2}$$

式中，E_1 为主裂纹尖端含有微裂纹材料的性模量；f_x 为显微裂纹密度；W 为过程区宽度的一半；θ 为显微裂纹引起的膨胀应变。

Claussen 等认为非稳定化的 ZrO_2 粒子增韧 Al_2O_3 陶瓷断裂韧性提高的机理是显微裂纹韧化的结果。当粒子直径 $d>d_m$(临界直径)时，则会引起显微裂纹(见图 10.4-2)，而在这些裂纹互相连接之前，K_{Ic}与显微裂纹的密度成正比，而一旦相互连接，则导致韧性下降。

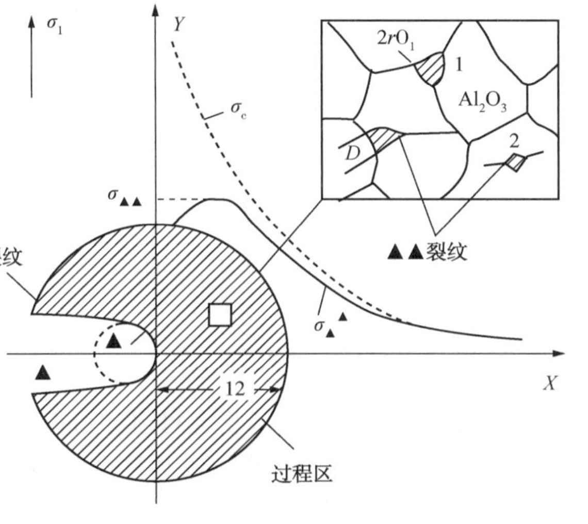

图 10.4-2　裂纹尖端过程区的应力分布及第二相粒子诱发裂纹情况示意

纯 ZrO_2冷却到室温全部转变成 m 相，当 Al_2O_3中加入纯 ZrO_2(非稳定 ZrO_2)粒子形成 Al_2O_3+ZrO_2(ZrO_2增韧 Al_2O_3)陶瓷时，则由于 ZrO_2粒子转变诱发显微裂纹可使韧性显著提高。图 10.4-3 所示为 ZrO_2含量及粒径对 Al_2O_3+ZrO_2陶瓷韧性的影响。可以看出，对应某一 ZrO_2粒径有一个最佳 ZrO_2含量，即此时诱发裂纹密度较高，但又不相互连接。当 ZrO_2过高时，形成相互连接裂纹而使韧性下降。还可以看出，随 ZrO_2粒子直径的增大，临界 ZrO_2含量(临界裂纹密度)下降，说明大 ZrO_2粒子诱发的裂纹尺寸大，容易相互连接形成危险裂纹。

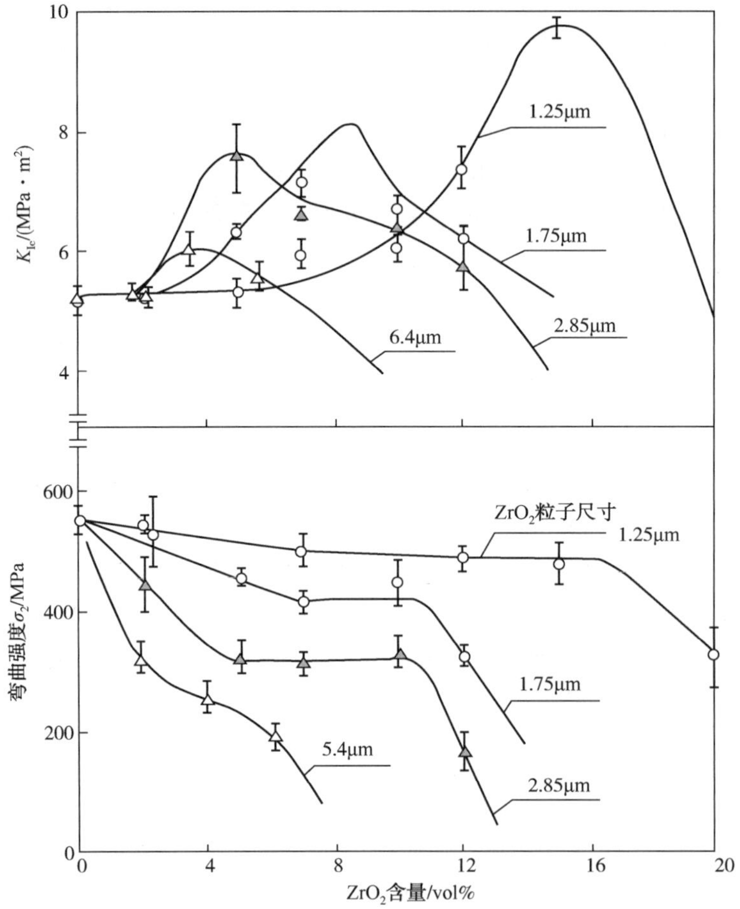

图 10.4-3　ZrO_2含量及粒径对 Al_2O_3+ZrO_2陶瓷韧性的影响

10.4.3　晶须/纤维增韧及其理论分析

在陶瓷基体中加入第二相纤维而制成陶瓷基复合材料亦可以提高陶瓷基体的断裂韧性。由于定向或取向或无序排布的纤维的加入，均使陶瓷基复合材料韧性显著提高，强度及抗热震性也显著提高。这就是纤维韧化，也称纤维增强(fiber reinforcement)。

图 10.4-4 所示为 C_f/Si_3N_4 复合材料中裂纹平面垂直于纤维时的裂纹扩展示意。当裂纹

扩展遇到纤维时，裂纹受阻，欲使裂纹继续扩展必须提高外加应力。随着外加应力水平的提高，由于基体与纤维界面解离(debonding)，且纤维的强度高于基体的强度，开始时产生纤维的拔出(pulling out)。拔出的长度达到某一临界值时(此临界值决定于界面的结合强度和纤维本身的强度)纤维发生断裂。因此，裂纹扩展必须克服由于纤维的加入而产生的拔出功及纤维断裂功，即断裂韧性应表示为：

$$K_{Ic}=K_{IC0}+(\Delta K_{ICf_p}+\Delta K_{ICf_f})=K_{IC0}+(W_{f_p}+W_{f_f}) \tag{10.4-3}$$

式中，K_{Ic}为复合材料的断裂韧性；K_{IC0}为基体的断裂韧性；W_{f_p}为纤维拔出功；W_{f_f}为纤维断裂功。实际上在断裂过程中纤维的断裂并非在同一裂纹平面，因而主裂纹沿纤维断裂位置的不同发生裂纹转向(crack deflection)。这同样会使裂纹扩展阻力增加(由于裂纹扩展路径曲折而使裂纹表面积增加)，从而使韧性进一步提高。综上所述，在单向排布长纤维陶瓷基复合材料中韧性的提高来自三方面的贡献，即纤维拔出、纤维断裂及裂纹转向。

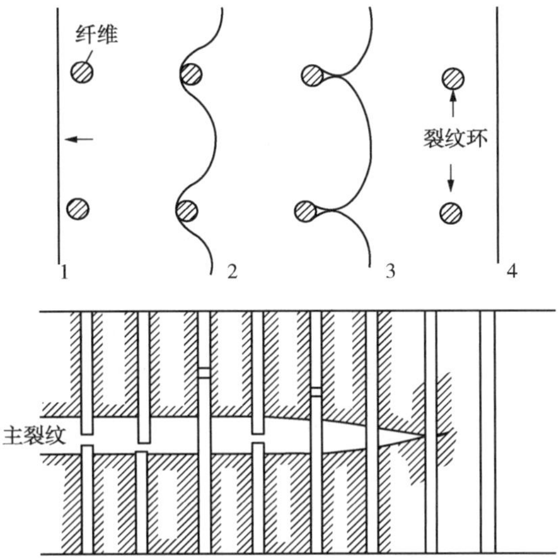

图 10.4-4　C_f/Si_3N_4复合材料中裂纹平面垂直于纤维方向裂纹扩展示意

石英玻璃具有优良的抗热震性，但由于它的脆性而严重影响了应用的可靠性，尤其在某些特殊防热构件上应用时，抗热震性仍显不足。在 SiO_2基体中加入单向石英纤维增强，可明显改善韧性，乃至改变其断裂方式。在这种复合系统中，石英纤维不受损伤，但纤维-基体界面的结合不十分牢固，不能充分发挥复合材料的力学性能优势。两向增强的方式具有层间强度小，剪切应力作用下层间裂纹生长迅速的缺点，因此这种结构难以在苛刻的疲劳及冲击条件下使用。唯有三向石英编织结构增强 SiO_2制成的一种复合材料，它具有与石英玻璃相类似的耐烧蚀性能，但韧性和抗热震性比石英玻璃高得多。三向石英是一种先进的陶瓷基复合材料。

长纤维增韧陶瓷基复合材料固然有其性能优越处，但制备工艺复杂，工艺技术难度大。特别是使纤维在基体中均匀分布很困难，由于纤维束浸渍不透而使性能下降，因而质量不易控制，且成本高。因此便发展了短纤维、晶须及颗粒增韧陶瓷基复合材料。

短纤维增韧陶瓷基复合材料的制备工艺要比长纤维复合材料简便得多，所用设备也不需像长纤维复合材料那样的纤维缠绕或编织用的复杂专用设备。只需将长纤维剪短（<3mm），然后分散并与基体粉末混合均匀后，再用热压烧结的方法即可制得高性能的复合材料。这种短纤维增强体在与原料粉末混合时，取向是无序、随机的，但在冷压成型及热压烧结时，短纤维则由于在基体压实与致密化过程中沿压力方向转动，导致在最终制成的复合材料中，短纤维沿加压面择优取向，因而也就产生了一定程度的性能各向异性。沿加压面方向上的性能优于垂直加压面方向上的性能。

陶瓷晶须为具有一定长径比（直径0.3～1μm，长30～100μm）且缺陷很少的陶瓷小单晶，因而具有很高的强度，是一种非常理想的陶瓷基复合材料的增韧增强体。因此，近年来晶须代替短纤维的晶须增韧陶瓷基复合材料发展很快并取得很好的韧化效果。陶瓷晶须宏观形态与粉末一样，因此制备复合材料时无须像短纤维复合材料制备中将长纤维切短的工序，可直接将晶须分散后与基体粉末混合均匀即可。混合粉末同样用热压烧结的方法即可制得致密的晶须增韧陶瓷基复合材料。陶瓷晶须目前常用的是SiC晶须，Si_3N_4晶须和Al_2O_3晶须也开始用于陶瓷基复合材料。基体常用的有Al_2O_3、ZrO_2、SiO_2、Si_3N_4和莫来石等。

对于ZrO_2（2mol% Y_2O_3）+SiC_w及Al_2O_3+SiC_w陶瓷复合材料，其性能与SiC_w含量相关。两种复合材料弹性模量、硬度及断裂韧性均随着SiC_w含量增加而提高；弯曲强度的变化规律是，对Al_2O_3基复合材料，随SiC_w含量的增加单调上升，而对ZrO_2基体，在10%（体积分数）SiC_w时出现峰值，随后有所下降，但仍高于基体的强度。这是由于SiC_w含量高时造成热失配过大，同时使致密化困难引起密度下降，这都使界面强度降低而使复合材料强度下降。对Al_2O_3基复合材料最佳的韧性和强度配合可达到$K_{Ic}=7MPa \cdot m^2$，$\sigma_f=600MPa$，对ZrO_2基复合材料达到$K_{Ic}=16MPa \cdot m^2$，$\sigma_f=1400MPa$。由此可见，SiC_w对陶瓷材料具有同时增强增韧的效果。

SiC晶须增韧陶瓷基复合材料的强韧化机理大体同纤维增韧陶瓷基复合材料相同，即主要靠晶须的拔出桥连与裂纹转向机制对强度和韧性的提高产生突出贡献。研究表明，对拔出桥连机制，晶须的拔出长度存在一个临界值l_{po}。当晶须的某一端距主裂纹距离小于这一临界值时，则晶须从此端拔出，此时的拔出长度≤临界拔出长度l_{po}。如果晶须两端到主裂纹的距离均大于临界拔出长度时，晶须拔出过程中产生断裂，断裂位置在临界拔出长度范围内，所以，此时的拔出长度也≤临界拔出长度l_{po}；界面结合强度直接影响复合材料的韧化机制与韧化效果。界面度过高、晶须将与基体一体断裂，限制晶须的拔出，因而减小了晶须拔出机制对韧性的贡献，但界面强度的提高有利于载荷转移，因而提高了强化效果。界面强度过低，则使晶须拔出功减小，对韧化和强化都不利，因此界面强度应有一个最佳值。

10.4.4 颗粒桥接增韧

晶须与短纤维类似，具有一定的长径比，因此复合材料的制备过程中，当晶须含量较高时，由于其桥架效应而使致密化变得困难，从而引起密度下降，以致性能下降。而用颗粒作为增韧剂，制作颗粒增韧陶瓷基复合材料，其原料混合均匀化及烧结致密化都比短纤维及晶须复合材料简便易操作。因此，尽管颗粒的增韧效果不如晶须与纤维，但如颗粒种类、粒径、含量及基体材料选择得当仍有一定的韧化效果，同时会带来高温强度、高温蠕变性能的改善。所以，颗粒增韧陶瓷基复合材料同样受到重视并对其进行了研究。

当用的颗粒为 SiC、TiC 等时，基体材料研究最多的是价格便宜且使用最广泛的 Al_2O_3、Si_3N_4等。这些复合材料已被用来制作陶瓷刀具。

颗粒增韧陶瓷基复合材料的韧化机理主要有细化基体晶粒裂纹转向与分叉等。

参 考 文 献

[1] 贾德昌. 无机非金属材料性能[M]. 北京：科学出版社，2008.

[2] 周玉，贾德昌，温广武. 陶瓷材料学[M]. 北京：科学出版社，1998.

[3] Guan J, Li D, Zhou G, et al. Interface structure and grain growth behavior of Ta_4HfC_5-Si_2BC_3N complex ceramics[J]. Science China Materials, 2023, 66(11): 4306-4316.

[4] 张月林，许如意，姜如，等. 氧化铝陶瓷增韧的研究进展[J]. 复合材料学报，2024，41(10)：5222-5240.

[5] Trunec M, Chlup Z. Higher fracture toughness of tetragonal zirconia ceramics through nanocrystalline structure [J]. Scripta Materialia, 2009, 61(1): 56-59.

[6] Chen D, Hu S, Zhang Z, et al. Research status of fracture toughness testing for cemented carbides[J]. Powder Metallurgy Technology, 2013, 31(3): 216-222.

[7] Orowan E. Fracture and strength of solid[J]. Reports on Progress in Physics, 1949, 12: 185.

[8] Kelly A. Sirong Solids[M]. Oxford: Ciarendon Press, 1966.

[9] Brown W, Srawley J. Plane strain crack toughness testing of high strength Metallic materials[M]. Philadelphia: American society for testing, 1967.

[10] Anstis G, Chantikul P, Lawn B, et al. A critical evaluation of indentation techniques for measuring fracture toughness: I, direct crack measurements[J]. Journal of the American Ceramic Society, 1981, 64(9): 533-538.

[11] Kingery W, Bowenand H, Uhlmann D. 陶瓷导论[M]. 2 版. 北京：高等教育出版社，2020.

[12] Tressler R, Bradt R. Plastic deformation of ceramic materials[J]. New York: Plenum Press, 1975.

[13] Sakai M, Bradt R. Fracture toughness testing of brittle materials[J]. International Materials Reviews, 1993, 38(2): 53-78.

[14] Hertz H. On the contact of elastic solids[J]. Journal Fur Die Reine Und Angewandte Mathematik, 1882, 92: 156-171.

[15] Dong D, Yang W, Shi K, et al. Research Status and Prospect of Toughening Methods of Ti(C, N)-based Cermets[J]. Rare Metals & Cemented Carbides, 2020, 48(2): 57-62.

[16] Tan X, Yong S, Seo Y, et al. Transformation toughening in an antiferroelectric ceramic[J]. Acta Materialia, 2014, 62: 114-121.

[17] Yi M, Jing G, Li D, et al. Strengthening and toughening mechanism of (W, Ti, Ta)C based cermet with the addition of c-BN@ Al_2O_3[J]. Ceramics International, 2021, 47(22): 32075-32085.

[18] 李永洪，徐炜，潘敏元，等. 陶瓷刀具材料增强增韧机制的研究[J]. 金属学及金属工艺，1995，25(8)：883-888.

[19] 林广涌，吴柏源，雷廷权，等. 晶须增韧陶瓷基复合材料强韧化机制的评述[J]. 华南理工大学学报，

1996，24(7)：34-39.
[20] 赵宏，金宗哲．颗粒增强复相陶瓷残余应力和增韧机制分析[J]．硅酸盐学报，1996，24(5)：491-497.
[21] 欧阳静，李晓玉，金娇，等．ZrO_2的结构、力学性质与应用研究进展[J]．材料导报，2013，27(15)：13-18.
[22] 姚忠凯．钢的组织转变译文集[M]．北京：机械工业出版社，1980.
[23] Garvie R，Hughan R，Pascoe R. Ceramic steel[J]. Nature，1975，248：703-704.
[24] Davidge R，Evans A. The strength of ceramics[J]. Materials Science and Engineering，1970，6：281.
[25] McMeeking R，Evans A. Mechanics of transformation-toughening in brittle materials[J]. Journal of the American Ceramic Society，1982，65：242.
[26] Claussen N，Steeb J. Toughening of ceramic composites by oriented nucleation of microcracks[J]. Journal of the American Ceramic Society，1976，59(9-10)：457-458.
[27] Kreher W，Pompe W. Increased fracture toughness of ceramics by energy- dissipation mechanisms[J]. Journal of Materials Science，1981，3：694-706.
[28] Pompe W，Bahr H，Gille G，et al. Increased fracture toughness of brittle materials by microcracking in an energy dissipative zone at the crack tip[J]. Journal of Materials Science，1978，13：2720-2723.
[29] Davidge R，Green T. The strength of two-phase ceramic/glass materials[J]. Journal of Materials Science，1968，3(6)：629-634.
[30] Claussen N. Fracture toughness of Al_2O_3 with an unstabilized ZrO_2 dispersed phase[J]. Journal of the American Ceramic Society，1976，59(1-2)：49-51.
[31] Faber K，Carter C. Faceted grain boundaries in Al_2O_3[J]. Journal of the American Ceramic Society，1984，67(4)：292-301.
[32] Lei T，Ge Q，Zhou Y，et al. Microstructure and fracture behavior of an Al_2O_3-ZrO_2-SiC_w ceramic composite [J]. Ceramics International，1994，20(2)：91-97.
[33] Zhou Y，Zhou W，Lei T. Mechanical properties and toughening mechanisms of SiC_w/ZrO_2(6%mol Y_2O_3) ceramic composites[J]. Ceramics International，1992，18(3)：141-145.
[34] 林广勇．SiC 晶须增强氧化物陶瓷的组织结构与力学性能[D]．哈尔滨：哈尔滨工业大学，1993.

第 11 章　材料的增强增韧方法及其机理

11.1　材料的增强机理

11.1.1　固溶强化

固溶强化是合金元素固溶于基体金属中造成一定程度的晶格畸变从而使合金强度提高的现象。溶入固溶体中的溶质原子造成晶格畸变，晶格畸变增大了位错运动的阻力，使滑移难以进行，从而使合金固溶体的强度与硬度增加。在溶质原子浓度适当时，可提高材料的强度和硬度，而其韧性和塑性却有所下降。

决定固溶强化程度的因素主要有：①基体原子和溶质原子之间的尺寸差别，尺寸差别越大，原始晶体结构受到的干扰就越大，位错滑移就越困难；②合金元素的量，加入的合金元素越多，强化效果越大。如果加入过多太大或太小的原子，就会超过溶解度，就会涉及另一种强化机制，分散相强化；③间隙型溶质原子比置换型原子具有更大的固溶强化效果；④溶质原子与基体金属的价电子数相差越大，固溶强化作用越显著，通过固溶强化后，材料的屈服强度、拉伸强度和硬度都要强于纯金属。但是，大部分情况下，延展性会随之下降，导电性比纯金属低很多。抗蠕变能力和材料的高温强度，通过固溶强化可以得到改善。

关于固溶强化的相关理论主要有：

① 固溶强化理论。固溶强化的实质是溶质原子与位错之间的交互作用。固溶强化可以按照溶质原子的分布分为均匀强化和非均匀强化。均匀强化指溶质原子均匀分布于基体中，非均匀强化指溶质原子在合金基体中的分布不均匀。

② Mott-Nabarro 理论。1948 年提出，认为固溶强化的主要原因是溶质原子和基体原子大小不同引起的畸变。

③ Fleischer 理论。1963 年提出，在 Mott-Nabarro 理论基础上发展，考虑了溶质原子与基体原子大小不同和弹性模量不同而产生的畸变对固溶强化的贡献。

④ Labusch 理论。1970 年提出，通过统计理论方法建立了溶质原子与位错弹性交互作用的数学模型，指出固溶体的屈服强度与溶质原子浓度的三分之二次方成正比。

对于合金材料来说，通过第一性原理、Hume-Rothery 固溶规则以及热力学计算，能够得到不同元素固溶过程中的电子结构相互作用以及不同元素之间的相互作用对固溶量的影响。此外，可以利用传统的固溶强化理论(如 Labusch 理论和 Fleischer 理论)，分析了合金元素溶入金属晶格的强化机制，通过尺寸错配和弹性模量错配的计算，能够定量描述固溶强化效果。以球墨铸铁来说，添加 Ni、Cr 进行固溶对球墨铸铁的组织、硬度、抗拉强度和伸长率都有明显的影响，Ni、Cr 含量增加，珠光体数量增多，球墨铸铁的抗拉强度和硬度提高，伸长率降低。

目前关于固溶强化设计的相关技术也已逐渐发展起来。CALPHAD（CALculation of PHAse Diagram）技术是一种基于热力学原理的材料设计和性能预测方法。它通过收集、评估相平衡和热力学性质的实验数据，选用合适的热力学模型，根据实验数据对模型参数进行优化，从而获得对合金系统中每个相的吉布斯自由能的合理描述。CALPHAD 技术能够建立合金的热力学数据库，并利用这些数据库来计算合金的相图、热化学性质、化学活性、蒸气压和热物理性质等。以下是 CALPHAD 技术的一些关键点：①热力学数据库，CALPHAD 技术依赖于详尽的热力学数据库，这些数据库包含了各种元素和合金系统的热力学数据。②模型优化，通过对比实验数据，对热力学模型参数进行优化，以确保计算结果的准确性。③相图计算，CALPHAD 可以预测合金在不同温度和成分下的相平衡，包括固液相图、固固相图等。④多组元系统，适用于多组元合金系统，能够处理高达数十个组元的复杂系统。⑤性能预测，除了相图，CALPHAD 还可以预测材料的物理和化学性质，如扩散系数、热膨胀系数、弹性模量等。⑥材料设计，CALPHAD 技术可以指导新材料的设计，通过计算预测不同成分和工艺条件下材料的性能。⑦工艺优化，帮助优化材料加工工艺，如热处理、铸造和焊接等。⑧科学研究，在材料科学研究中，CALPHAD 是一个强大的工具，可以理论预测材料的稳定性和性能。⑨软件工具，CALPHAD 技术通常通过专业的软件实现，如 Thermo-Calc、JMatPro、Pandat 等，这些软件提供了用户友好的界面和强大的计算功能。

利用 CALPHAD 技术进行材料设计，通过计算等温截面图来预测和优化合金的相组成和性能，确保合金具有期望的固溶强化效果。

11.1.2 加工硬化

加工硬化又称冷作硬化，一般指金属在塑性变形时，晶粒发生滑移，出现位错的缠结，使晶粒拉长、破碎和纤维化，金属内部产生残余应力，金属材料强度和硬度提高，塑性和韧性下降的现象。加工硬化的程度通常用加工后与加工前表面层显微硬度的比值和硬化层深度表示。

冷拉、滚压和喷丸等工艺都能形成加工硬化效果。经过冷拉、滚压和喷丸等工艺，能显著提高金属材料、零件和构件的表面强度；零件受力后，某些部位局部应力常超过材料的屈服极限，引起塑性变形，由于加工硬化限制了塑性变形的继续发展，可提高零件和构件的安全度。金属零件或构件在冲压时，其塑性变形处伴随着强化，使变形转移到其周围未加工硬化部分。经过这样反复交替作用可得到截面变形均匀一致的冷冲压件。

加工硬化会给金属材料的进一步加工带来困难。如在冷轧钢板的过程中会愈轧愈硬以致轧不动，因而需在加工过程中安排中间退火，通过加热消除其加工硬化；又如，在切削加工中使工件表层脆而硬，从而加速刀具磨损、增大切削力等。对于 Fe-Mn-C-Al 系 TWIP 钢，拉伸试验表明，随着变形量的增加，TWIP 钢的加工硬化率先急剧下降，然后随着真应变的增加而增加，在应变为0.55时达到峰值，之后趋于平缓。加工硬化机制初期以位错强化为主，随后转变为孪晶强化。微量Ca的加入会降低ZE22镁合金的加工硬化能力。B10铜镍合金的加工硬化行为：室温压缩变形试验显示，B10铜镍合金在压缩过程中发生加工硬化，加工硬化率随真应变增加而持续降低，但下降速率逐渐变缓，塑性变形机制由位错强化机制逐渐转化为位错强化和变形孪晶的综合强化机制。

对于加工硬化研究，目前使用的加工硬化模型主要有：①混合硬化模型，该模型结合了各向同性硬化和运动硬化的特点，考虑了超声滚压加工中的高应变率和循环加载特性。模型通过单轴拉伸试验、高应变率压缩试验和循环拉压试验确定材料参数；②Chaboche模型，作为运动硬化模型的一种，该模型通过引入超声滚压加工特性，如高应变率和周期性冲击，来描述材料的力学行为；③Johnson-Cook(JC)模型，这是一个考虑加工硬化、应变率强化和温度软化的力学模型，常用于描述材料在高应变率下的动态力学响应；④Zerilli-Armstrong(ZA)模型，基于位错运动理论，考虑了应变、温度和应变率对材料流动应力的影响，主要用于描述面心立方(FCC)和体心立方(BCC)金属材料的力学行为；⑤力学阈值应力(MTS)模型，该模型依赖于位错运动和微结构演化来描述材料的流动应力行为，主要考虑了材料流动应力受温度和应变率的影响。此外，Swift模型、Ludwik模型、Hockett-Sherby模型、Voce模型也是常用于描述材料加工硬化现象的力学模型。有学者提出了加工硬化解析预测模型，该模型是基于切削加工机理，构建了考虑剪切、犁切和后刀面摩擦作用的工件应力场模型，并利用胡克定律和S-J算法实现应变场的计算，最终基于位错密度演化模型实现加工硬化的预测。

11.1.3　细晶强化

通常金属是由许多晶粒组成的多晶体，晶粒的大小可以用单位体积内晶粒的数目来表示，数目越多，晶粒越细。研究表明，在常温下的细晶粒金属比粗晶粒金属有更高的强度、硬度、塑性和韧性。这是因为细晶粒受到外力发生塑性变形可分散在更多的晶粒内进行，塑性变形较均匀，应力集中较小；此外，晶粒越细，晶界面积越大，晶界越曲折，越不利于裂纹的扩展。一般来说，晶粒越细小，应力集中越小，材料的强度越高；细晶强化的强化规律，晶界越多，晶粒越细，材料的屈服强度就越高。通常，通过增加过冷度、变质处理、振动与搅拌以及控制变形度，退火温度来可以实现晶粒的细化，达到细晶强化的目的。

目前，常见的细晶强化技术有：

① 电磁搅拌技术。通过电磁场作用于金属熔体，改变熔体流动状态，促进枝晶组织熔断，增加有效形核核心，从而实现晶粒细化。

② 变质处理。通过向合金熔体中添加少量外来元素，形成大量分散的非自发晶核，促进形核或抑制长大，实现合金凝固组织的细化。变质剂分为形核类变质剂和吸附类变质剂，前者通过增加异质形核质点数量来细化晶粒，后者通过抑制晶粒长大来实现细化。

③ 机械振动技术。通过机械振动的方式，加速枝晶组织的熔断，增加形核质点的数量，提高形核率，从而实现合金凝固组织的细化。

④ 超声熔体处理技术。超声波在熔体中产生空化效应和声流效应，促进合金凝固组织

的细化。空化效应包括气泡形成、长大和崩溃，可以增加金属熔体的过冷度，提高形核率；声流效应则有助于枝晶碎片的均匀分布和熔断。

⑤ 半固态铸造技术。在固/液两相区将含有非枝晶的半固态金属坯料加工成形，通过控制凝固条件抑制枝晶组织生成或实现枝晶组织的熔断，制备具有等轴、均匀、细小初生相的半固态料浆。

⑥ 超重力技术。利用超重力下多相流体体系的独特流动行为，强化相与相之间的相对速度和相互接触，实现液相的高效传质、传热和化学反应，降低合金熔体凝固过程中的形核功并加速枝晶组织的熔断。

⑦ 形核过程控制。通过控制形核过程中的临界形核半径和过冷度，增加有效形核质点的数量，提高形核率，实现凝固组织的细化。

这些方法通过不同的机制影响金属的凝固过程，从而达到提高合金力学性能的目的。

11.1.4 第二相强化

复相合金与单相合金相比，除基体相以外，还有第二相的存在。当第二相以细小弥散的微粒均匀分布于基体相中时，将会产生显著的强化作用。这种强化作用称为第二相强化。第二相强化的主要原因是它们与位错间的交互作用，阻碍了位错运动，提高了合金的变形抗力。

第二相强化的常见方法主要包括以下几种：

① 弥散强化。通过在金属合金材料中弥散分布第二相粒子来阻碍位错移动，从而提高屈服强度。这种方法广泛应用于钢铁、铝基、铜基及非晶等各种金属材料。

② Orowan 机制。这是一种第二相强化机制，通过弹性应变能与位错的交互作用产生强化效果。

③ 切过机制。位错以抵抗力的方式通过第二相粒子，这种机制可能由共格应变、化学有序、模量差异等交互作用造成。

④ 内生强化。通过合金化及工艺控制使得过饱和固溶体在适当温度下时效析出硬脆化合物的方法，如钢铁材料中析出弥散、细小金属间化合物及碳化物等。

⑤ 外加强化。以机械混入的方式加入第二相来增强基体，例如氧化物弥散强化(ODS)钢、块体非晶材料中人工加入韧性第二相等。

⑥ 合金化设计。通过合金化设计获得低能相界面来强化材料，例如高熵合金、非晶合金、新型钢铁材料等新材料的发展赋予第二相强化以新的特色以及更为灵活的合金设计。

⑦ TRIP 效应。在非晶合金中，具有 TRIP 效应的第二相可以协同非晶变形，通过合金设计在非晶熔体中形成适当细小的高熔点化合物，促进该相的弥散析出。

这些方法通过不同的机制和工艺实现第二相粒子的引入和分布，以达到提高材料性能的目的。

目前各类强化中，稀土化合物的第二相强化优异性突出，常用于金属强化中。有研究通过两种方式引入第二相 Sn_3Y_5，一种是外置添加 Sn_3Y_5 粉末，另一种是原位生成 Sn_3Y_5 相。原位生成的 Sn_3Y_5 相比外置添加的 Sn_3Y_5 具有更好的强化效果，因为外置添加的 Sn_3Y_5 粉末与镁基体界面不匹配，导致合金力学性能较差。但在 Mg-0.45Sn-0.55Y 合金中原位生成的 Sn_3Y_5 相在高温和低应变速率的变形条件下，强化效果更加显著。此外，在钨合金中添加氧化物如 Y_2O_3，形成细小的氧化物颗粒，这些颗粒在钨基体中弥散分布，起到钉扎晶界和位错的作用，从而提高合金的强度和抗蠕变性能。在 W-Y_2O_3 合金中引入第三组元氧化物（如 La_2O_3、HfO_2 等），这些氧化物在 W/Y_2O_3 界面偏聚，有助于细化晶界处的 Y_2O_3 颗粒，改善合金的力学性能。通过水热+冷冻干燥法制得 W 包覆 Y_2O_3（Y_2O_3-W）核壳结构的复合粉末，这种结构有助于将氧化物第二相颗粒均匀分散在 W 晶粒内部，避免了晶界处的团聚长大，从而提高合金的强韧性。

11.2 复合强化的机理

11.2.1 弥散强化

弥散强化是指通过在均匀材料中加入硬质颗粒的一种材料强化手段，是指用不溶于基体金属的超细第二相（强化相）强化的金属材料。为了使第二相在基体金属中分布均匀，通常用粉末冶金方法制造。第二相一般为高熔点的氧化物或碳化物、氮化物，其强化作用可保持到较高温度。

如果材料中添加的合金元素太多，以致超过了其溶解度，就会出现第二相，形成两相合金。在这两种相之间的界面上的原子排列不再具有品格完整性。在金属等塑性材料中，这些相界面会阻碍位错的滑移，从而使材料得到强化，这就是弥散强化的由来。所以，在弥散强化合金中，一定存在着一种以上的相。那些含量大的连续分布的相称为基体，而第二相则一般是数量较少的析出物，有时这两种相也可以是同时形成的。

强化相弥散强化的实质是利用弥散的超细微粒阻碍位错的运动，从而提高材料在高温下的力学性能。为此，对弥散强化微粒有如下要求：微粒尺寸尽可能小（0.01～0.05μm），微粒的间距达到最佳程度（0.1～0.5μm），在基体中分布均匀；此外，微粒与基体金属不相互作用，在高温下微粒相互集聚的倾向性要小。这样就能使材料在直至接近熔点的高温下，即采用合金化和热处理已难起强化作用的情况下，仍能保持一定强度。弥散强化相含量一般小于 10%。

在弥散强化中，基体与析出物之间应该具有如下关系：

① 基体应该是塑性的，而析出物则应该是脆性的。此时，析出物阻碍位错的滑移，使材料强化而较软的基体则给整个合金提供所需的塑性。

② 脆性的析出物应该是不连续分布的，而塑性的基体则应陔是连续分布的。如果析出物连续分布，裂纹就可能在整个结构中传播。使材料发生脆性断裂。而不连续分布的析出物内的裂纹则可能被塑性的基体与析出物之间的相界面所阻挡，难以扩展。

③ 析出物的尺寸应该小，数密度应该大，这样才能增加阻碍位错滑移的可能性。

④ 析出物的形状应该是圆的，而不应该是尖的或针状的。因为圆形析出物产生三裂纹的可能性小，而具有尖锐边缘的析出物则有可能存在裂纹，或者其本身就容易成为缺口。

⑤ 析出物的数量越多，合金的强度越高。

第三类粉末冶金材料是弥散强化合金。这种合金重要的特点是在高温下具有高的强度。强化机理同沉淀强化合金类似。在沉淀强化合金中，亚显微细且分散的第二相弥散在基体中，并产生强化效果。这种分散的第二相与基体相一般是共格的。然而，沉淀强化合金的强度在其使用的温度范围内是有限的。因为合金的弥散相是在能使合金成为单相固溶体的温度下淬火，并随后加热到中间温度使之发生沉淀来产生的。当温度进一步加热到高于发生沉淀过程的温度，沉淀相将会粗化(合金过时效)，甚至又重新溶解。相反，在弥散强化合金中的弥散相在合金的固相线温度以下均是保持稳定的。关于弥散相能改变合金的屈服强度、加工硬化、蠕变和断裂行为的机理，已进行了大量的研究。

合金的高温强度性能，特别是蠕变速率，受与弥散相的几何学有关的参数的影响，例如受弥散质点间距的影响，也受弥散相晶粒大小和晶粒形状(晶粒的长宽比，即晶粒的形态比)的影响。研究表明，位错攀移过第二相质点的蠕变和晶界滑移的蠕变，对于解释合金的性能都是重要的。对于弥散强化合金的蠕变，还没有一个被普遍接受的模型。

弥散强化合金的弥散相一般是氧化物，但是，也可能是稳定的金属间化合物，或者甚至是纯金属。在金属基体中的细氧化难弥散相，一般只能用粉末冶金的方法来产生，因为很难在熔融金属中使固体氧化物成为弥散质点。用熔炼冶金法来生产氧化物弥散相的唯一方法是内氧化法。将惰性的基体金属和惰性稍差点的合金元素组成的合金在含氧的气氛中加热，气氛中氧压足够低以致基体金属不会被氧化。氧通过基体金属的体积扩散并与惰性的合金组元发生反应，在基体金属中形成这个组元的细氧化物弥散相。用内氧化法生产氧化物弥散强化合金的主要缺点是，内氧化过程取决于氧的溶解度和氧在基体金属中的扩散速度，而扩散速度和溶解度均很低。因此，用这种方法在合金断面上产生适当厚度的氧化物弥散相需要很长时间。这个困难可以用内氧化粉末状合金的方法来克服，因为在这种情况下，氧必须扩散的距离只受粉末颗粒半径的限制。内氧化处理的粉末，随后必须进行致密化处理。

11.2.2 颗粒增强

颗粒增强陶瓷基复合材料是指在陶瓷基体中引入第二相——颗粒增强相，并使其均匀弥散分布与基体复合而得到的一种强韧化的陶瓷基复合材料。陶瓷基体可以是氧化物陶瓷(如氧化铝、莫来石、刚玉石等)和非氧化物陶瓷(如各种氮化物、碳化物、硼化物等)。第二相颗粒可以是氧化物和非氧化物陶瓷颗粒或金属粉末颗粒，按共性质分为刚性(硬质)颗粒和延性颗粒。

颗粒弥散强化陶瓷基复合材料多采用机械混合法或化学混合法得到均匀混合料，再经成型后递增热压、无压烧结或热等静压烧结制成致密的复合材料。制备工艺的关键是选择合适的第二相颗粒，如何实现均匀弥散分布及烧结工艺。第二相颗粒引入的方式有直接混合法、原位生长法、共沉积法、包裹法、溶胶凝胶法和气相法等。

陶瓷基体与第二相颗粒的物理相容性(弹性模量、热膨胀系数是否匹配)、化学相容性(是否发生化学键合作用、是否有中间过载产物形成等)、第二相颗粒本身的粒度和强度、在陶瓷基体中的均匀分散程度、在陶瓷基体中的分布方式(处于晶界或晶粒内)均对强化效果有重要影响。颗粒复合增韧的原则如下：

① 基体与颗粒复合相物理性能匹配。基体与颗粒的弹性模量和热膨胀系数必须匹配。这两个性能参数的差异决定了复合材料中基体与颗粒界面上的应力分布状况和大小，而这种应力分布状况和大小又直接决定了增韧的效果。

② 基体与颗粒复合相化学性能匹配。在复合材料体系中要求基体与颗粒增强相无强烈的化学反应，因而要求两者化学性能相近或不起化学反应，此外，还要求基体与颗粒能产生理想的界面。

③ 基体与颗粒的粒径大小相匹配。颗粒复合材料的性能和质量与粉末颗粒的粒度、含量及基体与增强基粒径的相对大小有关。

④ 颗粒本身应具有较好的综合性能，如高强度、高模量、高热稳定性和化学稳定性。

11.2.3 纤维增强

纤维增强材料首先要说明一个概念，就是“复合材料”。广义上，复合材料是指由两种或两种以上不同性质或不同组织的组分(单元)构成的材料。从工程概念上讲，复合材料是指以人工方式将两种或多种性质不同，但由可性能互补的材料复合而成的新材料。复合材料的组分分成基体和增强体两个部分。通常将其中连续分布的组分称为基体，如聚合物(树脂)基体、金属基体、陶瓷基体；将纤维、颗粒、晶须等分散在基体中的物质称为增强体。

玻璃纤维是由玻璃溶液以极快的速度抽成细丝状的材料，通过合股、加捻成玻璃纤维纱。它可以进一步纺织成玻璃纤维带、玻璃布等纤维制品。玻璃纤维的种类繁多，根据碱含量的不同，可以将其分为有碱纤维、中碱纤维和无碱纤维，其碱金属氧化物含量分别为大于 10%、2%~6%和小于 1%。按化学组成分类玻璃纤维，有助于更好地理解和归类其性能及特性。

玻璃纤维主要由 Mg、Ca、Al、Fe、B 的氧化物构成。它们对玻璃纤维的性能以及工艺特点起到非常重要的作用，如导致玻璃的热膨胀系数较低；等碱金属氧化物具有低黏度，可以改善玻璃的流动性；CaO、MgO 等碱土金属氧化物在玻璃中能改进制品的耐化学性、耐水性及耐酸、碱性能；ZnO、PbO 等金属氧化物有助于玻璃及制品耐化学腐蚀性。上述玻璃中氧化物的不同组合可以产生出不同性能的纤维玻璃成分，目前已经商品化的纤维用玻璃成分如下：

① 玻璃纤维。亦称高碱玻璃，是一种典型的钠硅酸盐玻璃，其含量高达 14%，因而耐水性很差，较少用于玻璃纤维生产。在国外主要用在生产玻璃棉、屋面沥青增强材料中。

② E 玻璃纤维。亦称无碱玻璃纤维，是一种硼硅酸盐玻璃，是目前应用最为广泛的一种玻璃纤维。具有良好的电绝缘性及一般的力学性能。缺点是易被无机酸侵蚀，故不适于用在酸性环境中。

③ C 玻璃纤维。亦称中碱玻璃纤维，耐化学性特别是耐酸性优于无碱玻璃纤维，但是电气性能差、力学性能不高。主要用于生产耐腐蚀的玻璃纤维产品。

④ S 玻璃纤维。它是一种高强度玻璃纤维，熔点高，拉丝作业困难，因此价格较贵。

其玻璃纤维制品主要用在军工和国防工业领域中。

⑤ AR 玻璃纤维。也称为耐碱玻璃纤维，主要是为了增强水泥制品而研制开发的。玻璃成分中含有 16%的 ZrO，故耐碱性大大增强。

⑥ ECR 玻璃纤维。是一种改进的无硼无碱玻璃纤维，用于生产耐酸性、耐水性要求很高的玻璃钢制品。其耐水性比无碱玻璃纤维提高 7~8 倍，耐酸性比中碱玻璃纤维还要好一些。

⑦ D 玻璃纤维。亦称低介电玻璃，属于电子级产品，主要生产介电常数较高(3.8~4.2)和介电强度要求高的玻璃钢制品。

⑧ Q 玻璃纤维。属于电子级玻璃纤维，其特点是 SiO_2 含量高达 99%，介电常数极低(3.5~3.7)，主要用于制造高频传输用高性能印制电路板。

玻璃纤维织物的种类及特点，根据不同的用途，玻璃纤维可以织成布(方格布、斜纹布、缎纹布、罗纹布和席纹布)、玻璃带(分为有织边带和无织边带)主要织纹是平纹，玻璃纤维毡片(短切原丝毡、连续原丝毡)。

超高相对分子质量聚乙烯(UHMWPE)纤维是由荷兰 DSM 公司在 1979 年申请了第一项发明专利的基础上，于 1990 年开发研制成功的，商品名“Dyncema”。随后日本东洋纺、日本三井石化和美国联合信号公司先后取得了 DSM 的专利许可权，开始进行开发和生产，使其纤维强度由最初的 6.4CN/dtex，达到 37CN/dtex。

UHMWPE 纤维制造技术，首先采用一般的 Ziegler—Natta 催化剂体系将乙烯聚合成 100 万以上相对分子质量，为普通聚乙烯纤维的 30~60 倍。其表面自由能低，不易与环氧树脂基体黏合，对其进行表面处理以便提高它与基体的界面黏合性能。主要的处理方法有：①表面等离子反应方法；②表面等离子聚合方法。该纤维是目前比强度最高的有机纤维。在高强度纤维中它的耐动态疲劳性能和耐磨性能最高，耐冲击性能和耐化学药品性也很好，但是最大的缺点是其极限使用温度只有 100~300℃，蠕变较大，因此，限制了它在许多领域中的应用。目前主要应用在制备耐超低温、负膨胀系数、低摩擦系数和高绝缘等性能较高的制品领域中。

聚合物大分子主链是由芳香环和酰胺键构成的聚合物，称为芳香族聚酰胺聚合物(树脂)。由它纺织而成的纤维总称为芳香族聚酰胺纤维，中国简称芳纶纤维，美国称为 Kevlar 纤维。芳纶纤维主要有两大类：一类是全芳族聚酰胺纤维，另一类是杂环聚芳酰胺纤维。

虽然可合成应用的品种很多，但目前可供复合材料使用的主要品种有聚对苯二甲酰对苯二胺(PPTA)、聚间苯二甲酰间苯二胺(MPIA)、聚对苯甲酰胺(PBA)和共聚芳酰胺纤维。芳纶纤维具有耐高温、高强度和高模量和低相对密度(1.39~1.44)的特性，但是芳纶纤维耐酸、耐碱性和耐化学介质的能力较差。不同种类的芳纶纤维具有不同的特性。

① PPTA 纤维是芳纶纤维应用最为普遍的一个品种。美国杜邦公司于 1972 年研制开发成功，其后荷兰 Akzo 公司的 Twaron 纤维系列、俄罗斯的 Terlon 等纤维也相继投入市场。中国 20 世纪 80 年代中期试生产的芳纶 1414 也为该类纤维。PPTA 纤维具有微纤结构、皮芯结构、空洞结构等不同形态结构的超分子结构，这些结构特点是形成各类 PPTA 纤维不同强度、不同模量性能的基础。

②PBA 纤维。它是 20 世纪 80 年代初由中国开发研制成功的，定名为芳纶 14。PBA 纤维具有与 PPTA 纤维相似的主链结构。但是，红外光谱和 X 射线衍射光谱研究表明：仲酰胺的吸收谱带相对比强度有差异，波数与位置也不完全一样，取向度高达 97%，因此模量比 PPTA 纤维略高，拉伸强度比 PPTA 低 20%左右。此外，热老化性能和高温下的强度保持率也比 PPTA 高。这些性能使其更有利于用作复合材料的增强材料。

对位芳酰胺共聚纤维采用新的二胺或第三单体合成新的芳纶是提高芳纶纤维性能的重要途径。目前主要的品种有日本帝人公司的 Technora 纤维和俄罗斯的 CBM 及 APMCO 纤维。

③ Technora 纤维。它是由对苯二甲酰氯与对苯二胺及第三单体 3，4’-二氨基二苯醚在 N，N’-二甲基乙酰胺等溶剂中低温缩聚而成的。纤维的相对密度仅为 1.39，拉伸强度达到 3.40GPa，模量达到 64GPa，断裂延伸率达到 4.6%，热分解温度在 500℃以上。

④ 聚对芳酰胺苯并咪唑(Armos)纤维。俄罗斯商品牌号为 CBM 的芳纶纤维属于此类芳杂环共聚芳纶纤维，一般认为它是在原 PPTA 的基础上引入对亚苯基苯并咪唑类杂环二胺，经低温缩聚而成的三元共聚芳酰胺体系，纺丝后再经高温热拉伸而成。据介绍，CBM 纤维结构中含有叔胺基，它提供了多个空轨道，能吸引苯二甲酰胺芳香环上的 π 电子，并可进一步杂化，形成更为稳定的化学键，因此使其纤维强度优于 PPTA，这是一种非晶形的高分子结构。

Armos 纤维则是 PPTA 溶液和 CBM 溶液以一定比例混合抽丝而得到的一种“过渡结构”。通过纤维结构的改变和后处理工艺的调整，可得到一系列性能不同的 Armos 纤维。因此，Armos 纤维兼有结晶形刚性分子和非晶形分子特征。Armos 纤维的性能明显高于 Kevlar 纤维，并且由于其分子链中的叔胺和亚胺原子易与基体中的环氧官能团作用，故导致纤维基体界面可能形成比较牢固的网状结构，因此其剪切强度也远高于 Kevlar 纤维。

芳纶纤维干纱的单丝和复丝测得的纤维强度，并不能真实地反映芳纶纤维复合材料的性能，因为芳纶纤维是皮—芯结构。基体树脂对其复合材料的性能影响是不能忽视的。芳纶纤维复合材料在密度和强度方面，比玻璃纤维复合材料具有更显著的优异性能，除压缩强度、剪切强度略低外，其他性能均高于玻璃纤维复合材料。芳纶纤维复合材料最突出的性能是它具有高应力—断裂寿命、良好的循环耐疲劳性能和显著的振动阻尼特性。芳纶纤维与碳、硼等高模量纤维的混合，可得到应用上需要的高压缩强度、剪切强度，是使用任何单一纤维增强材料所不能比拟的。芳纶纤维增强环氧树脂基复合材料主要用于航空航天领域。如 Kevlar-49 浸渍环氧树脂浇注美国核潜艇“三叉戟”C4 潜地导弹的固体火箭发动机壳体；前苏联的 SS-24、SS-25 铁路和公路机动洲际导弹用各级固体发射架机壳体；芳纶纤维/环氧基复合材料还大量应用于制造先进军用飞机。此外，芳纶纤维/环氧树脂制备的含有金属内衬的压气瓶在航天航空领域中也得到了广泛的应用。芳纶纤维/环氧基复合材料还用于战舰和航空母舰的防护装甲和声呐导流罩等。芳纶纤维复合材料板、芳纶与金属复合装甲板已广泛用于防弹装甲车、直升飞机防弹板和防弹头盔等。芳纶纤维增强环氧树脂基复合材料可以用于制造弓箭、弓弦、羽毛球拍等体育运动器件，还广泛应用在制成高性能集成电路和低线膨胀系数印制电路板等电子绝缘设备中。

⑤ 聚对亚苯基苯并二噁唑(PBO)纤维。美国 Dow 化学公司在 1982 年开发出高效率单

体合成技术，之后于1991—1994年与日本东洋纺公司合作开发成功PBO纤维。因其具有比碳纤维更低的密度、更高的比强度和比模量而被认为是21世纪的超级纤维。1995年东洋纺公司购买了Dow化学公司的专利权，开始进行中试生产，商品名为Zylon。具有优异的力学性能和耐高温性能，其拉伸强度为5.80GPa，拉伸模量高达280~380GPa，同时其密度仅为1.56g/cm^3。PBO纤维没有熔点，其分解温度高达670℃，可在300℃下长期使用，是迄今为止耐热性最好的有机纤维；其阻燃性能优异，同时具有优异的耐化学介质性，除了能溶解于100%的浓硫酸、甲基磺酸、氯磺酸、多聚磷酸外，在绝大部分有机溶剂及碱中都是稳定的；PBO纤维在受冲击时纤维能够原纤化并吸收大量的冲击能，是十分优异的耐冲击材料，其复合材料的最大冲击载荷和能量吸收均高于芳纶纤维和碳纤维；除此之外，PBO纤维还表现出比芳纶纤维更为优异的抗蠕变性能和耐剪耐磨性。PBO纤维的高性能来自苯环及芳杂环组成的刚棒状分子结构，以及分子链在液晶态纺丝时形成的高度取向的有序结构。因此，研究这种溶致性液晶高分子结构具有重要意义。对PBO分子链构象的分子轨道理论计算结果表明：PBO分子链中苯环和苯并二噁唑环是共平面的。从空间位阻效应和共轭效应角度分析，PBO纤维分子链间可以实现非常紧密的堆积，而且由于共平面的原因，PBO分子链各结构成分间存在更高程度的共轭，因而导致其分子链更高的刚性。

硼纤维是用化学气相沉积法使硼(B)沉积在钨(W)丝或其他纤维芯材上制得的连续单丝。芯材直径一般为3.5~50μm，制得的硼纤维直径有100μm、140μm、20μm三种，目前以直径140μm的纤维应用最多。硼纤维的拉伸强度约为3.5GPa，模量约为400GPa，密度约为2.59kg/m^3。因此硼纤维最突出的优点是密度低、力学性能好。硼纤维作为复合材料增强纤维，主要用途是制造对重量和刚度要求高的航空、航天飞行器的部件，如美国的军用飞机F-14、F-15中已有使用。此外在超导发电机、超离心设备、高速、高受力旋转的机械设备中也有应用。

11.3 预应力强化

预应力是指预先在材料中引入应力以抵抗外部的破坏载荷，从而增加了材料开裂所需的应变量，提高材料的断裂强度以及可靠性。预应力技术在混凝土和玻璃材料中的应用已经相当成熟，能够显著提高这些材料的强度。混凝土强度可以增加2~3倍，玻璃强度可以增加4~5倍。

在浇灌混凝土之前张拉钢筋的制作方法称为先张法。先张法是在浇筑混凝土前张拉预应力筋，并将张拉的预应力筋临时锚固在台座或钢模上，然后浇筑混凝土，待混凝土养护达到不低于混凝土设计强度值的75%，保证预应力筋与混凝土有足够的黏结时，放松预应力筋，借助于混凝土与预应力筋的黏结，对混凝土施加预应力的施工工艺。预应力筋在浇筑混凝土前张拉，预应力的传递依靠预应力筋与混凝土之间的黏结力，为了获得良好质量的构件，在整个生产过程中，除确保混凝土质量以外，还必须确保预应力筋与混凝土之间的良好黏结，使预应力混凝土构件获得符合设计要求的预应力值。预应力筋放张过程是预应力的传递过程，是先张法构件能否获得良好质量的一个重要环节，应根据放张要求，确定合宜的放张顺序、放张方法及相应的技术措施。

目前，对于陶瓷材料的预应力增强处于探索阶段，预应力的设计目的包括表面强化以及内部强化。通过在氧化铝陶瓷表面涂覆一层低热膨胀系数的涂层，其烧结形成具有压应力的表面涂层，能够有效增强增韧陶瓷，当涂层原料中石英掺量为15%(质量分数)时，复合体的强度可达(549.44±27.2)MPa；相较于氧化铝原始强度提升了37.19%，涂层中的残余压应力与热膨胀系数差、涂层弹性模量有关；涂层残余压应力能够抑制表面裂纹扩展，提高材料的损伤容限；通过调整涂层原料粒径和烧结升温速率，优化预应力效果。降低涂层原料粒径比降低烧结升温速率具有更好的效果，莫来石-氧化铝涂层能降低氧化铝陶瓷的介电常数，具有良好的应用前景，特别是在电子工业中。通过预应力增强，可以显著提高日用陶瓷的抗弯强度和断裂韧性。例如，当外加15%(质量分数)石英时，陶瓷的抗弯强度最高提升至(94±8)MPa，提升幅度达71%，断裂韧性提升达23%。ZrO_2和$ZrSiO_4$也能显著提高陶瓷的强度，其中$ZrSiO_4$在最佳条件下添加6%(质量分数)时，陶瓷强度达到(106±11)MPa，提升幅度达83%。

11.4 表面改性

表面改性是指在保持材料或制品原性能的前提下，赋予其表面新的性能，如亲水性、生物相容性、抗静电性能、染色性能等。表面改性的方法有很多报道，大体上可以归结为：表面化学反应法、表面接枝法、表面复合化法等。

表面改性技术(surface modified technique)则是采用化学、物理方法改变材料或工件表面的化学成分或组织结构以提高机器零件或材料性能的一类热处理技术。它包括化学热处理(渗氮、渗碳、渗金属等)、表面涂层(低压等离子喷涂、低压电弧喷涂、激光重熔复合等薄膜镀层、物理气相沉积、化学气相沉积等)和非金属涂层技术等。这些用以强化零件或材料表面的技术，赋予零件耐高温、防腐蚀、耐磨损、抗疲劳、防辐射、导电、导磁等各种新的特性。使原来在高速、高温、高压、重载、腐蚀介质环境下工作的零件，提高了可靠性、延长了使用寿命，具有很大的经济意义和推广价值。

表面形变强化是通过机械手段(滚压、内挤压和喷丸等)在金属表面产生压缩变形，使表面形成形变硬化层，此形变硬化层的层深可以达到0.5~1.5mm。这种方式可以提高金属表面强度、耐应力腐蚀性能和疲劳强度。

表面热处理一般是对零部件表面进行加热、冷却、改变表层组织和性能，不改变其表层成分的热处理工艺，也称为表面淬火技术。主要有感应加热表面淬火、脉冲表面淬火、浴炉加热表面淬火、电解液加热表面淬火及表面保护加热处理等。

化学表面改性是通过原子扩散、化学反应等方法使被处理材料的表面成分、组织、形貌发生改变，从而使表面获得不同于基体材料的性能。渗碳、渗氮、碳氮共渗、渗硼、渗金属等都属于化学表面改性。

热喷涂是利用专用设备把某种固体材料熔化并加速喷射到工件表面，形成表面涂层，以提高工件耐蚀、耐磨、耐高温等性能。一般可以分为火焰喷涂、电弧喷涂、等离子喷涂、高速氧焰喷涂、超音速火焰喷涂等。

激光表面改性是利用激光束快速加热工件表面，改变材料表面结构，从而使材料表层的物理、化学、力学性能发生变化的方法。根据材料种类不同，调节激光功率密度、激光辐照时间等工艺参数，或是增加一定的气质条件，可进行激光表面淬火、熔覆、表面合金化、非晶化、冲击化等激光表面改性处理。

11.5 材料的增韧方法及其机理

生产材料的工艺(包括冶炼、铸造、加工、热处理等)又决定了材料的结构。因此为了改善材料的韧性就必然是从工艺入手改变材料的结构，以达到改善材料韧性的目的。

(1)成分控制。

一般地说，加入基体(铁)的合金元素对基体形成间隙式固溶强化或置换式固溶强化有明显的效果。在一定的条件下(如能形成稳定的化合物、足够的合金含量等)还可形成析出强化，使材料的强度提高。但同时合金含量的增加造成了基体内缺陷的增加，从而降低了材料的塑性和韧性。在工程应用上人们往往用统计回归的处理方法建立方程式，将断裂韧性与组织结构参量相联系，以便直观、定量地估计各种参量对断裂韧性的影响。钢中常含的 Si、P 在提高材料的屈服点的同时，脆性转化温度也提高，只有 Mn、Ni 几种元素例外。此外现已知少量的 V、Nb、Ti、Al、Zr 元素由于能细化晶粒，因而成为既能提高强度又能提高韧性的重要控制元素。钢中的 S、P 是不可避免的元素。这两个元素对断裂韧性是有害的。P 导致回火脆性和影响交叉滑移；而 S 则增加夹杂物颗粒，减小夹杂物颗粒间距都使材料韧性下降。因此，一方面在生产中要求尽可能降低 S、P 含量，另一方面也要求从韧性出发来确定这些杂质的上限。

C 是钢中最重要的成分，碳量增加，钢中珠光体量增加，同时也使韧脆转变温度上升。因此，在生产中为提高材料的韧性往往采用在该钢种允许的成分范围内降低碳含量，由此产生的强度下降则通过增加成分中 Mn 含量来弥补。应该指出的是，各种牌号的钢通常都是二元以上的合金，合金组元之间有交互作用。此外，合金元素可以通过不同途径同时影响断裂韧性，例如钢中加入少量的钒，由于 V 与钢中的 N 结合成 VN，阻止奥氏体再结晶，细化了转变后的晶粒，可提高韧性。但过多的固溶钒也会阻止交叉滑移而降低韧性。

(2) 气体和夹杂物控制。

钢中的气体主要是 H、O、N，夹杂物主要是氧化物和硫化物。H 和 N 主要以溶解状态存在，而 O 主要以化合物状态存在。H 可以引起白点和氢脆，应该尽量降低。N 与位错结合力较强，通过形成气团而阻止位错运动，使钢的韧性下降。当 N 是固溶态时危害更大。只有在普通低碳合金钢中，若钢中有 V 则能与 N 形成 VN，能提高钢的强度并阻止奥氏体再结晶，轻度地细化晶粒，还可看作有益元素。钢中的 O 常以氧化物形式存在，一般说来，夹杂物含量越多韧性越低，尤其是超过临界尺寸的夹杂物存在会使韧性明显降低。钢中气体量和夹杂物量的多少与冶炼方法、浇注方法直接有关。例如对 Ca、Si、Mn、Al、Ti 等脱氧剂的研究表明，对低碳钢用 Mn-Al-Ti 或单独用 Al 脱氧钢中氧及氧化物夹杂最少。镇静钢的夹杂物、气体量最少，因而韧性较沸腾钢优越。半镇静钢介于两者之间。沸腾钢良好的沸腾作用可使夹杂物含量显著降低。不同的浇注工艺对钢锭中夹杂物也有明显影响。顶注的凝固时间最长，故夹杂物最多；电渣重熔的凝固时间最短，故夹杂物最少，韧性最好，韧性的各向异性也最低。钢中另一种重要夹杂物是硫化物。S 是钢中的有害元素，Mn 的添入可以与 S 形成具有塑性的 MnS 夹杂，减轻 S 的有害影响。但 MnS 会引起热轧钢板横向韧性较差的问题。解决的办法一是降低钢中 S 含量，二是加锆（Zr）和稀土等元素以固定硫，热轧后仍保持球状，改善横向韧性。目前由于各种冶炼、浇注新工艺的采用（如各种搅拌技术、真空冶炼、炉外精炼等），都使钢中气体和夹杂物大幅度下降，因而可生产出纯净钢材。

（3）压力加工工艺的控制。

钢材的压力加工是使钢材获得所需形状和改善钢材性能的重要手段。对于热轧钢材除了用冶炼工艺控制化学成分、气体和夹杂物外，主要依靠压力加工工艺控制晶粒大小及取向，减小材料的韧性晶粒尺寸可以降低脆性转变温度。钢材热加工变形时的形变再结晶以及变形后的冷却都会影响铁素体晶粒的大小。钢材在低温区（A+F 两相区，甚至在 F 区）轧制时，由于变形的 F 在以后的冷却过程中不发生再结晶，也不发生相变，因此在钢材中将保持变形时形成的沿变形方向延伸的晶粒。终轧温度越低，变形量越大，则板面的<110>织构越强，韧性越高，同时材料的各向异性也越大。此外，加工工艺（包括加工后的冷却工艺）和材料成分一起影响材料的相变产物的种类、形貌、数量等组织结构特征，从而影响材料的韧性。

（4）热处理工艺的选择。

热处理是改变金属材料结构，从而控制材料性能的重要工艺。近三四十年发展起来的形变热处理工艺则是将形变和热处理相结合以改善材料性能的新工艺。

参　考　文　献

[1] Mukhopadhyay A，Basu B. Recent developments on WC-based bulk composites[J]. Journal of Materials Science，2011，46(3)：571-589.

[2] 刘秀蕊 . WC-Al_2O_3 复合材料摩擦磨损特性及机理研究[D]. 上海：东华大学，2016.

[3] 王文慧 . 镍和铬对硅固溶强化球墨铸铁组织和性能的影响[D]. 郑州：郑州大学 .

[4] Luo Y，Liu X，Dong W，et al. Friction and wear properties of WC-Al_2O_3 composite[J]. Acta Materiae Compositae Sinica，2016，

[5] 张辉 . 硬脆刀具材料的高温摩擦磨损特性及机理研究[D]. 济南：山东大学，2011.

[6] 周小芬，符仁钰，苏钰，等 . Fe-Mn-C 系 TWIP 钢的拉伸应变硬化行为研究[J]. 钢铁，2009，44(3)：71-74.

[7] 张莉，曾敏 . 微量 Ca 对 ZE22 镁合金显微组织及加工硬化行为的影响[J]. 兵器材料科学与工程，2024（4）：1-8.

[8] 苑伟，潘一帆，郁炎，等 . B10 铜镍合金的室温压缩变形加工硬化行为[J]. 机械工程材料，2023，47（12）：56-60，66.

[9] 张晨辉 . 18CrNiMo7-6 本构模型参数测定和超声滚压理论分析及仿真研究[D]. 郑州：郑州大

学，2021.
[10] 林杰羽．高温合金 GH4169 曲线轮廓工件侧铣加工硬化机理及其工艺参数优选[D]．武汉：华中科技大学，2023.
[11] Radajewski M, Schimpf C, Krüger L. Study of processing routes for WC−MgO composites with varying MgO contents consolidated by FAST/SPS [J]. Journal of the European Ceramic Society, 2017, 37 (5): 2031−2037.
[12] Oh S J, Kim B S, Yoon J K, et al. Enhanced mechanical properties and consolidation of the ultra−fine WC−Al_2O_3 composites using pulsed current activated heating [J]. Ceramics International, 2016, 42 (7): 9304−9310.
[13] Zheng D, Li X, Li Y, et al. Zirconia − toughened WC with/without VC and Cr_3C_2 [J]. Ceramics International, 2014, 40(1): 2011−2016.
[14] 李文文，杨丽颖，王守仁，等．石墨烯/TiAl 基高温自润滑材料的摩擦磨损性能研究[J]．工具技术，2017，51(12)：36−39.
[15] 钱伟涛．细晶强化改善金属锰微观组织及力学性能研究[D]．昆明：昆明理工大学，2017.
[16] 杨秋荣．基于固溶强化和第二相强化的 Mg−Sn−Y 合金高温变形行为研究[D]．成都：西南交通大学，2019.
[17] 董智．氧化物弥散强化钨合金中第二相颗粒的调控及其强韧化[D]．天津：天津大学，2022.
[18] Balandin A A, Ghosh S, Bao W, et al. Superior thermal conductivity of single−layer graphene[J]. Nano Letters, 2008, 8(3): 902.
[19] Berber S, Kwon Y K, Tománek D. Unusually high thermal conductivity of carbon nanotubes[J]. Physical Review Letters, 2006, 84: 4613−4616.
[20] Calizo I, Balandin A A, Bao W, et al. Temperature dependence of the raman spectra of graphene and graphene multilayers[J]. Nano Letters, 2007, 7(9): 2645.
[21] Veca L M, Meziani M J, Wang W, et al. Carbon nanosheets for polymeric nanocomposites with high thermal conductivity[J]. Advanced Materials, 2009, 21(20): 2088−2092.
[22] Liang J, Huang Y, Zhang L, et al. Molecular−level dispersion of graphene into poly (vinyl alcohol) and effective reinforcement of their nanocomposites [J]. Advanced Functional Materials, 2009, 19 (14): 2297−2302.
[23] Kashiwagi, Takashi, Du, et al. Nanoparticle networks reduce the flammability of polymer nanocomposites [J]. Nature Materials, 2005.
[24] Ma J, Zhu S G. Direct solid−state synthesis of tungsten carbide nanoparticles from mechanically activated tungsten oxide and graphite[J]. International Journal of Refractory Metals & Hard Materials, 2010, 28(5): 623−627.
[25] Nieto A, Kumar A, Lahiri D, et al. Oxidation behavior of graphene nanoplatelet reinforced tantalum carbide composites in high temperature plasma flow[J]. Carbon, 2014, 67: 398−408.
[26] 张永振．材料的干摩擦学[M]．北京：科学出版社，2012.
[27] 杨辉．材料强度与破坏[M]．武汉：华中科技大学出版社，2021.
[28] Cox H L. The elasticity and strength of paper and other fibrous materials[J]. British journal of applied physics, 1952, 3(3): 72.
[29] ROSEN B W. Mechanics of Composite Strengthening[J]. Fiber Comopsite Materials, 1965, 72: 75.
[30] Nardone V C, Prewo K M. On the strength of discontinuous silicon carbide reinforced aluminum composites

[J]. Scripta Metallurgica, 1986, 20(1): 43-48.

[31] Christman T, Needleman A, Suresh S. An experimental and numerical study of deformation in metal-ceramic composites[J]. Acta Metallurgica, 1989, 37(11): 3029-3050.

[32] 郑孟翔. 基于剪滞理论的气压砂轮基体设计及性能研究[D]. 杭州：浙江工业大学，2013.

[33] 欧阳家虎，李玉峰，王玉金，等. $ZrO_2(Y_2O_3)$-Al_2O_3 纳米陶瓷的组织结构与高温摩擦磨损性能[J]. 稀有金属材料与工程，2015，44(S1)：799-803.

[34] 郝鸿渐. 莫来石-氧化铝预应力涂层增强氧化铝陶瓷及性能评价[D]. 北京：中国建筑材料科学研究总院，2022.

[35] 何定坤. 颗粒弥散预应力增强日用陶瓷的研究[D]. 景德镇：景德镇陶瓷大学，2023.